U0950992

魅力女性成功秘诀

王　鑫　范修初　编著

金盾出版社

内 容 提 要

新时期的女性都渴望成为有魅力的女性，渴望家庭、事业上的成功，做一个真正的女强人。社会是复杂的，竞争是残酷的。职业女性承担起家庭、职业、社会的责任，要付出的往往比男人们大得多。她们需要的不仅仅是漂亮的外表、出众的容颜、苗条的身材；她们的任务也远不是舞弄眉笔、口红，流连于脂粉间；更需要有自强自立的意识、坚强不屈的性格、大胆硬朗的作风和专业对口的知识；需要超越自我，走出误区，内外兼修，增强素质，不断拓展更丰富的内涵。

图书在版编目(CIP)数据

魅力女性成功秘诀/王鑫，范修初编著. —北京：金盾出版社，2004.9

ISBN 7-5082-3237-2

Ⅰ.魅… Ⅱ.①王…②范… Ⅲ.女性-成功心理学-通俗读物 Ⅳ.B848.4-49

中国版本图书馆 CIP 数据核字(2004)第 084198 号

金盾出版社出版、总发行

北京太平路 5 号(地铁万寿路站往南)

邮政编码:100036 电话:68214039 83219215

传真:68276683 网址:www.jdcbs.cn

封面印刷:北京百花彩印有限公司

正文印刷:北京四环科技印刷厂

各地新华书店经销

开本:850×1168 1/32 印张:11.75 字数:298 千字

2006 年 9 月第 1 版第 2 次印刷

印数:11001—15000 册 定价:17.00 元

目　　录

序　言

中国女性素以美丽聪慧、贤良淑德而著称，然而在漫长的旧社会，她们的身体、精神却遭到无情的折磨。三寸金莲裹住了她们的脚步；深锁闺房闭塞了她们的视听；一夫多妻限制了她们爱情的自由；三从四德则彻底使她们沦为男人的附属。在如此社会条件下生活的女性虽美丽，却呆板；虽聪慧，却压抑；虽贤惠，却没有主见。这不能不说是社会的一大悲哀。

而今天，随着社会经济的飞速发展，人们的思想观念也产生了巨大转变，特别是新时期的女性。她们从足不出户到走南闯北，从恪守妇道到个性解放，都显示了女性的成功。从钢筋铁骨的建筑业到第三产业，从风光无限的服务业到高新技术的IT行业……女性真正是作为半边天而存在着，她们在各自的工作岗位上体现着各自的人生价值。在当今社会，女性成功已不再是什么稀罕的事。女性创业，已不再神秘；女性成功，也不再是天方夜谭。今日女性，如果只做一个安分守己的全职太太，已难以适应社会的要求。女性的自我觉醒，在近几十年内，犹为醒目。越来越多的女性，正努力从事那些传统上属于男性的工作，并在这些活动中与同事产生合作交往关系，在这种社会联系中，塑造独立人格。

如今，职业女性已经不再是新鲜事物，而是一种普遍现象，成为点缀职场的一道靓丽的风景线。她们经济上日益独立，思想上日益解放，观念上日益更新，精神上的追求日益高尚。许多白领女性在商海搏击的同时，还不忘引领时代的潮流，从“小资”到“SOHO一族”，再到现今流行的“波波族”，频频立于潮头。她们勇于思变，敢于挑战，善于竞争。可以说，现代女性无论在事业上还是生活上，都活得有滋有味，真可谓是巾帼不让须眉。

然而，社会在带给职业女性成功的同时，也给她们带来一些伤害和负担，这主要是由在中国历史上长期占统治地位的封建腐朽思想的影响造成的。虽然妇女解放已得到全社会的认可，但要想从根本上彻底改变人们的观念，包括男权观念的歧视，还需要相当长的一段时间。在此期间，各位女士还需为证明自己而努力奋斗。

本书针对当今中国女性之状况，为广大女性读者提供了大量的案例分析，包括名人事例，并根据女性的特点，重新界定了成功的意义，为女性量身制订了一套行动方案，希望借此能激励广大女性的斗志。本书提供工作、生活指导，包括为人、处世、择业、修养、保健、美容等，内容具体实用，时代感强，对女性的工作、生活具有一定的指导意义。也许读者能从援引的例子中看到自己的身影。

编著者

2004年9月

1

做一个成功的女性

随着新世纪的到来，当今的女性同样面对着许多新的机遇与挑战。无论她们在社会生活中处于何种角色，从事何种职业，都会体验到成功时的快乐和遇到挫折时的不知所措。但是，根据各自的个性和能力，充分提升自己的人生价值，展现自己的风采，应是新世纪成功女性为自己设立的人生目标。

◯ 多彩的职业女性

当你从苗圃里带回了一棵树苗，把它栽入你家院子里，你一定会想象，这棵树长大后，会给人们带来多少好处啊。它的嫩芽，会透露春天的信息，带来新的希望；它那如伞的枝叶，挡住炎炎烈日，洒下满地荫翳，给你一个凉爽自由的夏日；在秋天，满枝的黄叶翩然起舞，又是一幅多么美好的景象；而在严冬，它的枝干，还可以遮挡寒风，或许它的躯干会成为栋梁之材……

但是，为了保证你的树苗能够成活、成长、自立成熟，你在栽下它之前，还必须选好一块地，然后挖坑，洒下各种肥料。栽下它之后的几年内，你还必须不断地照料它的成长，给它浇水，施肥，打木桩支撑着它，还要不时的修剪，以免长错了方向。

培养一位企业领导人、一位CEO（首席执行官）又何偿不是这样，一个女性的成功之路更是充满着艰辛。

新千年之初，让我们看看中国职业女性的成功，通过透视女性职业人的不同心态和处境，可以体味她们所特有的酸甜苦辣。

1. 网络女性：风风火火

互联网技术的发展，使网络公司如雨后春笋般兴起，为一大批有理想、有能力的年轻女性提供了施展的空间，她们果断地放弃了从前的一切，从传统媒体、科研院所、销售、会计、市场等各行各业来到大大小小的网络公司。从创建者到追随者，从CEO到网站编辑，投入这一领域里的女性充分展示了她们的魄力和能力。以至于有专家论断，女性更适于在互联网公司工作，因为她们比男性更投入、更精细 、更敏锐。她们双手飞快地敲着键盘，干着前人从来没有干过的事，她们拿着令人羡慕的高薪，不分昼夜地加班工作。她们不必像外企女性那样一定要容装齐整地出现在工作场所，但她们一定得知道那些绕口的网络新名词，并能轻而易举地将它们说出来。然而，互联网泡沫的破灭就像它的出现一样让人猝不及防。不管是主动离去，还是遭遇裁员，行色匆匆的网络女性大致选择了这样的几种出路：一是回归传统行业，二是向有传统行业背景的互联网公司靠近，最新的动向则据说是投奔同样具有广阔前景的朝阳行业——生物医药行业而去。也许一些勇敢的女性进行了一次不太成功的改行择业，但对于她们来说，收获的不会仅仅是“一场游戏一场梦”，她们至少感受到了一种火热的气息，体验到一种新奇的刺激，更何况，时至今日，在这个城市的寒冷冬季里，还有一群年轻女性依然执著地守候在上网的旗下，用青春、激情与梦想浇铸着自己的职业生涯。

2.外企白领：优雅自信

说起外企白领，人们几乎已形成了定见，她们的薪金令人羡慕，依级别不同，穿着不同档次的优雅套装，进出于高级写字楼。公共汽车上基本上找不到她们的踪影，因为上下班的拥挤会使她们在到达工作岗位时的形象受到影响。她们在外企中担任着文秘、文员、技术员、工程师、业务员、联络员以及更为重要的职务。言谈举止中显示出她们经过了良好的专业培训，中文、外文随口便来，干工作快而有序。她们不会在午休的时间去逛街，也不可能抽十几分钟打个盹儿，工作完全是快节奏，但也不必像网络公司或私企行业中的女性那样没完没了地加班。因为外企为员工提供良好的进修、出国机会和较高的薪金待遇，所以曾一度成为女大学生的首选。但随着近几年来创业空间加大和民营大公司的崛起，一些已升到一定职位的白领女性深深感到外企的某些规范化、程序化正在成为一种束缚，她们不再甘心做外国老板设计好的流水线上的一个操作工。为了找寻更大的发展空间，她们已经开始从外企中走出来，自行创业或进入国企及民营大公司，而多年的外企工作经验让她们变得成熟、自信，在外企中积累的丰富管理经验也为她们的发展打下了良好基础。

3. 私企员工:身不由己

私企中的女性员工的工作状况更多因老板而不同。一般说来私企的老板比较吝啬,工资水准远低于网络公司和外企,但比较开明的私企老板,深知“人才＝钱财 ”的道理,所以能干的员工还是会受到老板的重用,其工资尤其是奖金的数额也十分可观。近几年,国有企业不景气,有相当一部分出色的管理人才、技术人才流入私企。女性在私企中大多从事文秘、财会、公关、业务等职,属轻体力劳动,她们的工资或高或低,没有固定的标准,有的人工作担子不轻,收入却不高,有的人工作比较轻松,挣钱倒不少,全靠老板高兴。私企的女职员最怕被老板骂,老板生气时粗口骂人也只能忍着,否则就应了那句“不愿意干就走开”。可不是嘛,公司是人家自己开的,你端的是人家的饭碗,凭什么让人家白养着呢?老板骂人也是在气头上,过后也就没事儿了,工作还是要用人干,日子久了也就习惯了。在私企中,女职员最怕碰上“色迷迷”的老板,为了保住饭碗,不得不忍气吞声或者巧妙周旋,拍案而起一走了之的只在少数。于是,有女职员戏言:人在江湖,身不由己。

4. 国企女子:吃苦耐劳

国有企业中的女性是最能吃苦的,比如,纺织厂的女工一天要站着工作数个小时;公交行业的司售人员每天要在公路上颠簸不分严寒酷暑。不仅是工作累,工资水平也偏低,下了班还少不得做饭、买菜、带孩子、干家务,实行三班倒工种的就更是顾得了单位顾不了家。许多女工从事简单的体力劳动多年,下岗或失业以后因为没有技能、学历低、年龄大,很难找到一份像样的工作,只能干一些脏活儿、累活儿。丈夫挣钱多还过得去,否则还要为柴米油盐发愁。如果比吃苦,恐怕首屈一指的便是这些过着不穷不富的日子的普通女性。

5. 个体女性:大胆泼辣

妇女干个体户的不多,大多数是迫不得已而为之。她们独来独往，在激烈的市场竞争中左冲右杀，表现出顽强的战斗力。开门做生意，不是件容易的事情，要进货、运货、管货、卖货，还要与各种各样的人打交道、费口舌，其中的艰辛远非一个“累”字所能形容。在批发市场，常常可以看到一些妇女，肩扛手提，大包小包甚是壮观，看她们与商贩讨价还价、不让分毫的激烈场面，足以令五尺男儿汗颜。有的妇女为了多挣几个钱，不惜长途贩运之苦，风餐露宿、锲而不舍。有时看到她们喝烈酒、抽呛烟，便由衷发出巾帼不让须眉的感叹。

无论哪种行业，女性都已经在社会中占据了一席之地，而且其中不乏成功者，那么她们为什么能获得成功呢?社会的改组观念的演变为她们提供了支持的背景，但她们自身的特点，自我的努力，自强不息的奋斗却为更多的女性提供了榜样。

◯魅力女性的要素

魅力是什么？

自己有魅力吗？

任何女性，都可能会有这样的疑问。

任何女性，对魅力的理解都会有自己的独到之处。

任何女性，都希望自己有魅力。

从古到今，人们都在谈论着魅力的影响，比如人格魅力、形象魅力、语言魅力、微笑魅力等等。魅力，就像法术师，把人们吸引在它的周围，让人们对它顶礼膜拜。其实，这种对人们的吸引力就叫魅力。那些有幸拥有它的人，如同上帝的宠儿，周身环绕着迷人的光环。

然而魅力真的是神秘莫测，是上苍的恩赐吗？看看周围你觉得有魅力的女性，了解一下她们的生活，她们的经历，她们的魅力是天生就有的吗？是出生便随身携带的护身符吗？答案是否定的。有的人，相貌平平，却让人不由自主地被她吸引；有的人，天生丽质，却让人觉得徒有其表。有些人也会偶尔感觉到，自己身上蕴藏着魅力，但她和那些总是魅力四射的人相比，这些人的魅力倒像是昙花一现。魅力并不是上天降临在哪个人头上的好运，而是由她们所具有的潜质决定的。一个女性的魅力，往往是与下列要素密不可分的。

一、激情的魅力

激情，是一种巨大的力量，让你补充身体的精力，并塑造出独特的个性。塑造你的魅力，就应培养自己的激情。

李白的诗无人不爱，无人不叹，就在于他那澎湃的激情，让任何读他的诗句的人都心胸为之一振，倍感活力与激动，这便是激情的魅力。

没有激情，生活就象一杯白开水，无滋无味，无颜无色。

没有激情，人生就如空白画卷，找不到动人美景。

女性的魅力，离不开激情。你还记得最后一次忘情地拥抱过谁吗？你还记得最近一次为之声泪俱下的电视剧吗？你还记得一次恋爱留下的深刻印象吗？有没有一本书、一部电影、一次展示会或者一次舞蹈，让你振奋不已、久揽于怀，甚至因此而一度忘却了其它的事情？

像大多数人一样，你可能已记不起哪一次感动，某一次忘情或找不到让你为之疯狂的东西了。可孩子们却天生具有这种激情。他们可以为找到一个玩具而欢呼雀跃，甚至趴在地上看蚂蚁搬家半个钟头不挪一下身子。下雨了，我们为出门的不方便而抱怨着，小心翼翼地用雨衣把自己裹起来，可孩子们却兴高采烈，他们在雨水里横冲直撞，生气勃勃，浑身上下，甚至连袜子上都沾满了泥水。

一个充满激情的女性，无论是从事什么样的工作，都会认为自己的工作是有意义、有价值的，并怀着深切的兴趣去完成它。对自己的工作充满激情的女性，不论工作多么困难，需要多少时间，她都会用不急不躁的态度进行。只有具有这种激情的人，她才会成功。激情，是我们迈向成功的动力。

激情，不仅是一种心理状态，让女性焕发风采，它还具有感染力，能让周围的人感觉到你的存在，并因你的存在而产生重大影响；没有激情，就好像没有电的电池，无法产生能量，无法创造动力。

培养激情就要把自己喜欢从事的工作，确立为一个目标，让自己为这个目标而奋斗，最终将它变为现实。没有人能阻止你把激情投入到你的奋斗中去。

二、自信的魅力

自信即美。

关于信心，没什么神奇可言，信心起作用的过程其实很简单，相信“我能做到”，相信“我能做得很好”，相信“我是独一无二的”。每当你相信“我能”时，你就无形中产生了能力，你就会想出“如何去做”的办法。相信自己的时候，你的头才会高高抬起；相信自己时，你的步伐才稳健从容；相信自己时，你才能发挥最真实、最可爱的那个“自我”，让自己魅力尽显。

但极少有人相信自己的魅力。她们总觉得别人的眼睛比自己的大，别人的衣服比自己的大方，别人的手提包比自己的精致，别人的谈吐总比自己幽雅、有趣。在这种心理下，自信在无形中萎缩、夭折，你开始真的失去魅力了。因为自卑已将你紧紧包裹，让别人看不到一个真实的你，无法窥视你的美丽。

信心是魅力之源，信心是成功之途。拥有信心的女性，她的笑容最灿烂；拥有信心的女性，她的魅力最让人心动。

自信即实力。

三、个性的魅力

个性是一个人之所以成为自己，而不同于其他人的特色。迷人的个性，就是能够吸引他人的个性。

要塑造自己的魅力，首先应培养自己的个性。没有个性的人，她的面目是模糊的，没人会留意到她的存在，只有有个性的人，我们才能分辨出她是一个什么样的人，她有什么样的喜怒哀乐、喜好厌恶。

你的个性是你的性格与外表的总和。这正是你和其他人不同之处。你所穿的衣服，你脸上的表情，你说话的音调，你行动的方式，以及你的思想，你由思想展示的内涵，所有这一切，都构成你的个性。

你的个性中最主要的一部分，就是你的品格所代表的那一部分。你的发型服饰或许适当构成了个性中鲜明的一部分，因为人们都是从你的外表获得对你的第一印象。你的态度，你的待人接物方式，你谈吐的内容，都会吸引或排斥你周围的人，这便是个性的表达。你的眼神也折射出你的性格，让人看出你的内心，看出你内心深处的思想，了解你是个什么样的人。

要把你身边的人吸引过来，你就应有“个性”的魅力。让自己的性格、思想成为他人仰慕的目标。

四、爱心的魅力

爱心，是这个世界上最伟大的事物。女性应懂得用爱心去扩展她的生活，去营造一个更大、更美好、更和谐的生活空间。

有魅力的女性，用爱心去召唤她周围的人们，用爱心去感化对她敌视的人们，用爱心去创造自己美好的世界。只有懂得“爱”的人，才会收获别人的“爱”。

成功的女性，从来不靠钻营取利、相互利用、破坏他人来取得成功。她们懂得，真正的人生应是怀着爱心和同情心去帮助别人，让别人生活得更美好。

要想拥有爱心，首先要热爱自己的家庭。你对自己的家庭成员是否给予了足够的重视，给予了足够的关心？你会在父母生日的时候送去祝福，送去温暖吗？你会在孩子成长的时候，送去鼓励与赞赏吗？

你还应爱自己周围的人，关心你所居住的小区、城市甚至国家和民族。在朋友烦恼的时候，安慰一声，在他人陷入困境的时候，给她一只手，拉她一把。如果你的外表漂亮，身材很棒，也许人们会瞟上你一眼，可当发现了你的冷漠，发现了真正的你，会马上转头离开你的。因为他们无法在你那儿得到关心、爱护和帮助。

有爱心的女性，每天都能发现生活中的红玫瑰，每天都享受生活的芬芳。

有爱心的女性，给别人带来幸福，自己也生活在这种幸福之中。

有爱心的女性，最有魅力。

五、修养的魅力

有修养的女性，总是比别人获得更多的关注与赞赏。修养，是个人气质的外在表现。有修养，才有气质，才有内涵。

自我修养就是思想修炼，从思想上提高自己的认识，并通过不断的实践，形成新的思想意识，塑造新的自我形象。成功的女性在办公室内，在运动场上，都在不断地锻炼自己，磨炼着自己，提高自己的修养，创造新的自我形象。有一些习惯会像紧箍咒一样，束缚着你的行动，让你难以发挥最具魅力的自我。提高修养有助于消灭这种习惯，让你打破以往的思维，引起思想的深刻变化。

自我修养是在心中进行自我锻炼的能力。成功的女性是模拟艺术大师，她们能从获得冠军的运动员、优秀的科学家、迷人的舞台演员、出色的推销员、成功的外科医生、能言善辩的雄辩家等这些形形色色的人身上挖掘潜质，模仿优秀的一面，从而提高自身的素养，完善自己。她们懂得，是她们的思想产生习惯，因此不断地修养自己的思想，以形成优良的行为习惯——这才是魅力女性所具有的品质。如果女性坚持不懈地自我修炼，就能达到自己的目标，实现自己的愿望。

任何思想和行为都可以成为习惯，只要不断地反复练习，自我修炼，树立新的思想感情，废弃陈旧的思想观念，并将这些新的观念铭刻在心，成为自身的一部分。那么，修养就提高了一大步。

下面有些建议，有助于提高修养。

1. 制定一项计划，列出能锻炼自我修养的方案，并立即付诸行动，每月完成自己的计划，减轻思想负担。

2. 想象一个具有很高修养的自我形象，按照这一形象去重新塑造自己。

3. 确立榜样的目标。找到那些你觉得有修养、有魅力的人，仔细观察她们的一言一行、一举一动，并善于模仿她们，学习她们。

4. 多与人交往，在交往中尽量注意自己与他人的不同，找出各自的优缺点，取长补短。

5. 自我勉励，不断激励自己："我会做得更好"，"我会以高标准要求自己"，通过这种心理暗示，提高对自己的信心。

6、多阅读一些有益的书籍，特别是自己崇拜的人物的情况，从中获取力量，重新打造自己。

◯成功女性的特征

一个女性的成功，除了社会、外界、家庭所应给予的支持与保障外，最根本的是要提高自身的素质，培养自己成功的素质。从社会调查和心理学研究的成果看，成功的女性一般应具有以下几个方面的突出特征：

一、较高的EQ——情商指数：

EQ是Educational Quotient的缩写，意即一个人的情绪智慧或情绪智商，简称情商。是和我们普通人所说的"智商"相对应的概念。

大多数人曾经以为成功和一个人的IQ（Intelligence Quotient智商）息息相关。认为一个人聪明，考试样样满分，就一定能成功，然而随着人类认识的发展，研究领域又有了重大发现：成功其实是与人们的情商成正比的。

生活中，我们常常会发现这样一种现象：一些IQ很高的人，在事业上也会屡屡受挫，难以成功；而那些EQ很高的人，却能如鱼得水，处处逢缘，更容易获取成功。这是因为IQ只是个人的智力，对参加科研也许会非常有效。但成功不只需要有高的智商，更重要的是，应懂得与他人交往的技巧，懂得如何协调自己与周围的关系。因而EQ高的人，一般具有综合的才能，她们可能既是管理家，又是雄辩家，也是交际高手。如同我们所说的人情练达。因此要想获得成功，必须提升自己的EQ。尤其是那些领导者们，更应注重EQ的培养。

在现实生活中人们经常发现，那些成功人士并非都是学校里的优等生。相反，那些曾经是校园的骄子，在走上社会后，面对各种突如其来的事件却往往束手无策。这就告诉我们，一个人不仅要学好专业知识，还应广泛涉猎，扩大知识的广度和深度，提高自己的综合素质。在今天激烈的竞争中，知识不是成功的绝对保证，还应培养自己在交流、性格方面的能力与优势。如今，EQ 已被越来越多的国家、人群认可，有的甚至开设了专门训练 EQ 的培训班。

EQ 高的女性，大都能妥善地控制自己的情绪。她们懂得如何克服焦虑情绪，如何进行自我安慰，如何摆脱忧虑，如何走出晦暗的心境。能够及时调整自己的情绪，以迎接新的挑战。

EQ 高的女性，对自己有清醒的认识，有广泛的知识和兴趣爱好，对自己充满了信心。她们善于表达自己的看法，善于控制场面。

EQ 高的女性，大都极具交往能力。她们平和的情绪、得体的谈吐，总能让周围的人感到舒适、自如；她们大多数都开朗外向，情绪愉快，极容易投入；她们富有同情心，能和人怡然相处。

EQ 高的女性，能直接表达感受，富于自信，对生活充满了信心。她们总能结交新的朋友，在任何场合都能发挥自我，左右逢源。

当然，很少有 EQ 或 IQ 极高极不平衡的人，大多数人处于中间地段。这也是为什么大多数人只是平平淡淡的原因。所以，要提高成功的机率，就应努力提高自己的情商。您想知道自己的情商指数吗？美国耶鲁大学心理学教授彼得·塞拉斯提出：现代社会，凡期盼在人生道路上获得成功者，不但要有高智商(IQ)，而且要有高情商(EQ)、你关心过自己的情商水平吗？根据国内外有关情商的研究，这里设计了一组测试指标，你不妨试试，自测一下情商有多高。

请对下列问题回答“是”或“否”：

1. 对自己的性格类型有比较清晰的了解？
2. 知道自己在什么样的情况下容易发生情绪波动？
3. 懂得从他人的言谈与表情中发现自己的情绪变化？
4. 有扪心自问的反思习惯？
5. 遇事三思而后行，不赞同“跟着感觉走”？
6. 遇有不顺心的事能够抑制自己的烦恼？

7. 遇到意想不到的突发事件,能够冷静应付?

8. 受到挫折或委屈,能够保持能屈能伸的乐观心态?

9. 出现感情冲动或发怒时,能够较快地“自我熄灭”?

10. 听到批评意见包括与实际情况不符的意见时,是否耿耿于怀?

11. 在人生道路上的拼搏中,相信自己能够成功?

12. 决定了要做的事不轻言放弃?

13. 工作或学习上遇到困难,能够自我鼓劲克服困难?

14. 相信“失败乃成功之母”?

15. 办事出了差错自己总结经验教训,不怨天尤人?

16. 对同学、同事们的脾气性格有一定的了解?

17. 经常留意自己周围人们的情绪变化?

18. 与人交往知道要了解和尊重他人的情感?

19. 能够说出亲人和朋友各自的一些优点和长处?

20. 不认为参加社交活动是浪费时间?

21. 没有不愿同他人合作的心态?

22. 见到他人的进步和成就没有不高兴的心情?

23. 与人共事懂得不能“争功于己,诿过于人”?

24. 朋友相处能够“严于律己,宽以待人”?

25. 知道失信和欺骗是友谊的大敌?

上述 25 个题,测量的是情商所包含的五个方面的内容:(1)认知自身的情绪;(2)控制自身的情绪;(3)自我激励;(4)了解他人的情绪;(5)人际关系管理。

如果你在第 1 至 4 题中答“是”达 3 个以上,则表明你对自己的情绪有较高的认知。

如果你在第 5 至 10 题中答“是”达到 4 个以上,则表明你对自身的情绪有较高的控制力。

如果你在第 11 至 15 题中答“是”达 4 个以上,则表明你善于自我激励。

如果你在第16至18题中答“是”达3个,则表明你能够了解他人的情绪。

如果你在第19至25题中答“是”达5个以上,则表明你擅长于人际关系管理。

总体衡量,25个题中答“是”达到20个以上者属高情商,答“是”在14至19个之间者情商属中等,答“是”在13个以下者情商则偏低。

倘若发现你的情商偏低,也毋需恐惧,找准欠缺点,有针对性地加强自我修养和锻炼,是可以提高的。

二、敢于挑战,不怕失败

在恐惧情绪的控制下,人们往往会夸大事实的难度,将一只纸老虎当成真正的老虎供奉着,因而无法正确地思考和判断。无法看清事实真相,找不到解决问题的方案,人们会变得更加恐惧,形成一个恶性循环。

恐惧很容易侵袭我们的大脑,威胁我们的生活。有的女性恐惧失败,她们迟迟不肯采取行动,就是怕一着落马,难以翻身。这类女性在自己的成长历程中,很少把自己想象成成功的样子,而总是在担忧:万一失败怎么办?因此她们总是在为失败做心理的、物质的准备。

成功的女性,虽然也明白失败的负面影响,可她们却不会因为怕失败而放慢自己的脚步,放弃自己的奋斗。

其实风险与魅力是成正比的。你冒的风险越多,你就越具有个人魅力。成功的女性不会固守在自己的四面墙内,而是走出院门,呼吸更自由的空气。走出院子,不管将面临的是什么,只要跨出了一步,就提高了自信心,就可感受到自己正享受着生活的阳光,而且自己也具有“光芒”,让他人瞩目的光芒。

成功的女性不会轻言“失败”。她们不断地挑战自我极限,挑战外来压力，即使偶遇挫折，也不会就此停下脚步。不管是暂时的挫折或是逆境，成功的女性都只把它当作一种教训、一种必修课，这种教训，是无法以其他方式获得的。

成功女性相信，失败是大自然的必然之旅，没人能逃脱。所以不必为此摇头叹息，悲叹连连。相反，“失败”却像磨刀石，把人磨练得越来越犀利，越来越坚韧。

总之，成功只属于那些敢于挑战现实、挑战自我的女性，属于那些不怕失败，屡败屡战的女强人。

三、对自己的人生负责

从那些成功女士的身上，能很明显地感受到，她们要证明自己的生命力，她们要对自己的人生负责，无论是精神的还是肉体的。

我们不能等待救世主来挽救我们的生活，也没有什么“金钥匙”可一劳永逸地开启生命之门。成功的女性靠自己的力量，托付起自己的人生，用自己的智慧，描绘多彩的生活画卷。

“我要对自己负责”这句话能创造奇迹。在人生的舞台上，你就是主角，不能把责任推给他人。成功的女性相信自己有能力演好这出戏，有能力对自己的生活彻底负责。

有许多人把一切失败都归于外部环境，也有许多人没有自己的自控力。她们都错了。其实，成功不是靠外部环境的好坏，而是靠我们自己对环境的适应或把握。如果我们有能力把握自己的航向，驾驭自己的生活之舟驶向正确的方向，我们就会发现，自己的生活已自觉地按照自己的意愿开始旋转了。如果我们每天都以火一样的热情投入生活，用自己的激情去解决一切难题，那么，即使有解决不了的问题，我们的生活也是充实的。如果我们每天想到的是成功而不是失败，是快乐而不是悲伤，我们就不会被外部环境所左右，我们就能把握自己的方向，控制自己的生活。

成功的女士告诫说，要想对自己的生活负责，就应该勇敢地迈出第一步。万事开头难，只要迈出了这一步，就是有了新的开始，打开了成功之门。

也许有的人会说："我怎么知道，我迈出的这一步就是正确的呢？我怎么知道，它就是我所要走上的那条金光大道呢？"

这样想完全错误了。有的人花了大量的时间和精力，去研究、去探索哪条路是可靠的，哪条路是正确的，结果耗去了自己大部分的青春，却还是没有迈出第一步。看看那些成功的女士，她们是否畏畏缩缩、犹豫不决，迟迟迈不开第一步？当然不是。只要看准了目标，只要自己能迈开第一步，她们就会毫不犹豫地上路。谁知道前方会有什么等着自己？是鲜花还是荆棘？不知道。我们只能咬牙赶路，才有可能看到路的尽头是什么。连路都不敢上，你什么都看不见。

许多女士都害怕改变，怕变化之后的结果会比现在更糟，因此她们苟且一时，不愿寻找新的出路。其实这是在浪费自己的青春与生命。一个对自己的生活负责的人，决不会如此荒废掉自己的一生。对生命负责，就应尽力让自己的生命丰富起来，滋润起来。成功女性从不怕尝试，不怕改变。她们让自己的生命之舟沿流而下，途经高山险壑，也曾荡漾平川镜湖。因此她们的生活多姿多彩，她们的小舟满载而归。她们懂得风险，懂得艰难，也知道快乐，享受过惬意，生命因此而丰富而深刻起来。

所以，对自己的生命负责，不要怕未来的路上有什么，勇敢迈出自己的脚步，应改变自己平凡的生活。

四、忠于自己

不管自己的风险如何不明显，不管自己的表现如何不突出，但那都是“自己”，是自我的自然本性。不要为表现棱角而改变自己，也不要为体现淑女风范而改变自己。成功的女性之所以成功，并不是由于她特别的有棱角，雷厉风行，也并不是由于她特别的温文尔雅，善解人意。而是因为她们都忠于自己，倾听自己灵魂的声音。自然地表现自己，最容易获得他人的认可。是什么样就是什么样。一言以蔽之：忠实于自己的本来面目，该是什么样，就是什么样。

当然按自己的意志去处理问题，是要付出代价的。可能会从此失去周围人对你的赞美，他们也许会认为你不可爱，但这样充分体现了你的个性，给人一个清晰明朗的自我。相信，时间久了之后，当人们了解了你的真品格，会更加珍惜你，推崇你。

违背自我的初衷，只会掩蔽我们的不俗之处。想想你究竟有什么与众不同的地方，不要认为它不重要而将它抹杀或掩藏起来。成功的女性最善于挖掘自我的特色，发挥自我的特色，否则，人们对她们的印象将很模糊。

忠于自己，就应给自己画一张切合实际的画像，知道自己哪儿有颗痔，眼睛有多大。了解了自己，才知道自己更需要的是什么。

◯美丽女性新说法

经过几十年时间的磨炼，女性得到了空前的解放。她们不再是男人的附属，成了男人平等的伙伴。在新的千年里，走向21世纪的新职业女性将更加自信，更加宽容，更加富有弹性，也更加美丽。她们以自己的方式展示着这种“美丽”。

美丽的女性是聪明的。率性自由不为取悦男人，活得自在，爱得自在……她们美丽着，不是虚荣的表现，是热爱生活与维护自尊的表达。

美丽的女性用金融精神来打理事业，她们踏实、勤奋，即使是一小份工作，也会用对待大事业的热忱去从事。

身处日新月异的科技世界，不进则退。美丽的女性知道，每天规规矩矩上下班是不够的。对事业，有点野心很好，但决不是一味地和男人竞争。女性，要用得体的方法为自己争取更多，所以她们会不断自我充实，提升自我的知识和技能。她们也许没有天生的优势，但绝对相信后天的创造。聪明的女性不是对自己没信心，而是比男人更加努力进取，更有雄心。

美丽的女性需要处理危机。面对领导的更换、单位体制的变动、政策的调整，她们临危不乱，有思想准备，更有应变的措施。时代要求人们必须“足够优秀”，因此女性必须承认变化，顺应变化，永远不停止脚步，永远提升自己的综合素质，这就是追求。

美丽的女性性格犹如古铜钱，外圆内方，在柔情似水的外表下，跳动着一颗坚强的心。她们深知刻意追求的强悍，与女性真正的内心世界反差太大，是毫无韧性的坚硬。因此，她们用最温柔的行为出击，争取最合理的待遇与最合适的位置。她们从不像工作狂那样抛弃男人与爱情，她们理性地去爱，不过分依赖爱情，却充分享受它带来的甜美；不刻意控制情感，却把它的美好向目的地引导。男人亲近她们，却从不敢轻侮她们。

美丽的女性，不会整天张狂霸气，高呼女权至上，不是把男人压迫在自己的霸权之下，而是活得跟他们一样地舒展、自信；也不是整天要向男人发出战书，或者摆出一副“皇帝轮流坐，今年到我家”的进攻态度。和谐、平等和互助的两性关系，才是社会进步的动力。即使没有爱情的滋润，仍然活得自在。

对美丽的女性来说，结婚还是单身已不再是一个两难的问题，所做的选择也完全是发自内心的选择。找不到心仪的男人，就做个单身贵族，她不会为不爱自己的男人流泪，也不会因为男人的承诺而用一生去等候。她们只相信自己，不用依赖别人也能活得很好。

美丽的女性要做金钱的主人，她们不再是对金钱懵懵懂懂，而是个理财专家。她们能够理性消费，不会为了一身装扮，花光一个月的工资，而是把钱花在该花的地方。她们懂得投资，储蓄控制到一定的比例，要存也要求得一个高利率：买股票知道要买蓝筹股，长线投资；她们会利用财务杠杆，调节消费，用明天的钱过今天的美好生活。她们的金钱观念是：用金钱买时间、买放弃、买机会。比如需要争得一个商务机会时，客户急需一份资料时怎么办？不妨自己出钱回家打长途电话，自己出钱请速递公司代送文件，因为时间就是金钱嘛！

美丽的女性不一定天生丽质，但对美一定贪心，肯定知道如何装扮自己，让每一天的心情跟着衣妆一起亮起来。她们不再是正襟危坐的企业战士，而是注重个性打扮、塑造新职业女性形象。

美丽的女性是有教养的人。无论是开会、赴约，从不迟到。她们从不随便打断别人的谈话，总是先听完对方的发言，然后再去反驳或者补充对方的看法，在谈话中知道幽默，知道自我开解，知道原谅，知道轻松，这样她们才会美丽。

当今世界千变万化，社会生活扑朔迷离，让我们来看一看这些美丽女性的表达吧……

在杨小姐的成长过程中，她有两个爱好——学习与助人，这是她一生中最珍贵的财富。她很聪明，学习成绩在班级中总保持领先的地位，同学们都知道当他们需要什么东西时，他们就可以找她帮忙，无论是学习还是处理与父母和朋友的紧张关系。

结婚以后，同样的模式伴随着进入了她的婚姻生活。丈夫无法在经济上承担责任，于是，在他们结婚以后，杨小姐就接管了家庭经济的大权，丈夫也很乐意交出这份权力。后来，丈夫取得了有执照的会计师资格，但是他并不承担家庭的责任。一年后，杨小姐发现自己在独自管家，做决策上丈夫根本帮不上忙。肩上的负担随着时间的推移而加重，在每一次经济危机来临的时候变得愈加沉重。在最艰难的日子里，丈夫并没有同自己在一起，而他似乎卸掉了所有的责任，俩人越来越疏远。然后，杨小姐出了一场车祸，丈夫不得不在接下来的几个月里承担起大部分的家庭重担，但这一切对他来说过于沉重，许多事情并不是处理得很顺利。当她能够站起来时，她又一头扑入到操持家务当中，并且肩上的担子越来越重。

这种生活的重担并没有压垮她，却使她在工作中找到了新的平衡点。

她做过许多工作，从银行、保险公司，到高科技产业与房地产。她喜欢尝试做不同的工作带来的挑战。无论处在什么位置，总能看到光明的前景，在虚心学习自己的业务的同时，还学习其他每一个人的业务。这使她成为公司的焦点，也更使她严格要求自己，耐心地帮助同事们解决疑难问题，同事们也发现同她谈论他们的私人问题也是一件容易的事。

她在事业上取得了一定的成绩，于是，开办了一家印刷厂。在一年的时间里，她两头奔波，做两份工作。生意发展的很快，于是决定辞去公司里的工作，对此，丈夫感觉很吃惊，他说他打算搬出去住。也许她的成功给了丈夫太大的压力，那个没有安全感的爱的小巢就这样倾覆了。离婚以后，杨小姐选择了一条全新的道路，她卖掉了印刷厂，开办了一家咨询公司，并在研究生院注册入学。在以后的日子里，她心甘情愿地扮演着自己的角色，向人们展示着属于自己的美丽。

杨小姐的父亲是一个成功的白手起家的商人，她的母亲宽宏而仁慈。她虽然没有母亲那样美丽或者父亲那样睿智，却也继承了他们的每一个优点。她喜欢读书，在学校时成绩很出色。当她在家时，她的外表表现出腼腆而又容易受惊的样子。但是不论她的外表如何，内心却是不屈不挠的。由于她的童年时代完全处于一种被人呵护备至的保护之下，如此单纯的她，根本没有意识到危险的存在。她嫁给了一个骄横暴虐的男人，她的父亲是一个为人柔和友善、充满爱心的人，没想到自己的男人竟能粗暴到如此的地步，婚后的第一年，丈夫就把她扔到了地上，扭曲着脸，举起了拳头，想要打她的耳光。虽然他没有打，但她顺从地接受了讲和。在深深的沮丧之中，她开始拒绝对丈夫的逆来顺受，开始像他对待自己一样对待他。本以为这样可以使他看到他的举止的可怕，并从此改变态度，没想到却将他推得更远，走出她的生活。

接下来的几年里，她成了单身母亲，可是她在专业领域干得非常出色，已经在一个大城市里作为一名公共关系的专家而取得了辉煌的事业。正当她为自己能支撑家庭而感到满意时，她找到了一个可以共同分享生活的可爱的男人，虽然他赚的钱不多，仅够维持他自己的生活，当然无法负担一个家庭，但是他天生的品质却非常吸引人。

她对家庭的野心与目标远远超过了她丈夫，丈夫从没结过婚，根本就不知道支撑一个家庭需要花费多少，因此她开始当家了。她接受了另一个城市的一份工作，接下来的几年里丈夫一直没有找到与她匹敌的工作。

然而最初想要成为家庭经济支柱的念头在实际行动中却要艰难得多，虽然那时她已经成了一个大型公司的领导者，可是在她们最大的孩子即将念大学时，感觉到了来自经济的压力，于是她开始创办自己的公司，以为这样可以增加收入，可这也是一条艰难的道路呀。

她在工作中的态度和在家中一样，一切负担都落在了她的肩上，所以不得不努力应付这一切。当她的业务经理说没时间给所有的客户打电话时，她就亲自打电话；当秘书抱怨时间不够而不能完成任务时，她就留下来帮助她；当她的合伙人忙于约会脱不开身时，她又不得不应付那些“应该做的事”。

就这样负担着半个办公室，外加上自己的管理、决策与计划工作，就这样在一点一滴的摸索中，逐渐让公司步入正轨运作，并在同行业中处在领先的地位，为了适应公司的发展，她打算与一家大公司联营，这样会进一步确立其在国内企业中的地位，她也不用再为整个家庭的负担而担忧……

这个仪态威严，心地温柔的女性，正是用她的坚韧、坚强赢得周围的人、事、物。

李小姐在大学学的是国际贸易专业，毕业后做进出口贸易，她擅长英语，工作也得心应手，可是没什么挑战性。

于是她只身来到广州，在酒店做公关工作。当时，家里人和好朋友都对她的选择表示惊讶并阻止她去广州。但她坚持自己的选择，相信这里面一定蕴含着许多机遇。的确，一年以后，公司的公关部经理回香港了，当时的总经理是一个瑞士人，他认为她在这方面很有潜质，提拔她接任部门经理。于是她这个生性爱唱大戏的人，结合酒店国际定位和宏扬一种高雅、健康和爱心的企业文化的目的，创造性地举办了几次大型的活动，都是一些很有创意、很有影响的活动。

做了四年公关经理后，她选择了离职，因为她找到了更适合自己的工作，IT 行业能充分发挥她的个性优势：自信、好学、聪明，而且她的外语水平对工作也有利。在 IT 行业的第一份工作是信息收集员，把国内的经济信息收集、翻译，然后传送出去。后来又换了一份网站编辑工作，最近互联网公司比较动荡，倒闭的、被收购的不少，做网站的人心慌慌，于是她又一次辞职了。这次她应聘成为某国际公关公司的公共传读负责人，这一职位的招聘期长达七个月，经过面试、口试、再面试、笔试，最后她又成功了。

不知道她在这个职位能干多久，但以她的性格，就是这样跳来跳去，不停地“折腾”。这是一个跳跃着、飞舞着的美丽女性。

◯家庭与事业——女性面临的选择

有家庭没事业的女性是孤独的，有事业没家庭的女性是不完美的。千百年来，女性的心理是极难平衡的，这种不平衡并非源于她们天生柔质、自然温顺，而是由于文化偏见。“三从四德”、“三纲五常”这些道德说教束缚着女性的发展，甚至使她们从心底承认：“我是弱者，需要依赖。”甚至把自己的一生都推在男人身上。她们似乎只知道结婚生子，整理家务，尽一个妇道人家的本职，甚至连性生活也属任务之内。但20世纪90年代末，一大批成熟的女性管理者，正期待着攀上CEO的位置。在惊叹于女性所获得的骄人成绩的同时，人们一直在思考：为什么她们现在能获得如此的成功？

了解女性过去的社会形象，看看今天她们的社会地位，你将不难明白，这些女管理者周围的社会文化，对她们的影响多么深刻。

一、单身女性心态

在世纪之交的90年代末期，出现了这样一个独特的群体——她们是一群年轻女性，大都过了适婚的年龄而保持独身；她们受过高等教育，有好的工作、独立的经济来源；她们追求自我价值的实现，进取心强，同时又是很会享受生活的时尚中人。种种迹象都表明，她们是得天独厚的一群。可是，她们为什么不结婚呢？让我们听听她们怎么说。

刘小姐(34岁，职业：编导)说：都还不知道怎么回事呢，我已过了而立之年。唉，工作很忙，也没什么感觉，相反，仔细想，还有些轻松。因为，我算是彻底的大龄未婚女子了，也不用着急了。

为什么不结婚？一句话：没有碰到双方都觉得合适的人，老话叫“缘分未到”。我的体会是，好男人大都是别人的丈夫。在北京采访时，曾经碰到一个男人，以为“他”终于出现了。我不想错过，克服羞涩和矜持，主动出击。对方各方面素质都不错，而且是圈外人，外企的翻译。我们相处很愉快，可我总觉得他有所保留，不够投入，对我更多只是一种欣赏的态度。头脑冷静一点时，我稍做调查，果然，他是别人的丈夫，妻子出国留学，准备好他也出去。唉！他并没有瞒我，还算坦率。所以我的这段感情，也还算值得怀念。我绝不想做第三者，更别说面对一个本来和睦的家庭。从那以后，我将更多的精力投入工作，间或也交过男友，但都不够理想。所以，就耽误下来啦。一个人的生活也没有什么不好，我有自己的小房子，有卓有成就的工作，有热闹的朋友圈子，作为一个单身女子，经常享受各种男人的殷勤。我对男友要求高，那是因为我对自己也要求很高，怎么看都没有理由不找一个好男人。

栗小姐（30 岁，职业：销售代表）说：我曾经谈过一次恋爱——就是糊里糊涂地被人疼爱，四年。那时的我不想结婚，总是处在一种有所期待的状态。他对我很体贴，我就由着性子闹腾，对他不够好。然后有一天，他忽然消失了，无影无踪，没有理由，没有解释。一时间，我有种失落的感觉。适应了一段时间之后，又如释重负：也许这样对我俩都好，我们都不是对方想要的人。可是，我 29 岁了，一切都要重新开始。我换了工作，变了发型，从头收拾旧山河，很少想以前的种种。

现在的我是一个独身女子，有莫测的未来，一切都还来得及。找男友，可以先放一放，碰到好的可以谈，碰不到也无所谓。找个好男人不容易，而且，人都是善变的，这一时期的好男人下一时期也许就不是了。有时我在想，假如那时，在很年轻的年纪，我就结婚了，啥也甭想，这个坎儿就过去了。可我没有，于是就很难再跳进婚姻，这是好还是不好，真很难说。也许我结婚了，守着一个不够满意的丈夫，努力适应他；或者像现在，我没有结婚，可以期待一个更好的人。

邹小姐（35 岁，职业：自由撰稿人）说：结婚是一件很棘手的事。我一直认为，女性一旦结了婚，就不再拥有独立的自己，再加上一个孩子，那她很难从妻子和母亲的角色里再分身出来，分出来也是勉为其难，不如全心全意做妻子和母亲。而我，不愿意。我想拥有一个完整的自己，活出自我的精彩。所以，我不想选择婚姻。可以说，我是一个信奉独身主义的人，但我不排斥爱情，女性应该有爱情的滋润。合则聚，不合则分，不必相互承担太多责任，互相欣赏就足够了。这样自由度大多了。我可以毫无牵挂地走南闯北，可以随心所欲地享受生活，一个人吃饱了全家不饿。我也不反对女性结婚，我有许多女友都已为人妻母，也是其乐融融。各人的选择不同，只要高兴就好。得到一些你也必须付出，我呢，不享受婚姻带来的乐趣，也不付出相应的代价。但我想，我拥有更为广阔的天地。

柏小姐(30 岁，职业：DJ 调音师)说：我 30 岁了，还没有成家的想法，也没有合适的人选。父母都挺着急的，曾有一段时间，到处找人为我“拉郎配”，我不配合，时间长了，他们也被我搞疲了。可能是我比较挑剔吧？其实我这人挺随和，朋友也很多，但我真的不曾碰到可心可意的人，就这样一年一年耽误下来。我倒也没有什么感觉，一直努力工作，认真学习，广泛交友，开心玩耍，自己觉得活得挺自在，并不缺少什么。这期间也碰到一两个男人的追求，在别人看来也许挺适合我，我也想过，但，真的不是我的爱情。我追求高品质的感情生活，并不想随便将自己打发掉。有人说，过了 25 岁女孩就应该务实，可我不这么想，我认为一个人应该永远保持有生活的激情，不要被平庸慢慢包围。近两年，身边一直有一个沉默的男子，他不逼我承诺什么，但也始终不走开。唉，爱情是什么，是浪漫激情，也是平淡踏实吧。这是他教我的。以后我会怎么样，做何选择？不知道。总而言之，跟着心走吧。

整个社会都是相互联系的，没有任何孤立的个体。而联系的各分子又互相影响着，女性的社会进步，并不完全是女性自己的功劳。作为社会系统一部分的公司，也难负起女性发展的重任。是社会的方方面面，是那些男性文化与组织的慢慢转变，是社会伦理的进步，是价值与信仰的重新定位，是工艺技术的进一步发展，是市场需求的反映，等等这一切构成的社会整体，为女性在管理界的进步，铺平了道路。而女性更多的参与社会分工，与男人共同分享与承担这个世界，也将更加完善这个本是由阴阳二极构成的人间。

二、摆脱男权束缚

在当今仍然存在着性别歧视。《圣经》说，上帝用亚当的一根肋骨，造成了第一个女性——夏娃。于是，从此在伊甸园里，女性就成了男人的附庸，女性注定要比男性卑下，低劣。

但还有另一个传说，传说男女本是一体的，没有主从之分。只不过因一个好事者，把这一整体分成了两半。于是，其中的一半总是在苦苦地追寻着另一半，终其一生，想再次成为一个不分彼此的整体——这就是爱情的发生。这个传说自然把男女两性结合在一起，没有高下低劣之别，没有主仆隶从之分。

而当代医学更是向我们展现了一个全新的两性概念：女性身上有"雄性激素"，而男性身上也有"雌性激素"。因而，男女的生理结构，除了某些细微的差别，几乎是大同小异。因而，在离开母亲的襁褓之后，女孩子不一定非得学缝补，而不能打架玩足球，不一定非得贤慧温顺，谨记"女子无才便是德"，而不能叱咤风云，玩得痛快琳漓。

如果你喜欢第一个传说，你就把自己的生活全交给了另一个人。如果你用整体的观点来看待两性的关系，你将不会受到自己性别角色的支使。作为一名女子，你可能比更多的甚至绝大部分男人做得更出色。

总之，摆脱男性、女性的这种差别观，你将更随心所欲地选择自己的形象，开发自己被压抑的潜能，充分享受生活的乐趣，这时的人生，对社会具有重大的意义。

同时，做惯了千百年来"权威"象征的社会的另一半——男人（注意：我们在此称之为"社会的另一半"，女性在自己获得权利的同时，从不剥夺他人的权利)，早该抛掉那套陈腐的“男主外，女主内”的社会分工，而应寻找最佳的分工方式。因为男人、女性在自然特性中，两者各有优劣：

男人刚烈、暴躁，自卫能力强。

女性温顺、柔和，说服能力强。

男人倾向于客观决策，善于全方位把握问题。

女性偏重于微观把握，擅长于细微可见天地。

而且，若真“夫唱妇随”，女性把一切都压在男人头上，这种滋味，想来男性朋友们也不好受，“太累了”吧！

总之，社会的发展，激烈的竞争，文明的进步，这一切都要求我们走出性别歧视的误区。对男人，让他们不致于被生活的重压挤碎；对女性，让她们有更多的施展空间，让她们更加独立，不再只是“男人的肋骨”。

下面，我们来测测作为女性的你，是否具有这种独立性，是否不再拘泥传统的意识模式。

1. 一种新的服装潮流席卷你周围的人们，你会怎么办？

A、不知道。

B、我认为合适自己，就去买。不合适，就算了。才不会盲目随众呢。

C、跟着潮流走，大家追的方向，我也不能落后。

2. 你的上司在不明实情的时候指责了你，你受到了委屈，会怎么办？

A、向上司解释清楚，表明自己无责，并要求上司为自己恢复名誉。

B、心里很委屈，嘴里不敢说，忍气吞声算了。

C、心想算了，先忍一忍，别闹得两不和睦。

3. 公司里有人强，有人弱，有人普普通通表现一般，你更希望谁与你共事？

A、跟自己差不多的。

B、弱者。

C、强者。

4. 公司提拔新人，你希望A上，但有人提B，你会怎么办？

A、认定A，无论怎样也不松口。

B、不知道，两者不置可否。

C、别人都选B，那我也选他吧。

5. 逛街时突然下起雨来，有两处距你差不多远的地方好像可以避雨，且一处有多人在那儿避雨，另一处则寥寥无几。你会怎么办？

A、选择人多的地方。

B、选择人少的地方。

C、犹豫不决，不知道。

6. 和朋友去划船，船小，且晃动不已，你上船时会：

A、自己跳上船去。

B、拉着朋友的手上船。

C、不确定。

7. 你和朋友散步的时候，你喜欢走在朋友的哪一边？

A、前面。

B、后面。

C、不确定。

8. 在男女恋爱过程中，你认为：

A、男性应采取主动。

B、女性应适当主动。

C、两者都行，无所谓。

9. 你正在聚精会神地完成公司交给的任务，可好朋友约你去看你所喜爱的一个歌星的演唱会，你会：

A、盛情难却且机会难得，就和她去吧，工作以后再说。

B、不去，因为工作还没完成。

C、犹豫不决，既想去，又放不下手头的工作，最后总之是难受。

10. 你家来了客人，原以为他会过一段时间就离开，结果他一住就是十天半月，希望他能早日离开的你，此时会：

A、忍一忍，让他自己知趣的走开。

B、虚构一个借口把他打发走。

C、直截了当让他走开。

以上各题中只能选一项，请按你的选项评分如下：

	A	B	C
1，	3	1	5
2，	1	5	3
3，	3	1	5
4，	1	3	5
5，	5	1	3
6，	1	5	3
7，	1	5	3
8，	1	3	5
9，	5	1	3
10，	5	3	1

分析：

10—18 分：你有独立的个性，不拘泥于陈规陋习，喜欢打破旧有的一切。但有时你的独断专行让人很难接近你。

19—38 分：你属于不温不火型，办事妥善稳当，善于避免极端，找到中庸之路。

39—50 分：你过于温顺以至让人看不到你的个性。虽然人缘颇好，但改变自己去顺应别人的做法，会使你没有主见。

对于第一类女性，应该说她们可能是女性解放运动的先锋，打破旧的桎梏，创造新的世界的重任非她们莫属。但不可过于偏激，平等才是最重要的。

对于第二类女性，比较善于把握自己，做到不偏不倚。她们是社会的润滑剂。让男人、女性能和谐共处。

对于第三类女性，你们交给男人的负担过重，会让他们喘不过气来。生活的幸福最终还是自己创造的，你应该要求自己应得的那份权利，也应该担负自己应负的责任。

三、成功女性的选择

想做一个成功女性的你，你的选择如何？你又如何做呢？

1. 改变传统家庭分工

在以往的传统家庭方式中，总习惯于这样的角色分工：男人在外，终日为自己的事业而奋斗，女性则守在家里，默默地站在男人的身后，为他支撑着温暖的巢窝。但在当今，这种传统模式已被打破，“家庭妇男”已不再是个新鲜的事物。这种新的组合模式，为女性的成功，给予了极大的支持。

蓓小姐，无论她的事业如何辉煌，无论她人生的山峰爬得多么高，她也无法抹去丈夫为她所做的一切。若说她的成功“有我的一半，也有你的一半”，实为不假。

蓓小姐是在第一次婚姻失败后，才走上工作岗位的。之前她和许多女性一样，大学毕业后便嫁人，走上一条传统的轨道，终日待在家里带孩子。但和第一任丈夫离婚后，她的生活遭到了重击。失去了经济来源，拖着三个小孩的蓓小姐 每日都在为餐桌上的面包发愁。

在一个朋友的推荐下，蓓小姐来到了某银行，每月 400 元，勉强补贴家用。银行业，对女性来说，有更多的机会。不到四年，蓓小姐就快成为经理了。

但是，文化伦理阻碍了她蒸蒸日上的事业。作为一个离婚女性，她的形象打了折扣：银行总裁虽然意识到了她的天份，但却认为，让一个离婚女性做经理，好像不大合适。

蓓小姐的第二婚姻挽救了她的事业。

“到现在，我的丈夫还打趣说：‘我真应该为你的成功负一部分责任。要不是我娶了你，你就不会提升了。’事实也的确很有趣：我们 11 月结婚，第二年 1 月我便提升了。”

蓓小姐在那个银行干了 11 年。她提升很快，现在已是一家分行总管了。

她说她在分行干了一年半，老板便问她想不想做 CEO，她当时觉得自己在金融、会计、商务领导方面比较生疏。老板说没关系，我们可以慢慢培养。没料到三个月后，她便坐上了 CEO 的位置。当时还有些担心，怕自己难以把持，丈夫却说：“那些 CFO 和管理智囊们会帮你解决一切的。”

在我们生活中，不可否认，有些男人会被女性的成就吓住，为了保持自己男人的“尊严”与一家之长的“特权”，他们往往更希望自己的女性不要太抛头露面，希望自己的女性的地位没有自己高，希望女性挣的钱也没有自己多，这样才使自己不至于被女性的光芒所淹没。

但蓓小姐却是例外，有一位理解与支持她的丈夫，有一位宽宏大度的“贤内助”。

所以男人不是唯一的太阳，女性也不是摆设的花瓶，只有双方都打破传统的教条，共同承担义务，共同创造家园，社会才能协调进步。

“女性撑起半边天”的话的确不假。作为女性，在社会的大滚轴下，积极寻求自我的价值，作为丈夫，也应该给予妻子更多的关注与支持。这才是一个完美的家庭，一个和谐的社会。

2. 与男同事相处

朱小姐曾走过一条传统的女性之路：大学里学的是英语，毕业后嫁给了一个医生，第一个孩子出世后，她就辞职在家，专心侍夫养子了。但在家里待了几年，她觉得自己“头脑发虚”，于是决定跨出家门，报名学习法律，从此，朱小姐与传统分道扬镳了。

从法律学院毕业后，朱小姐开始从事商务诉讼。后在一位友人的鼓励下，跳槽来到某银行。当初选择的时候，她也犹豫过：值得吗？为此牺牲自己的时间与精力？让自己变成个雄心勃勃的“母老虎”？当她最终决定的时候，她觉得有一种“内心感应”呼唤着她，告诉她，自己的选择是对的。于是，昔日的家庭主妇，摇身一变，如今已是高级主管。她是我们所采访的所有女性中，薪水最高的一位。

1995 年，朱小姐跻身于该银行最高管理委员会，她是公司第一个，也是唯一一个获此殊荣的女性。整个委员会由六人组成，除了朱小姐，全是男性。

于是，朱小姐不得不面临这样的问题，如何与他们共事？如何与他们共同进步？他们会接受并支持我吗？在七八十年代，身处此位的女性一定会小心翼翼、谨言慎行，不让任何附带个人色彩的感情溜出口来。这种自我封闭式的管理风格已不再具有生命力。朱小姐大胆地向她的男同事们表露自己的感情。

她说：“我觉得，我有必要和他们谈谈自己的焦虑，而他们的反应也很肯定、支持。他们感觉到我所承担的压力，便告诉我的想法不错，夸赞我有很多的法律知识，有普通人的心肠，不是不苟言笑的‘母老虎’。他们还鼓励我，相信我一定有能力管理和发展一个新的部门。”

“这些男同事从不以命令的语调对我说话。因为他们相信，我和他们一样具有相当的专业技能，我们平等无差别，除了性别的细微之处。他们也希望我能知无不言、言无不尽，这样才对公司有益。”

“他们为我所做的一切，让我感觉棒极了。在这种自由的空气下工作，我几乎忽视了我们之间的性别不同。这让我更加开诚布公，更善于表现自己。”

环境对人影响至深，对女性更是至关重要。如果那些男同事们，对朱小姐的忧虑置若罔闻，如果朱小姐不敢坦露自己的想法，那将成为一个分裂的管理层，这个“智囊团”也难以发挥其功效了。

3.共同的未来

上面我们了解到朱小姐，在男性占主体的团队中，如果协调自己与他们的关系，那就是“开诚布公”。而她之所以能这么做，源于一个事实，那就是男性们的“觉悟”已提高了很多，若是让时光倒溯到十年八年前，我想，朱小姐的做法只会让自己“停工”离职。那时，不管是男人还是女性，都还没有这种超越性别的意识，或者是没有这种超越性别差异的技巧。

“我们象个密不可分的整体，互相展现自己的优势与弱势。我有很多机会，在自己的能力范围内发表意见，并让他们欣赏我所做的贡献。听他们谈论自己兴趣爱好，表述自己的管理方案，也有利于我的成长与发展。”朱小姐非常感谢她的男性同事们的高“觉悟”。

其实，男女共事，不仅能取长补短，而且使公司的构成更人性化，更具有活力。

4.事业、爱情两全

一个既能在事业上取得成功，又能拥有幸福的家庭的女性，才是完美的女性，才是最幸福的女性。可是，要在现实生活中做到这一点又多么不容易呀。

在很多人的眼中，娜是个幸福的女性，她有一对艺术家的父母，从小在艺术的熏陶中长大，既培养了她良好的艺术素质，又为她以后音乐方面的发展打下了基础。

经过筹备，创办了一个音乐中心。开学典礼上，学校的部分教师和学生表演了节目，她看着这一切，回想起自己曾辛苦地一栋楼一栋楼地去散发学校的介绍，看着这良好的开端，她觉得以往的苦如今都得到了回报。的确，这一切都是她一点一滴的努力换来的。

在她创业的历程中也伴随着她艰辛的爱情之旅。

由于她对音乐的挚爱，她考上了美国旧金山音乐学院，在那儿学习两年以后，就拿到了钢琴演奏的硕士学位。

那一年，她的男友在纽约攻读硕士学位。取得学位后，她就立刻到纽约和男友相聚。刚到纽约人生地不熟，为了能让男友安心读书，担起了生活的重任。

她跑遍了大大小小的职业介绍所，做过保姆，导游，零售店售货员……

那些工作离她的专业太远，于是她就想招生教钢琴。写了许多广告到唐人街张贴，可是又不让张贴广告。好在一位好心人出于同情帮助了她。也就因这一张广告，招到了她在纽约的第一个学生。

其间，搬家成了家常便饭，这种生活，直到男友从学校毕业到一家公司工作，他们的生活才慢慢有所改善，并且买了一个属于自己的房子，和男友结婚后生下了一个漂亮的女儿，后来女儿长大点以后，她又开始学习的历程。

她时常思考着。回顾这几年的生活，自己应该算是个称职的母亲和妻子了，在她生孩子时，她家还没有买车，每次买东西，她都是自己先坐公共车，又坐地铁的跑很远的路，挺着个大肚子跑来跑去很辛苦，可她从没抱怨过什么。如今孩子也大一些了，不但健康活泼，还养成了良好的作息习惯，也再没什么要自己操心的了，而且如果再不抓紧时间做一番事业，可能就不会再有机会了。

于是，她决定回国办学校。这些年她读了许多有关音乐和钢琴教学的书，希望能利用自己在国外学到的知识，为我国的音乐事业做点贡献。她的学校得到了很多人的帮助和支持。从开办到现在，每天都有学生来报名，这样忙碌的她感到从未有过的充实。可她毕竟是个女性，工作之余，对家人的思念也时时困扰着她。深爱着她的丈夫也支持她的选择，也带着孩子回国了，现在他们一家都回国落户，共同创事业了。

她是个十足的幸福女性，正如她自己所说的那样："我已拥有幸福的家庭，还有了自己的事业，这辈子我还有什么不快乐的呢？"

20世纪八九十年代以来，巨大的文化变革，在我们整个社会系统中悄然发生。历史上，总是男人承担着整个家庭的衣食住行的费用，男人不得不要求事业的成功与辉煌。当女性也承担起家庭的一部分，支撑起社会的半边天时，男人，不得不对女性刮目相看。而他们之间的差别，也必然逐渐缩小，直至几近于无。

由于女性们起步较晚，又还拖着传统的"残丝败痕"，女性管理者的人数与男性管理者的人数还有一段差距。但我们有理由相信，随着社会的发展，观念的转变，这种差距注定会消失，男人、女性将真正共同承担与分享家庭的欢乐、事业的成功及社会的进步。

2

女性如何构 建价值观

纵观诸多成功职业女性，她们都找到了自己生存的立足点，也就是一种积极的价值观。这种价值观使她们充满活力，乐观向上，坚定自信，不懈拼搏，完善自我。也正因为如此，她们的生命才有意义，工作才有激情，生活中才能发挥至极限，收获奇迹。她们享受着成功带来的内心的喜悦和外在的补偿。

◯ 自信自爱的新女性

一、新女性价值观

不知你感受到了没有，伴随着新的世纪隆隆而来的，还有它崭新的气息。经过了又一个百年的历炼，走向21世纪的新女性，更加自信、宽容、美丽……

1. 自信，不断开发自我潜能

每天早上起来，梳洗完毕，对着镜子里那个袅袅婷婷的女性大声朗诵："我很好，我很好，我真的，真的，真的很好！"一位心理专家说，这是开发自我潜能的手段之一！

有自信的女性，不会整天张狂霸气，高呼女权至上，而是活得跟男人们一样地舒展、自信；也不是整天要向男人发出战书，或者摆出一副进攻的架势，她们深知，和谐、平等和互助的两性关系才是社会进步的动力。

自信不是自大，是相信，也只有相信才会幸福。

2. 宽容，允许不同生活理念的存在

大千世界，无奇不有，奇闻怪事出现又有什么关系？世间万象，本来也没有对与错的绝对概念。也许身边的朋友通过嫁人从而衣食不愁，而你偏偏相信女性要靠自己一步一步稳扎稳打，难道这样就能鄙视朋友吗？或者从此敬而远之，断绝这份情谊？聪明的女性不会这样，她先问自己：她这样做对我有影响吗？没有。好，每个人有自己往高处走的方法，也许殊途同归，最终我们站到同一个制高点上。新女性能够包容，懂得尊重别人的选择，也认同别人的生活方式。

3. 柔情，坚韧、理性地去爱

她们已经脱离了狂热女性主义者的幼稚，从不摆出一副百毒不侵的所谓"女强人"的面孔，以为这样就是坚强。她们深深懂得，刻意追求的强悍，与女性真正的内心世界反差太大，是毫无韧性的坚硬。因此，她们用最温柔的行为出击，争取最合理的待遇与最合适的位置。而且，她们从不像工作狂那样抛弃男人与爱情，她们理性地去爱，不依赖爱情，却充分享受它带来的甜美；不抑制情感，却把它向美好的目的地引导。

4.充实，一个完整独立的自我

新女性有完整独立的人格。在经济上，她们不依靠任何人，因为她们懂得坚实的经济基础，是维护自我尊严的必需。通过经济的独立，她们享受着成就的满足感。在精神世界，她们不是某个男人的附属品，懂得通过交友、读书、娱乐充实自己的内心。所以，即使没有爱情的滋润，仍然活得自在而辽阔。她们不为不爱自己的男人而流泪，也不会因为男人的承诺而用一生去等候。她们，只相信自己，不用依赖也能活得很好。

5.热忱，活力四射

新女性，把全副精神用来打理事业。她们踏实，勤奋，即使只是一份工作，她们也会用对待事业的热忱去经营，做一个有干劲的女性。她们常问自己：从第一份工作开始，我有没有为自己设定一个奋斗的目标？我要的究竟是什么？

男人会酸溜溜地说：成功女性，一定同时面对情感上的创伤。即使如此，她们仍然会善于把挫折转化为事业成功的动力，至少不会一蹶不振。

她们知道，每天规规矩矩地上下班是不够的。对事业，要用得体的方法为自己争取得更多。

6.进取，每天在进步

身处日新月异的科技世界，她们不断自我充实，提升自我的知识和技能。她们也许没有天生的优势，但绝对相信后天的创造。她们比男人更加努力进取，不是对自己没信心，而是比男人更有雄心。所以，男人开始有了紧迫感。

7. 和谐，家庭事业两平衡

新女性是走钢丝的能手，在家庭和事业之间求得平衡。眼见险象环生，忽地来个漂亮翻身，又是一副悠然美态。她们不是一个一成不变的角色，她们流动在职业女性与贤妻良母之间，什么场合，什么角色，毫不含糊。

8. 幽默，最大的智慧

阴沉，是内心的病症。脸上的笑容不仅传递着心里的欢愉，也是赠送给世界的一份美好礼物，因为笑容可以传染。没有幽默的态度，不懂得自嘲，心事永远打着死结，拥堵于胸，一生得不到快乐。新女性知道幽默，知道自我开解，知道原谅，知道轻松。因为，她们把快乐放在自己手心，不系在别人的言行上。

9. 美丽，永远的追求

对美贪心是女性的天性。女性的美丽不一定天生丽质，但肯定知道如何装扮自己。让每一天的心情跟着衣妆一起亮丽起来。她们美丽着，不为取悦男人，不是虚荣的表现，是女性热爱生活与维护自尊的表达。

10. 酷，时尚的个性魅力

够酷的女性遇事冷静，临危不乱。她们不愿意因为女性的特殊身份而享有特权：遇到危险，吓得脸色苍白，痛哭流涕，往男人的肩膀下钻，用眼泪作为捍卫自己的武器。她们独立，有头脑，有能耐，可以用智慧，用个性魅力征服危难。更难得的是，她们懂得在什么时候安慰男人，并且把男人的自尊照顾得很好，赢得他真心的喜爱。

二、女性自信的转变

1. 传统女性的不自信

有人用了大量时间思考并研究这样一个问题：作为女性，为什么认为自己能力有限？在现实生活中，很多女性都缺乏自信，而这种缺乏又根植于深深的文化背景。如果了解生活背景，也能更好地了解女性。

三十年前,“玻璃顶”的概念还不存在于女性的头脑中。那时的她们甚至想不到,有一层看不见的玻璃会阻挡她们,使她们难以再向上伸展,使她们远离权力中心——管理者的位置。能够被一个公司接受已是万幸,她们还能奢求什么呢?

社会的发展带来了观念的冲击与文化的转变,女性意识开始复苏,女性的名字在某些场合开始与男人的名字并驾齐驱。但这种转变还没有把女性安置到CEO的位置,只不过勉强包含着女性与男人同等待遇而已。不仅社会,即使女性自己,也很难认同让一介红颜去身居要职,去商海弄潮,去男人的世界中描写巾帼英雄的神话。女性,依然是柔弱的羔羊,寻求男士的呵护,需要社会的谦让。

一项小测验的结果让人吃惊:许多人仍觉得“极少有人像家庭主妇般的快乐”。家庭妇女还是理想的选择。女性最多只能跨出家门,稍有远涉便招致“过分”之嫌。这种处境中的女性,自己都怀疑自己,更不会“出格”了。已婚女性呢,则觉得自己无法同时担负起家庭内部的责任和外部的工作,这种想法还很有市场。更可怕的观点是,一个经济上独立自由的女性,很可能是位性自由论者。毋庸置疑,这种自由社会让某些人谈虎色变,从而更苛刻地要求女性。总之,不管男女,都怕改变,怕失去自己已被社会定格了的角色和身份。

2. 当代自信女性

当代,更多的人开始认为,女性的角色应当转型过渡了,她们不应再受世俗观念的影响而享受不平等待遇。但这并不等于说,女性就能统率一个公司。因此,在企业内外部,仍难看到足够的对女性的支持。女性要成就,要到达巅峰,要做领头羊的机率,仍极其微薄。

但女性一直在努力,即使在这样的文化重压下,还是有人脱颖而出了,虽只是凤毛麟角,却给众多女性朋友们树立了借鉴的榜样。

下面就来看看这些成功的女性。

她们大多成功在20世纪末，即九十年代，那么，她们大概在七八十年代参加社会工作，在六七十年代接受教育。从以上的文化背景中，不难理解，那时只有5%的女性获得毕业证书，80%的女性只能从事已被定性为“女性”的工作，也就是说，只能做办事性质而非管理性质的工作。在工作中，她们也无法像她们的男同事那样获得足够的重视，带着公司的支持去发展自己。这些便是她们出道的背景。

没有良好的教育底蕴，没有足够的培养支持，没有优势的职位，这些女性们怎样与男人进行较量，并攀到人生金字塔的顶端呢？

认识自我，肯定自我，从而充分发挥自我。这就是自我认同之路，这就是积极的价值观与生活态度，这就是女性向成功迈出的第一步。

琼小姐的经历路程会说明该怎么做。

琼小姐有一位交际广泛、热心社会活动的母亲。她从未想到要涉足商界，因为母亲一心想把女儿培养成灿烂夺目的影星。让她学音乐，练舞蹈，学演戏，还要学演讲，为成为银幕佳人而做一切必要准备。十八岁，琼小姐被送往一所著名戏剧学院。但琼小姐已逐步成熟，开始认真审视认识自己了。

“我适合演戏吗？我成吗？我应该走妈妈安排好的这条路吗？”她否定了。于是，琼小姐为自己选择了一家工学院。当她把自己的想法吐露出来时，母亲大为惊讶。

“什么？多没出息的想法！难道你想将来坐办公室的冷板凳吗？”

“琼，听妈妈的话，好好学演戏。等你一毕业，我就安排你上镜。凭我多年的关系，一定能让你在影界出人头地。”

但琼小姐决心已定，妈妈苦口婆心劝说只是徒劳。因为活着，就应当倾听自己的声音，活着就应当选择自己的路。

认识自我，选择正确的道路，便如拨开乌云，重见蓝天。只有挣脱束缚我们的枷锁，然后才能飞上蓝天；我们必须摆脱影响我们的陈见与固识，然后才能获得再生，获得真正的精神独立，从而抓住自我，让它引导我们走向新生活；认识自己，做自己的主人，不生活在他人的梦想与希望中，我们才能发挥潜能，创造美好人生。这是迈出了自我认同的第一步。以后的事实证明，琼小姐选对了。在工学院，琼小姐学的是工业设计——她喜欢的专业。毕业后又到百货公司做广告策划。时机飘然而至了。

她的老板发现了新的商机——当时的超短裙很受女孩青睐，便找琼小姐商量广告宣传的事宜。那时的宣传，远不如当今这般变幻多姿且有多种渠道。他们发现要做这种短裙广告只有两种选择——电视摄影或实体模特。但两种都不让人满意——前者效果难以突出，后者耗资巨大且不能广泛的宣传。

怎么办？老板头痛了。

琼小姐不紧不慢道出了自己的想法：先来一场实体表演秀，让模特分别着长裙和短裙进行对比，这样突出效果；再将表演摄制，通过电台广为宣传，从而扩大接受群体的范围。这一策划可谓鲜明独特，极富创意。老板当即拍板，宣传立马进行，结果也可想而知，琼小姐一炮打响了。从此人们记住了她的名字，策划邀请络绎不绝，八方赞誉涌如潮水。

琼小姐可没有被这初尝的美酒迷醉，她保持着清醒的自我认识，继续努力，挖掘潜力，相信自己能走得更远。此时的她，任何力量也阻挡不了。在各大公司锻炼了一段时日，琼小姐自己出道了。

谁说女性难以创业？谁说女性与成功无缘？琼小姐才不信这一套。出道后的她，与两个姐妹联手创办了一个小广告公司。虽然刚起步时只是个不起眼的小铺，犹如爱因斯坦的小板凳，难免会遭遇嘲讽。但此琼小姐已非彼琼小姐，她羽翼已丰，自信颇足，已积攒了足够的厉劲，只待大鹏展翅，纵横万里之时了。不到半年，小铺就变成了独具影响、富有特色的大公司了。不到一年，琼小姐的名字已家喻户晓了。

当记者问及她的广告中有什么“神奇的力量”时，她笑笑：“我相信自己的直觉，它会告诉我顾客需要的是什么。”正是这种独特的女性心智与傲然自信，琼小姐获得一次又一次成功。她向来有自己独特的见解，且一旦认定自己判断正确，就决不会退让。在事业上，这种不退让、坚持自我的性格给琼小姐带来了好处。

一次，一家长途客运公司，由于诸多原因生意惨淡。琼小姐带着自己敏锐的嗅觉与独特的自信来了。她直接找到经理，岂料经理不耐烦，不相信眼前这个普普通通的女人会有什么起死回生之灵丹妙药。

“对不起，我的车都已送进修理厂了，不需要您的检修。”

“您不觉得贵公司这部大车，有检修一下的必要吗？”

“哦？您是位企业诊断师？”经理故作轻松。

“我们发现，贵公司的实力已跻身众强之列，可最近为什么出现不景气，难道您没有思考过吗？”琼小姐单刀直入，一下击中痛处。

“这个……”经理支吾了。

“您有没有考虑到宣传的作用？”琼小姐亮出了王牌。

“我不大迷信这种，所以也极少……”

“为什么不试试看？凭公司的实力，相信您一定会找到新的契机。”

于是，琼小姐把自己的策划及公司的现状结合起来分析，条条有理，道道合情，本已绝望的经理，眼中燃起了希望的火花。那个本是普通的女性，也瞬间变得魅力非常了。仅三天后，又一个不同寻常广告的问世拯救了一个公司，拯救了全公司的信心与活力。至今这个经理都感叹:“要不是琼小姐的坚持,我哪会有今天。”正是从那时开始,经理竟迷上了琼小姐,两人最终还喜结连理呢。真可谓一份难得的坚持,既收获了事业,又收获了爱情。

《内心世界》曾说:“探索自己是一种透彻研究未知事物的能力,是人类社会系统固有的特征。它使我们具有与生俱来的‘不安定因素’,渴望把思想中的梦幻王国变为理想中的现实世界。”

其实,每个女性都有自己的梦幻王国,可就是走不到现实中。许多女性才华横溢,她们却把时光闲抛。如果找不到内心中自我的声音,又怎能认识自我,认同自我?一个自我认同的女性,一定是经过了思想上与精神上的双重煎熬,经过了重新审视自己的过程,从而破除陈茧,脱胎换骨,从而建立信心,找到内心中那天生的渴望成长、成功,渴望自我表现的冲动,从而能够傲然独立,卓而不群。信念不足、自我模糊的女性,大半精力都花在了保护自己、躲在传统与权威的阴影里,又怎能享受生命那灿烂辉煌的光芒?

琼小姐的路:认识自我,摆脱母亲的桎梏——发掘自我,向公司献策——挑战自我,自创公司,发挥极限——高度的自我认同,救公司于危难之中,信念就是如此一步步构筑起来,自我也由最初的小声抗议发展到最后的大声宣告:我成功了。是的,琼小姐不愧为成功的女性,其他渴望成功的女性也应当开始动身去寻找那迷失许多的自我,去寻找我们自身的力量源泉吧?路上请反复的告诉自己:自我认同——成功的第一步。

下面,有一道测试,看看你的性格是否属于积极的自我认同呢?

1.你认为自己的外表?

A、很丑,我知道。

B、普普通通。

C、听别人说我的外表还不错。

2.在公开场合,你喜欢说话吗?

A、我从不在公开场合发表意见。

B、我不喜欢这样做，除非必须，我会说上几句。

C、我喜欢公开发表意见，而且擅长演说。

3. 对自己的自控能力？

A、任何小事我都无法自控。

B、我一向能够严格控制自己。

C、有时能自控，有时会失去控制。

4. 你喜欢称赞或鄙视别人吗？

A、我喜欢鄙视别人。

B、我从不鄙视任何人，我喜欢称赞别人的长处。

C、很少对他人发表意见。

5. 当你不高兴与别人产生矛盾时，你会怎么想？

A、也许我的看法有些偏激，如果对方理由充分，我会改变自己的看法的。

B、我的看法肯定正确，我要辩论到底。

C、对于某些看法，我不便和她争论。

6. 你认为自己的勇气如何？

A、我胆小如鼠。

B、我对任何事情都毫无畏惧。

C、忍无可忍时，我会采取必要行为。

7. 你信任别人吗？

A、有的人不能信任，有的人还行。

B、我特别相信别人。

C、每个人都是我的假想“敌人”；我不相信任何人。

8. 对自己的收入，你觉得：

A、与她们相比，太寒碜了。

B、我赚的钱不少，反正够我花的了。

C、我的收入不错，但还得赚更多的钱。

9. 你经常羡慕他人吗？

A、我极少羡慕人。

B、我嫉恨那些拥有我没有的事物的人。

C、我羡慕有些人，她们的确很不错。

10. 你有自卑感吗？

A、我从没有这种感情。处理问题时，我相信我能迎刃而解。

B、我经常怀疑自己的能力，对问题束手无策。

C、有时会有这种想法。

以上各题中每题只选一项，各项评分如下：

	A	B	C
1，	1	3	5
2，	1	3	5
3，	1	5	3
4，	1	5	3
5，	5	1	3
6，	1	5	3
7，	3	5	1
8，	1	5	3
9，	3	1	5
10，	5	1	3

分析：

14—25 分：你对自己缺乏足够的信心，在一些问题上，你很难坚持自己的看法。不要把羡慕的花环套在别人头上，要相信自己也有一份独特的魅力。

26—38 分：你是千千万万的平凡女性中的一个，你也相信自己是这样的女性。要想获得成功，你还须努力，增强对自我的信心。

39—50 分：你一看就是那种千里挑一的女性，成功与你很有缘分，只要你愿意去争取。

◯做个自主的女强人

人人都渴望成功，每个女性都渴望获得自己的梦中城堡。没人愿意终生碌碌，虚度年华；也没有人愿意终日为了柴米油盐、芝麻小事而操心劳累，不得安逸。纵观历史，遍览群英，不难发现，大凡成功的女性，都是倍尝艰辛，却又非常顽强的女性。她们自强自立，从不怨天尤人；她们默默奋斗，从不虚浮处世；她们百折不挠，从不轻易低头认输。成功，是不会垂青那些寻求庇护的女性的；成功，也不会降临于苟且过活的女性。自强，才有力量；自立，才有自由，不被羁绊。任何渴望成功的灵魂，决不会自弃于平庸，虽“路漫漫其修远兮”，仍将“上下而求索”，实现人生真正的梦想。

莎士比亚曾有言：“脆弱呀，你的名字叫女人！”

但梁实秋也说：这脆弱并不永远使女性吃亏。越是柔韧的东西越不容易断折。

什么是强者，什么是弱者？女性天生是弱者的代名词吗？如果你回到远古时代，这种观点也许还能站住脚跟，但在今天，在女杰辈出的时代，女性，已不再是任命运摆布，随缘份漂流的木偶，女性应该自觉捍卫自己的人格尊严，并勇敢奋斗，敢与“须眉”比高低。生活在当代的女子，若不知反抗，不知自己的权利，她会终生被人愚弄的。

一、坚强的女性

女性绝不应该把自己的整个生命都交给另外一个人，或是把自己的一生，都耗费在家庭中。女性应该有自己独立的生活轨迹，适当地为自己而活着。若不幸成为男人的附属品，那她的一生将黯然失色，毫无生气。

扔掉那种“小女子”、“哭哭啼啼”的女性形象吧，“脆弱”天生不是女性，女性也并非对其情有独钟。每个人都潜藏着脆弱，也蕴含着力量。女性成功的过程，就是甩掉脆弱，自强奋进的过程。下面是一个关于女性坚强性自测的题目，各位不妨试试。

请在下列选项中，选择最适合你的一项：

1. 你对自己坚强性的自测是：

A、勉强过关，马马虎虎。

B、我觉得自己很差。

C、很好，我相信自己能做得更好。

2. 你喜欢孤独吗？

A、有时喜欢。

B、不喜欢。

C、非常喜欢。

3. 你曾经离家出走过吗？

A、从来没有。

B、出走过。

4. 你与老板讲话，眼睛会看哪儿？

A、正视他的眼光，不亢不卑。

B、偷偷掠一眼，不敢正视。

C、左顾右盼，根本不看他。

5. 你喜欢哪样的朋友？

A、独立专行，极富个性的女孩。

B、什么都由着自己的女孩。

C、中庸。

6. 你喜欢哪样的生活？

A、安安稳稳、风平浪静的日子。

B、不在乎任何生活，对自己来说，都是一笔财富。

C、不需自己操心，别人已安排好一切。

7. 你的男朋友送给你一份精美的礼物，价格不菲，你会如何回赠？

A、他喜欢什么，我就回赠什么。

B、根本就不敢要这份礼物，让他换一个。

C、接受他的礼物，并一定要回赠与此相当甚至更高贵的礼物。

8. 与父母相处时，你喜欢怎样？

A、依偎在他们身边，像只听话的宠物。

B、平等相处，也不忌尊敬他们。

C、他们太落伍了，难以赢得我的尊重。我不得不经常点拨他们。

根据你的选择，计分如下：

	A	B	C
1，	1	2	3
2，	3	1	2
3，	1	3	1
4，	3	2	2
5，	3	1	
6，	2	3	2
7，	3	1	2
8，	1	3	2

解释与分析：

8—13 分：你太脆弱，可能甚至“胆小如鼠”，但这并非生为女性的过错，而是你的生活环境，你所接受的教育（包括家庭、学校、社会）所致的。如果你希望有自己的事业，自己的生活，请走出自我的保护膜，接受世事的洗礼吧。

13—18 分：你的个性桀骜不驯，过于“超凡脱俗”，其实这种坚强也许很脆弱。因为它让你难以与他人相处。还是稍稍收敛一下，检查自己是否过于自大了些。

19—24 分：你有足够的韧性承受一切，你有坚强的意志克服重重阻碍。只要有明确的目标，不断付出努力。相信你一定能成功。

二、培养坚强的心理

对自己的不自信往往源于多年来的“积怨”，甚至是“童年阴影”，要将不自信转化成自信，这并非一朝一夕的事，但只要立刻行动、马上开始，一切消极情绪都不致成为职业场合的大敌。在行动前，必须做一些策划：

策划1：对自己有一个正确的评估。把自己“硬件”摆一摆，诸如学历、工作年头、取得业绩乃至身高、体重、着装、皱纹拿出来评判一番，是否是其中的某项让你信心尽失。

和同事，最好是好友沟通，看他们对你的评价是否与你自己的看法一样呢，也许你会发现你在办公室有那么多的闪光点。即使他们是在恭维你，姑且相信吧。

策划2：给自己一个自信的新形象。从形象入手，无论你多大的年纪，是女性都是美丽的。穿比实际年龄小五岁的服装，换一个时髦的发型，走路步伐加大15厘米，加快速度，说话声音大20分贝，在走廊与旁人热情地打招呼。这是建立自信新形象的开始，上司一定会喜欢，同事会刮目相看，给你重新定位。

策划3：提升工作能力。没有天生的拿破仑，只有真正的工作能力才是自信自强的基石。

没有爱一行干一行，只有干一行爱一行。既然选择了目前的工作，就要深入了解本职工作需要何种人才，自己欠缺的能力到底在哪里。可以诚恳地与上司交谈，取得共识。如果需要精通电脑、英语，那就去充电；如果优柔寡断，那需要心理素质的锻炼；如果是广告营销人员，但天性拘谨，那么需要参加各种沙龙活动。最有效的方法，就是观察优秀的同事、朋友，从他们身上可以悟出自己的差距。

职业场合的自信会给女性真正的力量，是促进发展的推动力，相信不甘于现状的职业女性，都会走出自信的步伐，迎接更美好的前途。

俗语说"近朱者赤，近墨者黑"，我们的生活背景，对我们的性格的培养，观念的形成，的确具有很大的影响。但"水可载舟，亦可覆舟"，任何有点辩证知识的女性，都应该明白，外在的环境，并非是决定我们成功与否的关键因素，只是一个凭借条件而已。真正掌握成功的金钥匙的，仍然是自己，是"我"的能力。只有得力的水手，没有英明的导航，即使一片风平浪静，你的生活之舟也难以抵港；反之，既有娴熟精干的水手，又有准确无误的导航，无论多大的风浪，相信你的生活之舟，定能平安到达彼岸。

所以说"近朱者未必赤，近墨者也未必黑"。污泥里能生长出亭亭玉立的莲花，温室里面也能长出一无是处的野草，环境无法改变乐观积极的生活态度，环境也无法阻止进行奋斗的步伐；同时，环境也无法把一个悲观、懒惰、苟且的女性推向成功的宝座。事在人为，成功在于奋斗，不在于你的生活背景。

伊娜·贝莉奥——美国家喻户晓的企业界"女明星"，并非是因为她主演了什么好莱坞的大片，而是因她对美国裁缝界的出色贡献。

然而，伊娜却有一个不幸的生活背景。15岁，父母便双双去世，少年的伊娜，无依无靠，别无选择，只好投奔叔叔，寄居在叔叔家里。叔叔是一个商人，颇有家产。然而他把伊娜接来一起生活，有一个重要的目的，是想让伊娜与自己有些痴呆的儿子结婚。寄人篱下的伊娜，痛恨叔叔冷酷的同时，也感受到了世态的炎凉。怎么办？留下来，就不得不与那个傻子结婚；离开叔叔，又没有其它可托付依靠之人，而自己还尚未成年，如何继续今后的生活？但人是站着生活的，俯首乞食的生活，毫无意义可言。伊娜决定离开叔叔家。

往后的日子，不用说，大家也能想象。虽然生活艰苦，但伊娜从未放弃对生活的追求。她变卖了父母遗留的家产，到一处小胡同，开了家小裁逢店，开始用自己稚嫩的双肩，自谋生计了。由于她的苦心经营，总是对生活充满信心地微笑，顾客们对她特别照顾，所以生意还不错。伊娜也很满足，走过噩梦般的生活，她总算找到了一点曙光。不久，伊娜认识了一个珠宝商人，两人不断交往，并产生了爱情。后来他们结为夫妻，感情很深，又有了个可爱的孩子，真可谓幸福美满了。然而好景不长，命运又一次剥夺了她的幸福——丈夫因心脏病而突然离开了人世。难道真是命该如此吗？难道真是命运的捉弄吗？伊娜不相信。从来好事天生险，自古瓜儿苦后甜。已经历过人生风浪的伊娜，坚信自己的奋斗，一定能苦尽甘来。“今后怎么办？”伊娜苦苦思索着。虽然丈夫生前好友愿意解囊相助，但伊娜谢绝了他们的好意。她已习惯了自强自立，不愿接受别人的施舍，这样只会消磨自己的意志，夺去自己的信心。最后，她决定将自己的裁缝店做大。善于动脑筋的伊娜，经过反复的思考、比较，最终开了一家专制女性内衣的小店。她投入所有资金，购置先进机器，还雇佣了一些女工，专门聘请裁缝师。于是，伊娜自任总经理了。很快，小店就赚回了本钱，还有了赢利。人们也慢慢熟知了她。

如今的伊娜，不仅为美国服装界做出了杰出的贡献，自己也享受到了成功所带来的甘甜。看到她今日的辉煌，谁会想到她曾是失去双亲的孤苦少女？谁会想到她曾经经历失去伴侣的切肤之痛？伊娜用自己坚强的意志，自强自立，打铸了自己成功的殿堂。

还有一种说法：“漫道强亲堪倚赖，到头须是有前程。”此句出自唐朝诗人杜荀鹤的《遣怀》，是说不要以为有高官厚亲可以依赖，只有靠自己的奋斗才有前程。也就是说，即使你家有万贯，富可敌国，高贵显赫，要获得成功，还须自己去拼搏。

让我们看看另一个成功的女性。

某城市的一个小镇，风景秀丽，环境迷人。一个运动器械商店里，一位容貌端庄、举止优雅的女性，正在和顾客亲切地交谈着什么。她，这个不显山、不露水，虚怀若谷的女人，正是此篇的女主人翁——一位公司的营销总裁——林女士。

她的出身，较之伊娜，可谓幸运之至。从小就读于艺术学院，弹得一手绝妙的钢琴。人们都说，这个含着银匙出生的孩子，将来必是个著名的钢琴家，但是，毕业后，林女士并未继续自己的艺术路，而是嫁给了公司的总裁，成了总裁夫人。除了一些交际应酬活动，林女士过着温柔富贵的“少奶奶”般的生活。结婚十几年后，丈夫不幸去世了，却把公司1/3的股权留给了林女士，凭这些股权及她总裁夫人的名份，林女士完全可以在公司找个闲职，挂个头衔。但是她却没有这么做。出乎意料的是，她竟在公司的一个厂子里做起了女工。许多人都困惑不解，好好的阔太太不当，现成的享受不去享用，却自找苦吃，跑去做女工，有毛病啊？林女士管不了这么多闲言碎语，却管得了自己的意志。她有自己的想法：要真想把丈夫的公司办好，改变不景气的状况，她必须下基层，自我奋斗。

虽然没吃过什么苦，但有精神的支柱支撑着，林女士也不怕什么困难与不适了。不到一年，她就摸熟了各生产要素，掌握了各种生产环节，还和员工们打成了一片，知道了他们内心的想法。又干了一年，林女士发现公司的严重弊病：生产资料的浪费，生产环节搭配的漏洞，管理的松懈，职工们缺乏积极性，所有这些，对公司前途造成重要影响。长此以往，公司非倒闭不可。作为公司的大股东，林女士不得不从基层了解这些情况，以对症下药。

把一切都摸清之后，林女士当机立断，开始接管公司，并提出了改革的方案。首先，她通过选举，产生了新的管理班子，并制定了各项奖惩制度。然后，告知各员工及其家属，让他们明白，要拿到更多的薪水，要使公司在激烈竞争中处于不败之地，必须人人都积极投入，真正把公司当成自己的第二个家。那些置公司利益不顾、轻视管理条例的人，应立即扫地出门。于是，这个岌岌可危的公司，终于悬崖勒马，又走上了一条繁荣兴盛之路。员工们兢兢业业，管理层风气一新，生产迅速好转，利润也一下子就增加了好几倍。

身为一位总裁夫人，曾受过良好教育的林女士，非但没有把这一背景当成自己可炫耀的资本，反而从最基层做起，踏踏实实，培养自己的真才实干。正可谓天不负有心人，她的一番苦心没有白费。最终到达了成功的彼岸。

知道了以上两个不同背景的女性的奋斗史，你还有理由埋怨命运对自己的不公平吗？你还有借口为自己的懒于奋斗托辞吗？要做一个成功的女性，不管是在事业，还是在家庭生活中，都要做一个艰苦奋斗的女性，可不能被自己身后的背景拖住了脚跟。它不是我们人生的主宰。

“失败”是个令人讨厌的词，人人都希望避开它，却人人又都逃脱不了它。可以说，没有失败的人生，就不是一个完整的人生。没有尝过失败滋味的人，她也不知道成功是什么滋味。既然“失败”如此逃避不及，我们何不换一种眼光来看待它，把它看成阻止我们继续犯错误的朋友，而不是挡住我们成功的敌人。其实，失败给懦夫带来的，才是悲伤，而给强者带来的，却是“清醒剂”，可以使偏离航向的航船，作紧急“方位”调整，以免再次触“礁”。

正所谓“不经一番寒彻骨，哪得梅花扑鼻香”。没有无数个挫折与失败垫底，成功的花冠也不会如此迷人芬芳。每一次的失败，都是我们迈向成功的一步阶梯。没有阶梯，你无法抵达天堂，没有失败，你也难以成功。人们常说："不经一事，不长一智"、"吃一堑长一智"便是这个道理。

对成功女性而言。"失败"是宇宙运动的自然规律，根本就不用去逃避、去担心，也逃避不了。我们所能做的，只是正视它，抓住任何可能所带来的机遇。一味的自怨自艾，只会模糊了你的视线，让你看不到成功的方向。

然而，只正视失败还远远不够，一个智慧女性，懂得如何从失败中，汲取教训，重新振作。

也有这样的女性，她们也有志向，有抱负，梦想自己有一天会被鲜花与掌声所包围，梦想自己被别人顶礼膜拜。即便在遭受挫折的情况下，她们依然不放弃这样的梦想。因为从小，社会就告诉她："失败是成功之母"。于是，在她那幼稚的心田里，似乎失败过后必是成功，只要让自己跌倒一次，成功便如同犒赏这一跤似的，马上向你飞来。这种想法可笑之极，只会让你屡败屡战，屡战又屡败。即使你潇洒地将"失败"往脑后一甩，来一副无所谓的架势，成功也依然与你无缘。

因此，正确对待失败，除了首先要正视失败，还得从失败中学会点什么，让失败成为宝贵的财富，而不是熟视无睹的一堆垃圾。古人云："今不虚前事之失，复循覆本之轨"正是这个道理。"前车之覆，后车之鉴"，只有把失败当成一面镜子，从中照出污点、缺陷，才能擦掉这些污点，克服这些缺陷，创造一个完美的自我，创造一个成功的人生。

在遭遇失败的时候，请记住大科学家牛顿的话："跌倒了，再爬起来。"爬起来之后，请想想，我为什么会跌倒？怎样才能不再跌倒？正如三毛说："苦难对我们，就成了一种切深，一种教育，你好好地利用这苦难，就是聪明。"

人活着是需要点精神的，对于女性来说，更需要这种精神上的东西，因为女性不喜欢世俗，女性不甘于平庸。

士人有百折不回之真心，才有万变不穷之妙用。而成功所需的精神，便是热情与毅力。这是奋斗的源泉，是前进的动力。含笑的花儿，更容易受到人们的赞赏；热情的女性，最讨成功的青睐。

一个热情的女性，不管她是在风和日丽之中，还是正遭受狂风暴雨，她都会继续自己前进的步伐，不会畏缩后退，心灰意冷。热情的女性明白，天下事有难易乎？为之，则难者亦易矣；不为，则易者亦难矣。热情的女性不管自己工作多么卑微渺小，她都会满怀着兴趣，坚持把它做得最好。正是这种持久不熄的热情火花，才会点燃成功的圣火。爱迪生说："有火以来，没有任何一件使火的事业不是因为热情而成功的。"保持热情，拥有对生活、对事业的热爱，你才会如虎添翼，以更多的热情，投入到奋斗中去，发挥自己最大的潜能。

成功也需要毅力，没有毅力的女性，难以做到自强自立；没有毅力的女性，难以撑起自己的天堂。所谓"行百里者半于九十"便是此理，走一百里路的人，如果到了九十就放弃，也仍是失败。俗话说："只要功夫深，铁棒磨成针。"日日行，不怕千万里；常常做，不怕千万事。只要坚持不懈，再大的困难，再远的目标，你也能把它变为现实。所以，不要轻易放弃。

◯女性的成功理想

控制和把握住你的事业。因为它将是你整个生活中很重要的一部分。你在工作单位为你的事业奔波的时间远比你在家享受的时间多，可是大家却总没有对它引起足够的重视。其实，职业控制管理就象是在航海一般。驾着小舟，从A地驶向B地，不仅仅需要足够的知识去制定好行进方向的路线图，更要知道和了解大自然的变幻莫测及行进中会碰到的天气变化、气温起落。这也就是说，在职业控制规划中，必须了解许多需要掌握的技能，必须很机敏，因为你永远都不知道风向什么时候会改变。大自然还要求你好好挑选船员——你总不可能在条件恶劣的大海中独航全程。在最糟糕的情况下，他们也许就是决定你生死的那些人；在平常好的情况下，他们会帮你学会找到目标，运用技能，最终达到目标。在漫漫长路上，他们还会给你合作之谊与同僚之情。在逆风时，很重要的一点就是要不时地检测你的前进方向，确保它总是正确的，在必要时，你甚至可以转舵掉头，确保你制订好的图表总是指向安全的港湾，这也是明智且必须之举；——你不能总是在行驶，还是要找到港口稍作歇息，补补破旧，填充给养，配足装备的吧。对了，在驾船行驶中，还有非常重要的一点就是你得学会控制和使用船上的所有装备。当你遇到很棘手的海事，当船员伙伴们也无能为力时，就得“自己动手，丰衣足食”了——有太多的工作等着自己去完成。这样，如果仅仅只会操控船上的某一两个装备，势必是会置自己于险境之中的，到那时，你后悔都已来不及了。

同样道理，女性得面对公司老板的变幻莫测。一个女性怎样才能把事业旅程上的路铺平，很大一部分决定于她用什么方法来统筹规划她的职业计划，还决定于她所选择的职位、她所结盟并寻求指导的“良师”和她所寻求的支持。当然，“职业作战计划”最终将取决于职业目标。对一些女性高级经理人员来说，她的目标在她看来应该总是在公司的越高层越好；对其他一些人来说，他们的目标也总是被决定在一个特定的层次范围内。每一个目标都要求不同的决策方向和不同技能技术的个人发展。但是，所有的目标要求一个共同点，那就是都要求人们打造一个有效的同志联盟和对领导人能力的一种培养和提高。还有那就是所有这一切要求一个词——“出色”。今天这个变幻莫测的商业世界里，那些成功的事业型女性总是还在不停地以高标准来要求自己，提高自己的能力，以便使自己有更强的工作能力和更出色的工作表现。那些有着出色表现的职业女性们总是有足够强的能力和技巧去驾驭和操控她们的职业取向和范围，甚至做得比男人还要好很多。

下面的故事将告诉我们一些特殊的策略和如何订立择业目标，如何有利地周旋于各个待选任命之中，如何联系好指导者，如何提高增长知识和管理操控能力的技巧。

一、女性求职

1. 在激烈的求职竞争中，女性如何才能取得成功呢？时代的进步、社会观念的改变已经使大部分用人单位在选择雇员时摆脱了性别的限制，但是也还是存在着用人单位对女性求职者有更多更高的要求等现象。有些女性在求职过程中也常常会摆不正自己的位置，一味委曲求全，导致工作的不如愿。其实，具有良好的素质、优秀的学习工作业绩和较强的人际交往能力，都会让女性在任何时候都受到用人单位的欢迎。尤

其是懂得计算机操作、中英文打字等现代办公技巧的女性更受欢迎。关键是女性在求职过程中究竟该抱有什么样的心态和应注意些什么问题。

(1)要有自信心。受生理特点和社会偏见等因素的影响,女性比较容易产生自卑感,这是求职之大敌。其实,女性除有生理上的一些弱点之外,还有男性所缺乏的许多长处。女性在语言表达能力、刻苦精神和忍耐力、记忆力、认真细致程度等方面,一般都比男性强。因此,在择业过程中,女性要敢于在用人单位面前表现自己的自信心,尽量发挥和运用自己的优势。

(2)要善于展示自己的魅力。在求职过程中,女性适度展示自己的魅力,所产生的效果是男性望尘莫及的。首先在打扮上要注意大方得体,发式力求自然,着装切忌艳丽,化妆不可浓艳,举止应端庄大方、彬彬有礼,谈吐要有条不紊,不亢不卑,善于听对方谈话,并能简洁地陈述自己的观点。

(3)要敢于接受挫折。求职遇挫是很平常的,女性应正视挫折,及时总结经验教训,调整择业期望值,再次勇敢地接受用人单位挑选。如果走不出挫折的阴影,那就可能失去不少宝贵的机会。

2.在面试过程中,应该注意:

(1)要注意礼仪。对方有时会打断你的表述,但他打断你的时候一定要处理恰当,要自然而然地推动谈话的进行。无论是赞同还是反对,都要自然,给对方留下良好的印象。有不同看法时,不要过分在意,更不要争执。

介绍自己时同时使用解释与概括的方法。一个单位的高级人员是事务繁多的,一定不要使他们充满负担的头脑再感到不明白。否则,他会觉得你不懂得起码的社交礼仪,从而产生厌烦,应该用清晰的语言表达你的意图,说明你的情况,使对方迅速领会。

(2)要集中注意力。无论谈话投机与否,或者对方有其他的活动如暂时处理一下文件,接个电话等,你不要因此分散注意力,不要四处看，显出似听非听的样子。如果你对对方的提问漫不经心，言论空洞，或是随便解释某种现象，轻率下断语，借以表现自己的高明，或是连珠炮似地发问，让对方觉得你过分热心和要求太高，以至难以对付，这都容易破坏交谈，是不好的交谈习惯。

(3)知之为知之，不知为不知。在面试场上，常会遇到一些不熟悉、曾经熟悉现竟忘了或根本不懂的问题。面对这种情况，默不作声、回避问题是失策；牵强附会、“强不知为知之”更是拙劣；坦率承认为上策。

(4)要确认提问内容，切忌答非所问。面试中，考官提出的问题过大，以致不知从何答起，或考生对问题的意思不明白，是常有的事。若是日常生活中，可以随便回答，对方也不介意。但在面试场这种郑重的场合，“想当然”地理解对方所提的问题，却是万万要不得的。其结果可能被视为无知，甚至不礼貌。“你问的是不是这样一个问题……”将问题复述一遍，确认其内容，会给考官留下好的印象：“是个认真、直爽的人”。

(5)冷静对待，荣辱不惊。在考官中，当然也不乏刁钻古怪之人，他们可能故意挑衅，令人难堪。这不是“不怀好意”，而是一种战术提问。在提问中，让你不明其意，故意提出不礼貌或令人难堪的问题，其意在于“重创”应试者，观察你在此场合何言以对，从而考察你的“适应性”和“应变性”。若遇此类问题，你反唇相讥、恶语相对，就大错特错了。

总之，女性求职者必须改变原有的“弱者”观念，正确对待自己和他人的评价。在求职过程中充满信心，以自己最好最吸引人的状态去迎接每一次挑战。

凯丽 35 岁就早已是某公司的副总裁兼第四治疗组的总经理。开始时，凯丽并没有着手于计划她的职业——在被提供五个不同晋升机会和两个再调配机会后，她突然意识到如果她好好把握住机会，她就能得到她想做的工作！她说，事先准备工作是非常具有决定性意义的，你得知道你需要什么，得预先规划好提出你工作取向的时间连线。通过她所设计和规划出来的清单和职业评价比率表的使用，凯丽便能够评估出发展她事业的可能选择的价值了。她的清单中不仅包括了她的本人意愿和专业意愿，还包括了她所拥有的技能和在她计划的下一步所需要拥有的技能。在真实地评估她的能力和缺陷后，她说她就可以评估出适合她能力级别的特殊的专业性工作，而且高于她以前的职业。

凯丽在一个固定的工作岗位所呆的时间长短，取决于她想于其中学到什么、想在其中完成什么。就像她所说的那样："不太长，亦不太短，那样的时间段将会是最佳选择。"在她精心策划好的计划中，她不仅仅定出哪些技能是她所必须拥有的技能，而且她很清楚地了解自己必须花多长时间去学习那些技能和补充那些经验。所以凯丽自己所做出的计划和努力，都使她上升到一个高度。不仅仅帮助她达到今天的这种水平，获得今天的这些成就，而且使她在成功的道路上从未感觉到危险或动荡。

她说："交叉性技能的学习和经验将会保护你不受今日就业率下降的侵袭。我曾在如此多的部门工作，担任过如此多职务的事实使我有了自信。"

"我离开这个公司后，我可以轻松熟练地找到另一份更好的工作，而且这绝对比原来在一个部门或一个职务上呆着不动要好得多。"

"在任何的职位、岗位重组、调整下，我都能很好地微笑面对，因为我已经知道和清楚地了解了我有什么技能，将会用到什么技能和怎样使用它们。"

在说长不长、说短不短的 14 年中，凯丽已经尝试过了 12 份工作，包括金融业、市场业和销售业。在进行每一份尝试之前，她都要求那些"猎头"们给她进行一个面试，并努力给出他们信息，让他们知道她到底需要一个属于什么性质和职能的工作。

有目的地发展自己专业的管理才能，与越来越多才华横溢的人结盟，这一切使得凯丽在公司的地位越来越巩固，而且她职业之梯的高度也在不断上升。同时，对整个属于她职业领域的范畴，她的认识力都大大地提高了。

二、白领的跳槽

1. 跳槽的误区

通过凯丽的故事我们知道，在策舟游弋于职业之海时，我们要学会变通，不能拘泥于一个定点，要以散发性思维为引导，学会尽可能多的对自己有用的技能，而且，要学得目光长远一些。因为，正当你因小利满足于当前职业时，另一个更适合你的机会也许正在离你而远去！但同时我们也提醒广大职业女性：跳槽一定要三思而后行，因为大部分跳槽者都以失败而告终。

王小姐是一家500强制药公司的经理，有MBA学位，在公司颇受器重，工作前途一片光明。但是就在她事业蒸蒸日上的时候，她跳槽了。不过在新公司，“蜜月期”还没渡完，王小姐就陷入了困境：新工作与自己的专长毫不相关；老板对她期望过高，因而数次交给她“不可能完成的任务”，下属因为她并没有像他们预期的那样出色而对她少了尊重，一段美好的“姻缘”很快走到了尽头。王小姐是众多的跳槽的白领族中的一个。在现代白领的心中，跳槽，早就没有了心理障碍，甚至从工作的第一天起他们就开始认同。

但是，某职业咨询公司新近的一份调查却给热衷跳槽的人和准备跳槽的人敲响了警钟：60%的跳槽者在跳槽以后产生了挫败感，认为自己的跳槽是失败的。这家职业咨询公司的客户数据库样本数目有1300多个。对于抽取的1300多个案卷，主要依照以下问题进行分析：参与调查者对现在的情况的描述，包括对自己的工作的每个方面是否满意，满意的程度，是否正在打算下一次跳槽等；从前跳槽或想要跳槽的原因，比如对现在的工作薪金、工作环境等不满意，或是追求更好的薪水和职位等；还有被调查者关于职业方面的困惑，从中可以发现他们对自己跳槽的经历是否满意，还存在什么问题等。

通过对以上问题的问卷分析后发现，对于从前的跳槽经历，有超过半数的人感到不满意，另外12%的跳槽者在新公司未能通过试用期。也许，跳槽固然是个机会，但风险也是一样，如果没有事前对将进入的公司从业务到人际关系的充分了解，很可能原有的一切都付诸东流。

某职业顾问师成女士曾经任职于500强公司，有七年人力资源管理的经验。她说，跳槽现已成为职业白领群中一个热门的话题，并显现出一个很重要的特点：跳槽人群覆盖面非常广，不仅有工作2到3年的青年员工，还有工作年限在10年左右的职业经理。而在这跳槽热中却存在着一个严重的问题，就是大多数跳槽者缺乏科学的判断和理性的决定，存在着下列误区。

误区1：薪金至上的追求。

对于60%的失败率，成女士分析说原因有很多种，但是大多数人都存在单纯以薪资为导向或是以热门行业为导向的盲目性，或者是在新公司“水土不服”而导致失败。

成女士告诉记者，在跳槽时必须走出金钱至上的误区，更需要关注的是跳槽后，原先的工作经验是否得到了延续和增加，是否有利于整体职业生涯的发展。比如前面提到的王小姐，她在跳槽的时候首要的考虑是薪水，却没有仔细研究自己未来的工作和这份工作对自己适合的程度，这样的跳槽失败的多，成功的少。

误区2：热门行业的诱惑。

另外，成女士介绍说还有一些人跳槽时只是认准了一个热门行业，却忽视了自己的兴趣和专业背景，结果也往往会导致失败，最终将得不偿失。因为加入一家热门行业的公司，并不是成功的关键，适合自己的才是最好的选择，她举了一个她遇到过的例子：

陈小姐大学里主修广告专业，刚毕业在一家广告公司做文案。

半年后，她的一个在猎头公司工作的朋友给她提供了一个信息：在大公司里做老板秘书不仅薪水高，日子舒服，而且发展好，因为很多大公司里的行政部门的经理都是老板秘书出身，陈小姐被说得心动了。后来在这个朋友的帮助下，她真的进了一家500强企业做某高层的秘书，但是她很快就发现自己不合适：每天早上要给老板泡咖啡感觉不平等；上下班打卡感觉不自由……这些都跟自己熟悉并喜欢的广告公司不一样，试用期未满她就赔了违约金，打算重回广告公司，但是这时候她就只能重头开始了。

误区3：不了解新公司环境。

成小姐还介绍了另外一种导致失败的情况，就是公司环境不利于发展。她说跳槽者在跳槽之前应充分认识到个体与环境之间的互动关系，个人与公司环境产生不适应很正常，出现了这样的情况，首先应自己努力适应公司的环境，但是如果是公司的环境有问题，那么跳槽者就应该重新考虑，争取在试用期结束前就果断离开。

以上这些问题充分反映出一些职业白领在跳槽时的盲目性。职业顾问师认为跳槽前的职业规划是必不可少的，只有明白自己以往的职业特点，目前的职业定位和未来的职业方向，才能确定合适跳槽的时机，并明确把握好因跳槽而带来的最大价值，最好是能促进职业发展的进程。

2. 跳槽守则

不过无论你跳槽与否，都是为了成功，为了更好的生活，相信下列的黄金法则一定对你的实际工作有指导意义：

(1)让人们知道你为他们做了多少事情。一位箱包制造商从未误过交货期限，因为在过去的10年中，他总是在发货单上添上这项内容：客户要货的日期、向客户交货的日期以及两者间的间隔。自从增添了这一显示厂商如何守时的标记后，业务迅速发展。如果处理得当，自我赞扬是一种有力工具。

(2)赞许和承认他人。有些人总认为肯定了他人的贡献就会或多或少地削减自己的作用。其实，赞许和承认别人并不会使自己损失什么，反而能给自己带来益处。

(3)写便条感激他人。曾有一位工作很严厉的老板。他对自己的严厉颇感自豪，但每到傍晚，他往往会写下15张简短的致谢便条。例如，“王，你的主意好极了，希望你能按照这个思路去做。刘。”他使人们乖乖地听从他的指挥。

(4)从细微之处做起。努力工作，从最基本的小事做起，不懈地努力积累起来便能成就大事。作家、企业家、管理权威哈唯·麦凯列举了66个应该能够回答的客户的问题——包括他们企业的周年纪念日。麦凯是正确的：如果对客户、老板以及同事的了解比较多，就更容易成功。

(5)做事果断坚决。在众人面前不要为一些小事犹豫不定，费尽脑筋，从而给人留下优柔寡断的印象。你可以私下里对一些细节仔细考虑，但在别人面前一定要表现得果断、坚决。

(6)注意建立与他人的工作联系。李小姐认为，在她认识的人当中，工作能力最强的就是那些与外界联系最多的人。当她在某咨询公司任职时,她的老板时常要求她们不要独自吃午餐,不要只顾研究报告,对于了解市场发展来说,和他人共进午餐与研究同样重要。

(7)注意自己的表现。对此,王女士颇有体会:注意要使自己在小事上无可指责。例如准时参加会议,着装要保守等等。不要过于显示自己,注意说话要有分寸,不要在公共场合使他人难堪。

一般而言,人们无论成就任何事情都要经历挫折与失败,胜利属于锲而不舍的人。

◯永不言败的女性

害怕成功是一种真实的感觉，它阻碍我们实现伟大目标的计划。但没有一生下来就自信的人。一个敢于成功的女性是在不断进取中、不断发展中产生的。

现实中，许多女性都缺乏自信，她们不敢想象自己成功的样子，甚至不敢梦想成功。这种女性，永远只是成功的槛外人。

在人们成长历程中，极少有人把自己想象成一个聪明、有能力的人，总觉得自己不如别人。看着别人在聚光台上，内心也很羡慕，却不敢迈出实践的步伐。人们总害怕自己会失败，总觉得不敢想象自己有朝一日也会成为一个万人瞩目的人物。于是成功的机会便这样悄悄流走了。

由于这种害怕成功的心理，我们宁愿一切照旧，得过且过。其实，我们应该相信自己，只要努力，总会“风雨之后见彩虹”，只要尽力完善自己，争取获得更大的成功，成功就会由梦想变为现实。

一、获得成功的女性

其实我们传统的家庭教育也影响着我们对成功的理解。小时候，中国的父母都不愿夸赞自己的孩子，本着“谦虚使人进步，骄傲使人落后”的善意，他们总说自己的孩子这个不如别人，那个不如别人，结果给孩子造成了心理定势，我不如别人，别人能那样，我怎么能那样呢？别人能成功，我恐怕不行吧？对此我们不妨看一看下面的例子：

1999 年 11 月，具有 113 年悠久历史的雅芳公司迎来了第一位女性 CEO(首席执行官)——华裔女士钟彬娴。从此，精英荟萃、竞争激烈的美国商界增添了一颗光芒四射的明星。这位美丽大方、自信乐观、气度非凡的华裔女性曾四度进入全美“最有影响力的 50 位商界女性”排行榜，并成为“全球 25 位最有影响力的商界领袖”中唯一的华裔女性。

2002 年 11 月，中国雅芳迎来了 12 岁的生日。在这个特别的日子里，钟彬娴女士与中国的女性朋友共同分享关于成功、关于美丽、关于雅芳的话题。

身为雅芳公司第一位女性首席执行官，钟彬娴是现代女性成功的楷模。许多热爱工作、追求事业的女性朋友很希望分享一些成功的经验。那么，钟彬娴认为成功的重要因素是什么？

钟彬娴说，当今的市场竞争激烈而又令人激动，要想取得成功，独特杰出的领袖素质不可缺少。首先，成功者与不成功者的区别很简单，那就是“激情”。没有激情的人不可能最终成为真正成功的领袖——我们无论从事何种事业，都应投入激情和热爱。

成为领袖的第二个必要且关键的条件是尊重、关心他人，公平待人，无论你要作出怎样艰难的决定，都应遵守这个原则——伟大的领袖会用心、用头脑来领导众人。在雅芳公司改革发展的过程中，他们承受着巨大的竞争压力和市场压力，但始终怀着关爱之心看待这个世界，用心去履行他们的义务，去宣扬人类的伟大精神。

领袖需要的第三种素质是勇气，它会使人变得坚韧。残酷的竞争推动着社会发展的进程，它要求人们加快前进的脚步，必须不断提升自己。每当达到一个目标，另一个挑战又会出现。这远比想象中的有意义，更令人振奋。

最后，但不是最次要的，就是要有所改变。让世界变得更美好，这是每个人的责任和义务。雅芳已经确立了一个远大的目标——成为对抗乳腺癌的先驱。在世界范围内积极筹款，以帮助人们认识、检查、防治和研究乳腺癌。到年底，将筹得 2.5 亿美元——雅芳的员工对此项事业孜孜以求，这让她感到无比自豪。

钟彬娴成长在一个华裔家庭，并取得了令人骄傲的成功。所谓“望子成龙”，这是许多中国父母的心愿。在其成长过程中，其父母是否也有这样的要求？

钟彬娴说，直到今天，父母一直是对她影响最大的人。成长在这样一个传统的中国家庭，她感到很幸运，他们从未要求她成就什么，他们只是默默地期望着。

“父亲生于香港，是一个成功的建筑师。母亲生于上海，是多伦多大学毕业的第一位女化学工程师。他们教导要为身为中国人而自豪，这一点我从未忘记，我也努力将这种自豪感灌输给我的两个孩子。

从父母身上我领悟到，抚养子女与领导公司道理一样——全力以赴，甘愿奉献，超越得失；要慷慨、公正、宽容；要远离傲慢和自负，礼貌待人，善于容忍，体恤他人的情感；要积极吸收各国文化的精华，同时也要与他人分享本土文化的精粹。最重要的是，要学会不以压制情绪的方法来排解忿怒和不满，要把这些消极的情绪转化成有益的、积极的情绪。这些都是中国人代代相传的处世之道。”

钟彬娴上任后非常注重新产品的开发与研究。2000 年获得国际美容界“奥斯卡奖”——最佳脸部护肤品的新活净白无瑕霜就是最好的例证，而新活再生霜也在全球取得了巨大的成功。未来雅芳产品发展的主要方向将会怎样？

钟彬娴说：“我们所取得的这些成功，得益于技术领先和市场优先的经营策略。在争当本行业领头羊的过程中，雅芳坚持革新优先。为此，雅芳破纪录地启动了 1 亿美元用在研发新产品上，力求以最完美的产品超越所有竞争者，这值得我们骄傲。雅芳同时也注重产品的形象，未来三年，雅芳将投入近 2 亿美元，用于广告、产品试用和销售人员培训。

目前，雅芳新研制了一种突破性的护肤品，暂时称它 WOW，我们期待着上市后顾客对它的评价。在接下来的时间中，雅芳将发展面向年轻顾客、面向青少年的产品，这将给雅芳的发展带来更多的机会。雅芳是为女性创办的公司，就我个人而言，我希望雅芳早日成为真正面向年轻女性的公司，这将有助雅芳未来几十年的生存和发展。”

钟彬娴于1999年11月出任雅芳公司的首席执行官。此后，又采取了一系列的变革行动，为雅芳注入了新的生命力，雅芳也因此进入了全新的发展阶段。那么，中国雅芳的未来将会怎样？

钟彬娴说：“每当我来到雅芳全球各个分公司，我都会感到一股蓬勃的生命力在那里涌动。雅芳正逢发展的春天，正不断地获得着更多的市场份额，在竞争中扮演着主导角色。我们努力拓展新市场，成功地推广品牌，我们清楚地体验着成功的滋味——雅芳的前景从未如此光明，我们的事业已经取得了许多成绩，还有更多新起点等待着我们。雅芳已经迈入了第二个百年，销售代表和顾客们可以一如既往地信赖雅芳的产品，因为雅芳可以令生活变得更加美好。

整个雅芳，要求更为大胆而快速地向前迈进的呼声越来越高——为改革大开方便之门，这才会使雅芳真正成为世界级的化妆品公司。而令我激动的是，现在只是雅芳向外界展示才能的开始。”

无论今天还是未来，雅芳中国公司都是成就雅芳大业的重要部分。她引领雅芳在混合销售模式上进行改进，并取得了成功。在面临困境时，她成功地改变销售策略，并以此创造了销售的新增长，她为全球的雅芳公司树立了光辉的榜样。她深信中国雅芳将会在事业上再创高峰。

钟彬娴想对中国女性说些什么呢？钟彬娴说：“我为能领导这家出色的公司感到非常荣幸，这是一项值得珍惜的责任。不管明天我们将要面对什么挑战，我都深信，雅芳是一家与时共进、充满自信并在改变中集结前进力量的公司，这早已在创建中国雅芳和扩展其经营的过程得到证明。

我相信，有许多中国女性曾使用雅芳的产品并从中受益。在中国，有2亿在职女性，几乎是适龄工作女性总数的一半，这其中也有中国雅芳的成员。雅芳在为女性创造美丽的同时，也为女性提供了一个展示自我才华、展现自信和能力的广阔空间。

对所有中国雅芳的同仁，我想说：你们和我一样，对这家公司倾注着关爱。我知道，我们都将继续努力工作，帮助更多的女性梦想成真。在中国雅芳今后更多的周年纪念日里，我依然希望能和大家一起分享中国雅芳的成功。”

二、敢于成功是成功的前提

首先要树立成功的信念，只有打破自己的常规，超越自己的框框，才能获得成功。

陆小姐，36岁，信息部经理。她极具个性，也很有幽默感。和她在一起聊天，是一种享受。还在读书的时候，陆小姐就已经开始工作了。那时她在一家超市里面兼职。有两件事影响她未来的职业发展：在大学里她改变了自己的事业，从艺术转到金融，另一件是，她现在老板对她职业发展的帮助。

她总是到各大金融中心去看看，了解一下各地的情况。她说，“当时我并不想去这个公司。但我最终还是去了，出于对他的感激，对公司的忠诚。我在外面花了4年半的时间，和我想了解的人一块工作。我的书橱里全是有关经济、股份、银行等各种书。每当有空闲的时候，我就阅读它们。人们也很关心我，希望我能成功。”

影响陆小姐一生的另一个人，是她的母亲，也是一个较成功的职业女士。陆小姐在言语间流露出对她母亲的无比崇拜，母亲在她职业发展的道路上功不可没，作为女性的模范，她起了很大的诱导作用。

她说，父亲是个很风趣的人，但母亲却是她的导师。在成长的全部历程中，母亲总告诉她，她是多么的与众不同，谁也无法改变她自信的态度，谁也无法贬低她，因为母亲一直告诉她，她能成功，能按自己愿望去发展自己，创造奇迹。母亲简直是神奇的“催化剂”，激励促进着她的成长与成熟。

在陆小姐职业早期，她也是顺着一条传统的道路走下来的。但她不怕改变,多次跳槽,改变自己的职业。刚毕业做了几天的会计,后来转到一家公司编制收支计划,还做过生产主管。现在的她终于找到了自己的本行,而且有更多的露面机会。她有更多的机会去和顾客交谈,和供应商谈判,和其它的高级主管们交谈。总之,无论在哪儿,她总是胸有成竹,笑容满面。当她得知自己被提名为副总裁时,她说:“这是我最好的工作。”现在,陆小姐工作的更加积极主动,她参加各种团体活动,了解多方信息,用自己的智慧打造着成功的梦想。“因为我母亲一直告诉我,我一定要成功。所以,我一定能成功。”

敢于成功的另一个信条是,要有敢于追求的勇气,敢于追求自己想要的东西。

李小姐便是这样一位敢于追求,敢于成功的职业女性。

她说:“我觉得自己非常有进取心,有时甚至达到咄咄逼人的地步,但我不后悔。我喜欢获得自己既定的目标,不会等待着让其他人夺走我的心爱之物。为了这一目标,我会不断地填充自己,给自己充电,不断为此奋斗,因为我不喜欢一辈子就钉死在一个位置上,一辈子都干着相同的事情,所以,我总是有自己新的目标,新的需求。有的人也许不喜欢我这种敢作敢为的作风,但我不会因他人告诉我停下就停下自己的脚步的。当你冒险的时候,事情反而更容易解决,变得更简单了。这会给你带来信心。每个人都应当大胆地去冒险,去赌一把,否则不知道自己会得到什么。只要你认为自己是正确的,你想得到的是你应该得到的,你就应大胆站起来,为之奋斗。”

“当然,你也必须诚实正直。我就因自己的诚实而受到很多人的认同。当人们想知道事实真相时,他们便来询问我。我从不粉饰现实的东西,也不夸大事情的真相。也许人们并不买你的帐,不同意你的看法,但这也无所谓。至少,你应敢于表达自己的观点,至少,这观点对你来说是重要的。只要人们觉得你是实实在在的,不管野心多大，他们还是尊重你的。”

正是这种大胆的追求，李小姐获得了一次又一次的成功。目标一个接一个实现的她，自信而又充实。世上无难事，只怕有心人，已获得成功的李小姐从不相信有什么事能难倒她。古时的愚公能移山，当代的职业女士们难道就不能实现自己的梦想吗？

三、懂得风险的价值

不可否认，迎接挑战的同时也存在着风险，因此一定要懂得风险的价值。风险天天有，害怕风险您就别想活了。不要以为拘泥于一小小的生活圈子，你就能够逃避风险。如果面对 3000 个人发表演说，你害怕的双腿直打哆嗦，那么在面对 5 个人的讲话时，你照样会声音发抖，浑身不自在。要想获得成功，你就得打破这种范围，跳出自己习以为常的生活圈子，为寻找风险，寻求刺激，来丰富自己的人生。

生活中有比较大的风险，你不得不慎重考虑的事情有：

· 搬家
· 结婚
· 离婚
· 换工作或跳槽
· 离职自己干
· 出国或移民
· 进行美容手术
· 生孩子
· 参加一次挑战极限的探险活动
· 从银行接受一笔贷款
· 向别人大笔贷款

这些大的风险不仅会改变你的生活，而且会影响你的一生。因为走过的路不可回头，选择了这条路也就是封死了其它的路，所以风险很大，让许多人畏畏缩缩，不敢做出选择。但在选择风险的同时，你也摆脱了现在的困境，有了新的起点，新的开始。一切都是未知数，但一切也都可能变为现实。

除去我们个人的顾虑外，其它人也许会对你的选择做出种种评价甚至阻挠，因为你的选择有可能也会影响他们，比如自己的父母兄弟姐妹，丈夫或孩子，甚至邻居、朋友、同事。

当你做出了选择后，他们也许会批评你的自私，不考虑他们的感受；也许会谴责你把孩子扔在家，无人看管；也许会警告你影响了他们的既得利益；也许会情绪激动，做出让你无法预测的举动来。但是，不失去，也不会获得。上帝是公平的，不会让你得到世间所有美好的一切。所以害怕失去，你也会很难得到新的东西。

当然，我们所说的选择风险，并不是说莽撞地毫无目的地乱碰乱撞，而且要做好风险预测后，再做出决定。

如果明知道开了这家酒吧会破产，你还要去开这家酒吧，那就是糊涂；如果你明知道这笔款子借出去就等于扔水里了，你还是把它借出去，你就是笨蛋。不要做亏本的生意。如果不知道保险系数，你就不要贸然行动。不管你是想结婚，还是想和你的伴侣分手；不管你是想转业，还是想跳槽，先作好准备，摸清它的风险系数，这样成功的把握会更大一些。

用成功证明自己，作为新时代女性，不应该再畏首畏尾，惠普的女强人卡莉·菲奥丽娜用她自己的行动证明了这一点。

惠普公司吞并康柏公司，使总资产高达870亿美元，成为直逼IBM的美国第二大计算机行业，在这个信息产业最大收购案公布以后，美国媒体说惠普或今后的“新惠普”总裁卡莉·菲奥丽娜通过这次兼并使其竞争对手害怕，她以其女性的斗志登上了计算机行业的高峰。是什么原因使这个在今日刚满47岁的女性，获得了如此高的评价呢？

卡莉·菲奥丽娜在刚登上惠普公司总裁的宝座时，面对当时惠普公司有些低迷的状态，她宣称要在3年内改变面貌，显示了这个女强人的决心。尽管由于整个美国经济的不景气，从今年初开始，惠普公司的股票价格一直下降，已经下降了27%，是该公司1996年以来的最低水平。卡莉·菲奥丽娜不为所动，依然坚持她的改革方针，她说，她要以新创立公司总裁的精神来振兴惠普，这次收购康柏就是她的一个大手笔。

在卡莉·菲奥丽娜担任惠普总裁的两年间，她的主要改革措施有两条。一个措施是改革公司管理体制，将公司管理分为两个层次，即“前方”推销部门和“后方”生产研制部门，从而改变了过去的83个部门的分工。在推销部中，其下属的处按照服务对象分。卡莉·菲奥丽娜认为，过去的分工，使各部门领导各自为政，几乎成为独立王国，不好管理，而且个人计算机用户与大公司企业用户的要求也不同，应设置不同的处来对待。另外一个措施就是裁员，在一年内她要裁员6000人。她把实现这些措施称之为“创新之旅”。这些措施自然也引起一些人的反对。在改革管理体制上，新的体制使生产部门失去了与客户的联系，而且这个管理体制已存在多年。在裁员上，惠普公司的传统是不裁员。但是，卡莉·菲奥丽娜依然坚持自己的方针不变，坚决改变具有60多年的公司传统，显示了她的坚强意志和勇于创新的精神。她的名言是：“谁要是承受不了就请离开”。颇有铁娘子风度。而且惠普公司通过改革确实提高了生产率，显示了该公司的特性，分析家普遍认为这是卡莉·菲奥丽娜的功劳。

卡莉·菲奥丽娜不仅善于吞并公司，也善于分裂公司。她在担任惠普总裁之前，在美国电话和电报公司工作了近20年，但是，是她促进了1996年从美国电话和电报公司分裂出朗讯公司这个网络公司，并使它的股票上市，人们普遍认为这一时期是她最具成功的时代。

卡莉·菲奥丽娜两次被《福布斯》杂志评为美国经济界的最有权力的女性，也被看作是美国成功女性的代表人物。她管理作风雷厉风行，喜欢在公众场合露面。当有些人批评她爱出风头时，她回答说，“总裁就是一个公司的形象代表”。

当时美国和世界经济颇不景气，新经济的泡沫还没有完全扫清，在这种情况下，卡莉·菲奥丽娜可谓是重任在身前途艰难。就在惠普吞并康柏的消息宣布之后，两个公司的股票都有下降，这为卡莉·菲奥丽娜必须做进一步的努力作了一个很好的注脚。

另外一位成功女性——马女士来自国内。她向来都是根据自己的价值标准做决定，而且她能够准确地评估自己的工作潜力。她总是不断地询问自己的实力。

她说，“我从来不觉得，有什么工作是处于我的能力范围之外的。我常常使用的标准是：这对我来说是挑战吗？这对我来说有乐趣可言吗？我这么做会有什么明显有效的成果吗？我能保持自己生活的平衡吗？”

同样，作为两个孩子的母亲，又是一位38岁的副总裁，马女士道出了许多成功女士的心声：“在公司里，作为一个女性和作为一位副总裁并没有多大的区别。我有很多很好的同事，也有许多优秀的模范，让我可以从她们当中汲取力量与经验。虽然作为副总裁，露面的时候很多，这既有好处，也有不利的地方：经常出现自己遭到批评与指责的情况，但我一直尽力准备好自己的工作，准备好自己的角色，我从不觉得自己是别人批判的靶子，因为我总是准备好一切，力求完美。”

马女士其实是在一家制造业企业就职。这一领域向来被认为是男人的领域，女性涉足，会遭遇更多的风险与困难，但她喜欢。如今，她已了解了许多生产线，对公司运营了如指掌。当初那些看热闹的人们，也知趣地闭上了嘴巴。

“我知道，只要我坚持不懈地努力，精力集中地解决问题，我能做任何我想做的事情。我已向自己证明了我的实力：我能行。”

20年前，我们几乎没有听说过女性经营企业或者女性控制着企业的决定权。但马女士，作为一名出身平平的女性，却开了我们的眼界。

四、成功的可行性

36 岁的殷女士也经历了一系列的努力奋斗，并迅速得到了提升。

1981 年的时候，殷女士加入某公司，两年半后，成为一个分部的经理。那时，这个部门主要生产一些女性卫生用品。她在那儿停留了 7 年，在公司的历史中，是极其罕见的。但她却比其他人更了解这个分部的一丝一毫、一针一线。

她说："作为一个女性，在女性用品部门工作，为广大女性朋友们服务，对我来说非常有意义。停留在那儿那么长时间，让我获得了更多的信誉与支持。这些因素对我的职业生涯的影响是很大的。"

事实是，殷女士促进了本部门的业务的发展，她也获益匪浅。她的分部成为本公司中盈利最高的部门。在她干到第十年的时候，殷女士被提升了，成为总经理，主管好几个大的分公司。3 年后，她又成为公司的副总裁，领导着公司的发展。

最后，殷女士接到了另一个公司的邀请函，她都已经拒绝两次了。让她离开现在的公司是不可能的，比让她和自己的丈夫离婚都还难。因为她已熟悉了自己的公司，而且她现在还有许多机会。对于未来的职业发展，她非常乐观。

大家所熟悉的节目主持人杨澜也有类似的成功经验。上中学时的杨澜并不是那种聪慧过人的女孩，当然也就不是那种巧解难题的高手，她颇为自诩的是：考试时基本分上她从来一分不丢，地理历史这种需要死记硬背的科目，随便问哪道题，她马上就能说出是在哪一页上。凡是老师布置的作业，她没一样不是完成得仔仔细细。

上了大学之后的杨澜骨子里是一个缺乏自信的人。你能相信杨澜曾经因为听力课听不懂而特别沮丧吗？那时好多同学听力能得A，杨澜老是得A－，B＋什么的，这让她非常苦闷，每天晚上都在日记里写上：明天开始我要有一个全新的开始，一定要充满信心地把自己的听力提高上去。但是第二天一上听力课，还是听不懂。妈妈一度害怕杨澜因为挫折感太强得了自闭症。半年多之后，杨澜的听力慢慢上来了，她才恢复了信心。她说："我很羡慕周围生活中一些棱角更分明，更有创见和个性的人。""我经常觉得自己不是一个有才华和极端聪明的人。"

那她又是如何走到我们前面了呢?决定杨澜命运的一个契机，是《正大综艺》全国招聘主持人。许多人还记得1990年，一个清纯自然的长发女孩出现在《正大综艺》中，她清脆悦耳的声音和纯真的学生气息使她备受瞩目，迅速走红，像是坐着高速电梯，一下子升到了很多人一生都无法企及的高度。当时的杨澜并未意识到这次机遇对她今后人生道路的巨大影响，正是《正大综艺》，把她送上了一个更高的平台，让她获得了全国性的知名度和注意力。

回忆起过去，杨澜承认1993年正大集团的谢国民劝她出国的举动影响深远，他很认真地说："我觉得一个节目没有一个人重要。"这句话给杨澜极其深刻的印象，至今杨澜仍忘不了是谢国民先生改变了她的命运。

杨澜从一个传媒做出来的名人变成了一个做传媒的名人，她人生规划的每一步都为下一步预留了发展空间。

《杨澜视线》是杨澜头一回以独立的眼光看待并介绍周围世界，杨澜同时担当策划、制片、撰稿和主持。

1998年1月正式开播的《杨澜工作室》在两年时间里一共采访了120多位名人，其中包括澳门特首何厚铧、金融巨头乔治·索罗斯(George Soros)、著名学者季羡林、著名华语作家李敖、查良镛、诺贝尔物理奖得主崔琦等等。这些都是时代顶尖人物，与之同行，杨澜受益良多。

从凤凰卫视主持人的位置上退出之后，杨澜一度沉寂。2000年3月，她突然之间收购了良记集团，更名为阳光文化网络电视控股有限公司，成功地借壳上市，雄心勃勃地要打造阳光文化的传媒帝国。2000年公司亏损至1600万美元，仍在当年就进入台湾与香港市场。2001年4月，阳光文化宣称第一季度广告上涨500%，收支接近平衡，整个电视部门营运成本下降超过50%。中国已是亚洲第二大广告市场，阳光文化成长的速度将更加惊人。

申奥成功之后的杨澜更加光芒万丈，她在陈述中的表现为她提供了更高的事业台阶和更广阔的舞台。

"如果一切重头再来，我觉得不可能比现在更好。那时不知道自己会做什么，会嫁什么人，但是我希望过一种很充实、很丰富、很健康、很正常的生活，现在我所做的事、所过的生活，正是我在学生时代梦寐以求的——做自己喜欢的事，有一个稳定的家庭。现在，梦想成真了。"

五、女性的魔鬼精神

把女性比作魔鬼似乎不是一个优美的比喻。可是女性如果没有一点百折不挠的"魔鬼精神"，很难在强手如林的职业场上立足。

一个人的人生就如同一张桌子，如果想让桌子立起来，就必须至少有三条腿：事业，爱情和友谊。女性愿意把所有的爱和精力都奉献给爱人、孩子、家庭和朋友，但却很少有女性愿意把相同的热情投入到工作中。

李小姐和王小姐，这两朵姊妹花自1995年以来一直效力于某公司，而这家公司先后作为纪梵希、范思哲、幽兰、安娜苏等国际知名化妆品品牌的中国地区总代理，曾在进口化妆品市场中独霸一方。李小姐和王小姐的名字也总是一起出现，一个是市场部总监，一个是销售部总监，她们曾为这些品牌在中国的推广创下了骄人的战绩。

女性是职业场上的一道美丽的风景，才貌双全的李小姐和王小姐无疑会使这道风景更加精彩。这两个女孩都出生于七十年代，受过良好的高等教育。可任何美好事物的背后都不像表面那么光鲜。

刚出道时的李一身学生气，提着满满一箱化妆品的样品去拜访北京各大百货商场的化妆品经理，她曾被不分青红皂白地骂出门去："外语系毕业的小姑娘，不去外企大公司，跑到这儿来卖什么化妆品？也不怕掉价儿……"王小姐的运气也好不到哪儿去，为了帮公司争取到优惠的合作条件，她曾在烈日炎炎下的马路牙子上坐了六个小时，才把主事儿的人——商场业务主管等回来。

从小学到中学，李小姐的操行评语上总是被老师在一大堆优点后面附上这么一条："戒骄戒躁"。这种"骄"和"躁"在今日的李小姐身上已经看不到了。曾经是"快人快语"、"语言放肆"、"爱得罪人"的王小姐也被"磨练"出了超人的耐性，甚至已经有人开始评价她"城府很深"，这真让她不知是喜是悲。的确，职业场非常残酷，无论你是什么脾气秉性，面对工作你都得做个千面人。不管你进入这个圈子时多么有棱有角，它都会把你磨平、变圆。

李小姐和王小姐是幸运的，至少她们选择了一项自己热爱的职业并为之努力。"你不知道刚开始有多苦"，李小姐说，"我们根本没有休息日，白天盯销售，晚上盘库存。常常是商场一开门就冲进去，晚上关门后才出来。整日和销售员一起站着，做促销，搞活动。我们之所以可以坚持下来，就是因为从来没有把自己摆得过高。只有努力从低层做起的人才能稳扎稳打，能上能下。"无法想象这些漂亮的女孩子曾在相当长的一段时间里在一间没有空调暖气，没有卫生间的简陋库房里工作，成箱的货品都是自己一级级台阶搬上搬下的。那时真的很委屈，但还是坚持下来了。

很多人说女性成功比男人容易，有的靠美貌和机灵，有的靠实力和刻苦，反正是条条大路通罗马。不管是"机灵型"也好，"傻干型"也好，聪明的职业女性知道如何维护自己的尊严，她们知道这才是她们的生存之本。

李小姐说，她没有男人缘，属于傻干型："一次，我们公司的董事长带着我们一起请客户吃饭，他对客户这样说：'这是我们公司的两个小姐，今天来陪几位老总喝酒。'我一下子就气懵了，因为那时我已经是几个品牌在北京地区的总经理了。我立刻就把杯子放下了，红着脸，激动地说：'陈董，几位老总，我不是小姐，我是公司的负责人。'在场的人都像看怪物似地看着我。当然了，后来这笔生意没有做成。可是我们董事长再也不敢这么对外介绍我了。"

说着说着李小姐笑了，"这点王小姐就比我强，她特别知道怎么处理这种局面，往往是生意做成了，对方既没占到什么便宜，也没有被驳了面子的感觉，有的最后还跟她成了哥们儿了。她就是有这个本事，就连开车也从来没有被罚过，往往是下车跟警察说几句，人家就挥挥手让她走了！"

心理学家说，女性都是感性的，胜时骄，败时馁。在目瞪口呆地看着这些职业场合上的女性呼风唤雨的时候，我们不禁百思不得其解：她们哪里来的这永不枯竭的活力和能量？

象所有的年轻女孩子一样，李小姐和王小姐最爱打扮得漂漂亮亮、香喷喷地出门，一听到有需要穿着晚礼服才能出席的场合她们就会兴奋莫名。她们爱音乐，爱读书，爱名牌时装，爱各种美食，爱体育锻炼，爱四处旅游，爱和有趣的男孩子聊天……

"生活中实在有太多乐趣了，如果不工作，不赚钱，怎么来享受这些乐趣呢？"她们的动机就是这么简单！……要说保持活力的充电器，那无疑就是她们对生活的热爱了。

上面所说的都是女性自身原因，不知你是否感觉到，在长期的男权主义思想影响下，女性在职场中的成就，常被认为无法与男性的功绩相提并论。其原因不是男女专业能力高低有别，而是思维方式多有差异。长期由男性主导的职场环境中，男性建立了专有的职场游戏规则。女性要分半壁江山，不妨从了解男性的职场游戏规则开始，借用他们的大脑，试着像男性那样思考和行事：

1. 直接要求。女性通常害怕遭到拒绝，所以，很难说出自己心里的真正要求。在职场中，当提案遭到主管拒绝时，对女性而言即代表绝对否定，没有机会，面对挫折；对男性而言，拒绝却代表了仍有许多其他的可能性，现在遭到拒绝，以后还有机会，可以换个方式再接再励，找出问题点重新修正提案，总有被接受的机会。

因此，女性应该转换自己敏感、脆弱、太过于注重人际关系的特点，重新规划生活目标，不断地告诉自己一定要达到目标，自己有能力成功。

2. 勇于表达。男性从小就被鼓励做事要勇敢，要勇于表达自己的看法。他们参与各项比赛、运动竞赛等活动，早已习惯竞争和输赢，很多人也了解没有永远的赢家。女性则习惯准备所有的功课，虽然非常细心负责，却不擅长报告，往往是准备一百分，到最后的分数却大打折扣；而男性准备六十分，却常有表达到一百分的成绩。

你是否有类似的经验：男同事在会议中总是非常踊跃地发表意见，滔滔不绝，似乎有备而来。事实却可能是：他对提案没有你更熟悉，而且你手上准备的资料也比他更周全。但你从没有机会表达你的意见，主管不知道你的存在，更难想象你的专业程度。最后的结果是，公司采用男同事的提案。除了充分的专业准备外，关键在于你是否掌握表达的机会，让自己站上舞台，展示实力。机会不会从天上掉下来，表达才有得分的机会。

3. 掌握表达的技巧。开会是最有效的沟通方式之一，要让高层主管在有限的时间里集中注意力地倾听，你的报告必须简短有力。主管期待听到精彩的十分钟，而非罗嗦又没组织的三十分钟。女性往往会不自觉地模糊焦点，加上冗长的解释，让听众丧失耐心。

开场白应避免使用软弱的字句："很抱歉打扰你的时间"、"大家一定都曾想过这个创意"。女性可以训练自己的报告技巧，学习如何自信地传达声音，以直接有力的开场白加上自信坚定地回答问题。在会议报告中留下深刻的印象，就有机会获得主管的青睐。

4. 主动出击，赢得注意力。男性惯于主导职场环境，一有机会便很自然地推荐自己，争取表现的机会，扮演火车头的角色。相比之下，女性比较习惯默默耕耘，等待主管的赏识。不要孤芳自赏，整天努力工作，然后呆在办公室内，以为老板一定知道自己为公司鞠躬尽瘁。事实是：老板是不会注意的，除非你主动出击。

你可以主动定期向老板报告团队的最新工作绩效，反映自己优秀的领导能力。同时，主动与其他相关部门建立关系，介绍你的职务，让他们了解你能为他们做什么，你有什么资源可以分享。

5. 不要期待每个人都是朋友。当有同事直接向你表示：除了公事外，无意与你建立所谓的“朋友”关系时，女性的反应通常会感觉受伤，认为是其他原因所致，接下来也间接影响彼此工作上的合作与支援。对于这种状况，男性的反应常是无所谓，今天在会议中处于竞争对立的立场，明天却一起去唱卡拉 OK，公私泾渭分明，两者无关，也不会产生矛盾。

反观女性，常常认为同事应在同一阵线，习惯将战友等同于朋友。女性认为，若不是朋友，如何并肩作战？建议女性在职场中应以工作职务为标准，不要因为朋友的关系而影响了对公事该有的专业判断。即使彼此不是朋友，只要工作上能配合，能共同达成目的，就可以合作。夹杂私人感情在工作里，反而会影响工作效率。在公司内，如何与同事保持适当距离非常重要，若要时时顾及朋友情谊而误了公事，必定会产生负面效果。

实际上，女性对“成功”的定义是非常模糊的，她们不像男人那样直奔主题地追求存折上攀升的数字，或是看自己又在权力的金字塔上上升了几个台阶。她们要的是“开心”，要的是“感觉好”。

别看这区区几个字，其实是最难的事情了。如果把事业、爱情和友谊放在男人面前让他“抓阄”，男人会毫不犹豫地一把抓起“事业”。让女性选可就难办了，这个也舍不得，那个也放不下，因为缺了哪一样，她也不会开心。

导致女性在职业场上难以立足和坚持不懈的不是智力的不足，而是过分的情绪化和缺乏协调群体工作关系的能力。

聪明漂亮的女孩子总是家里的宝贝，从小赞扬的话听过一大车，从来不需要她来负什么“责任”，更不知什么是“谦让”和“分享”。

而一旦处身在职业场，谁会管你是哪家的千金，谁会理睬你的情绪化和小脾气。工作业绩是硬刀子，人际关系是软刀子，被哪个刀子戳到身上也不舒服。有太多的女性因此败下阵来。

每个行业都有它的出生、成长、壮大和消亡的过程。如果从事多年的行业走到了衰败期，这种打击够大的，相信每个人遇到这种情况时心里都会产生茫然和恐惧。“我有一段时间真的想回家不干了，”王小姐说，“什么事业到头来还不是竹篮打水一场空？可是不行，在家里闲着没事干让我觉得特别难受，这时我才明白，女性在工作中可以获得的乐趣，是其他任何乐趣也无法取代的。”

如果魔鬼已经被放出来，它是不会再轻易回到瓶子里面去的。如果女性在职业场上打拼过，家庭是不可能占据她的全部身心的。

魔鬼女性不只是希拉里·克林顿、艾伦·麦克阿瑟和简·方达。她不需要艳光四射，也不一定聪明绝顶，更未必就是百万富翁。office 里那些呼风唤雨的白领丽人，是毋庸置疑的成功范例；那个街角小花店的女老板，永远以一张笑脸对客人迎来送往，她的花店的生意也总是不错；南方小镇里来的女裁缝凭着精湛的技艺和不倦的奔波，甚至把驻华使馆官员的夫人们都纳入了她的客户名单……

六、赚钱有道

职业场是一个很广泛的天地，占据其中的一个角落，从坚守到扩展，有攀升也有坠落，有撤退也有反攻，有时志得意满，有时苦不堪言，谁让女性选择了职业场——这个喜怒无常、阴晴不定的魔鬼地带呢？

如果为了想赚大钱而去逼自己创业、牺牲时间，那最好还是不要去尝试，因为最后可能钱没赚到还会后悔一辈子，所以应该用积极的态度去赚钱，来吧，下面教你几招……

隔山打牛：学会与别人合作，而不是什么事都亲自去做。巨大的财富通常是有眼光的帅才同多才多艺的智者通力合作的结果，真正的赚钱高手通常是善于利用别人的能力赚钱的人。凡事亲力亲为只会分散你的精力，使你无法对全局做出判断。

快刀斩乱麻：要赚钱必须学会迅速审时度势，快速决断能够使你占据领先优势。

穷追猛打：成功者往往是持之以恒、埋头苦干的人，是一个专心于目标并致力于此的人。要赚钱就不能怕辛苦。

胆大心细：世界上绝没有万无一失的赚钱之道。盲目随大势，贸然作决定都是不可取的。要避免失败，就要处处小心，躲开可能碰到的陷阱。

借鸡生蛋：赚钱的机会稍纵即逝，看准了不妨借钱出击。死守着有一分钱花一分钱的老观念将难成大事。

行动迅速：无论在任何时候都要有时间观念。拖沓的作风是赚钱的大敌，行动不敏捷很难适应现代市场的竞争。

小事做起：要赚钱就不能以小事为耻，志向要高，起步要实。稳扎稳打积累成功所需的力量，逐步发展。好高骛远只能是一无所获。

要有创意：努力开发你的创造力，围绕你的事业让思维不受拘束地展开联想。财富属于那些有创意而又能把新观念付诸于行动的人。

对上班族而言，薪水无疑是工作的重要目的之一。而加薪与否，除了关系到生活质量的改善，对个人的自信心及象征公司对员工的重视程度，也是一个很重要的影响指针。许多上班族抱怨老板太小气，一直没有给加薪。邱小姐认为，在抱怨老板加薪与否之前，应该先反省一下自己是否有加薪的条件？

邱小姐表示：当思考自己是否有加薪的条件时，首先应想想企业为什么要给员工加薪。很明显，加薪是一种奖励员工的方式，所以，“是否有加薪的条件“就等于“是否有被奖励的条件”。那么，从思考“自己是否有被奖励的条件”，就很容易反省到这个答案了。

如何有被奖励的条件呢？邱小姐表示，一个被上司倚重的员工，或对公司有贡献的员工，老板是不可能感觉不出来的。每一个企业主都知道，人才是十分难得的，而且，培养一个适用的员工，也需要花费大量的时间、人力及金钱，因此，如果老板认为你是一个可以委以重任的人，可以解决问题的员工，无疑的，老板可以交给部分的重担。因此，除了口头的奖励之外，“加薪”是一种很明确的奖励方法，目的是在增加员工的向心力。

那么，如何让老板认为你是一个可以委以重任、可以解决问题的员工呢？

邱小姐表示，了解老板的立场，坚守职业道德（即拥有对公司的忠诚度)，并尽心尽力的完成所交付的任务，就会被视为一个可以托付责任的人。而所谓“可以解决问题的员工”，则是需要相当的工作能力及与人沟通协调的能力。“相当的工作能力”及“与人沟通协调的能力”并非与生俱来，其实是需要历练的。因此，工作时如果能以谦虚的态度去学习，不排除任何新的观念和做法以及学习新的技术，并且在与各种不同的人的交流中培养沟通能力，才能把工作做有效的发挥。

由于知识的日新月异，上班族也必须不断地努力增进专业技能，赶上时代的潮流。例如，语言沟通(特别是英文)，或是计算机技能，几乎已经是大部分行业的上班族必备技能了。想加薪却不具备基本技能，实在是太为难老板了吧！然而，语言沟通或是计算机技能绝非现学现卖，而是长期、不间断努力的结果。

如果你自认已经具备了以上条件，那么，为什么老板仍然不给你加薪呢？原因很简单，“你看起来不像”。无论多努力，对公司的忠诚度多高，“看起来不像值得加薪的人”则一切都是枉然。

为什么会“看起来不像值得加薪的人”呢？邱小姐建议上班族检讨一下自己的“时间管理”和“外表”的疏忽。

“时间管理不好”的意思是：你常加班，可是你也常迟到，加班到半夜三点？抱歉，没人看得到你在做啥。反而，大家都需要你时，你却不在，看起来很没责任感，其实你累得要死，却成为最常被抱怨的对象。

“外表”的疏忽是，有没有注意“做一行要象一行”的简单道理。如果你有加薪的内涵，却没有加薪的外表，看起来永远像个没睡醒的人或衣着很不像可以升职的人，加薪升官就不会想到你了。这个可怕的事实是，“外表给人印象”的重要性，远超过你的想象。

这个世界上，真的想体会你内在优点的人，其实真的不多。

如果你没有以上的缺点，却仍没有加薪，邱小姐建议你思考一下“你是否经常违背老板的意思？”

不管你理由多充分，经常违背老板的意思总是惹人讨厌。老板虽然理解你的出发点并非不好，但是你却不小心让老板的想法无法顺利推展。加薪？门都没有！邱小姐对想要加薪的上班族提出实际的建议：

1. 使自己成为可以被托付责任的对象；

2. 使自己成为可以解决问题的人，而非制造问题的人；

3. 不断增进专业能力；

4. 优秀的“时间管理”是上班族的必备条件；

5. 让自己看起来有价值 ；

6. 成为体贴上司的员工。

最后，如果你还没有加薪，那可能是公司不赚钱，或老板太小气，那么，请上网站找其它的好工作吧！

跻身《财富》高级主管行列的女士们越来越多，职业女性们更是发展迅速。看看我们周围，你会发现很多高层管理人员。这些三十几岁的成功的女士们，总看到未来的可能性，而不是未来的限制。性别，已不再是个问题，对她们来说。她们最关心的是，达到自己的目标，并保持生活的平衡感。

总之要把握有利的时机，不要错过。新的世纪已经到来，工业、变化莫测的市场、新老公司，全都为女士们敞开了创业的大门，并影响着她们的角色。市场与机构戏剧性的变化，为女性提供了更多的机会。当代企业文化把女性也作为自己的一部分，从而为女性朋友们创造更和谐的创业环境。而企业，也从女性天生的平等主义和合作精神获得许多启发，改进自己的运营机制。

越来越多跨国公司、集团从女性的管理方式中，建立起与顾客的亲密联系，从而了解女性顾客的心理。工业也越来越具有弹性，让女士能以新的工作方式寻找成功的机率，公司的系统也在改变，文化也在改变，虽然这种改变是缓慢的，难以观察到的。在过去的几十年里，一些主要大中型企业、公司开始有意识地增加女性管理者的比例。

企业与社会文化的改变,也影响着女性自己的观点和她们的职业计划。回头看看过去的一个世纪,我们不难发现,我们所经历的各种观念上都有所进步。

每个女性都有自己的公司文化理解。她的年龄,她的个人性格、前期经历以及她进入公司文化的时间,一起影响着她的收获与成功的机率。越来越多的女性朋友们占据着公司的要职,成为高级管理人才,而且将来会更多。

看看这些女士的成功经历,感受她们乐观的心态,每个人对女性的进步与收获充满信心。

道路,可以说越来越平坦,但成功,还需要迈出勇敢的脚步。作为女性,应当对自己充满信心,勇于夺取成功的桂冠。

◎女子读书之道

书是一代传给下一代的精神遗产，是残年老人给开始人生的青年人的忠告，是准备休息的哨兵给接班的哨兵的命令。人类的生活完全写在书里。

要想具有丰富的知识，做一个很有文化素养的人，使自己散发出书香的魅力，就要与书为友。一本好书就像是一个最好的朋友，它始终不渝，过去如此，现在仍然如此，将来也永远不变，它是最有耐心最令人愉快的伴侣。在穷困潦倒、临危遭难的时候，它也不会抛弃我们，总是一往情深。在人们年轻时，好书可以陶冶人们的性情，增长知识；年老时，它又给人们以安慰和勉励。

一、书的妙用

好书常如最精美的宝器，珍藏着人一生思想的精华。人生的境界，就在于其思想的境界。若将一本好书的崇高思想铭记于心，那么这本书就成为我们忠实的伴侣和永恒的慰藉。优美纯真的思想会像天使一样，净化我们的灵魂。

书籍具有不朽的本质，是人类勤奋努力的最为持久的产物。寺庙会倒坍、神像会朽烂，而好书却经久长存。对于伟大的思想来说，时间是无关重要的。多少年前初次闪现在作者脑海里的伟大思想今天依然清新如故。他们当时的言论和思想见于书页，如今依然那么生动感人。时间唯一的作用是淘汰不好的作品，因而只有真正的佳作才能经世长存。

书籍引导我们与最优秀的人物为伍，使我们置身于历代伟人、善良的人们之间，如闻其声，如说其行，如见其人。同他们情感交融，悲喜与共，他们的感受成为我们自己的感受，我们觉得有点儿像是在作者所描绘的人生舞台上跟他们一起粉墨登场了。

如果你读书的目的是成为一名优秀的读者，你就不能随便拿起什么书或文章就读。如果你阅读的所有书籍完全在你的阅读能力的范围之内，你这个读者就不会有多大长进。你必须去读超过自己能力的书，或者去读那些叫你看不懂的书。只有这种书才会发展你的智能。如果你的智能没有得到发展，你就学不到什么东西。

因此，至关紧要的是，你不仅应该有能力把书读好，而且应该有能力确定哪些书对你提高阅读能力有帮助。

要做合格的职场丽人单靠领悟和自学成才可不行，必须正规学习。培训最好，购书也是不错的选择，尤其是购置职业自修书以充盈头脑

选书诀窍：买原创书而非编著书；知名出版社；买 DO OR DON T 手册，不买长篇大论、只讲道理的书；薄一点。

一本只能提供娱乐的书也许是你打发时光的不坏的消遣品，但读这种书对你不会有太多的收获。当然，我们并不反对娱乐，但我们想强调的是少读这种书，你除了得到娱乐之外，阅读技能并不会有什么提高。有些书籍只能告诉你一些你不知道的事实，但不能使你对这些事实有更进一步的理解。但即使事实如此，你也许仍会觉得阅读这种书籍使智能有了多大的提高。其实那只是因为你头脑中装的事实比你读书前多了一点，你的智能基本上是在原地踏步。

读者读书一定要主动积极，勤奋努力。你一定感到那些锻炼分析性阅读技能的书超出你的能力范围，即使这样你也不必害怕，因为没有一本书是你完全无法掌握的。不管你是多么失败的读者，总有一些书籍仍能继续使你的技能得到发展。

有些读者错误地认为，对他们的阅读技能有帮助的书籍总是属于人们比较陌生的领域。实际上就大多数读者来说，这等于相信只有科学书籍，也许还有哲学书籍才能符合上述的标准。但是一些科学著作在很多方面比非科学著作更容易阅读。因为科学著作的作者帮助你掌握他的用词、关键性命题和主要论点，而这一系列的

帮助在诗歌、散文中是找不到的。

当然，此处所谈论的困难和读者阅读劣质书遇到的困难截然不同。劣质书是不容易阅读，因为你怎样努力对它进行分析性的阅读都将是毫无收获的。在你自以为抓住书的要旨时，它却从你的指尖悄悄地溜走了。事实上，劣质书也没有什么可以掌握的东西，只会使你无功而返。

一本好书会使你因为自己的付出而受益匪浅，当你胜利地啃完一本优秀而又难懂的著作之后，你的阅读技能就有所长进，而且一本好书能够教导你认识世界以及你自己，你不仅能从中学到如何把书读得更好，而且会更深刻的了解人生。

人与人之间以及人类与非人类之间都存在着某些联系。没有人能就这些关系做最终的结论。科学领域和哲学领域的情况也是如此，在这些领域里，永远也不会有人能够最终理解自然规律及其存在和变化；在日常生活中人们司空见惯的问题上同样如此，例如男人和女人，父母和孩子以及人和上帝之间的关系，对这些问题你无法思考得太多，也无法思考得太深刻。最伟大的著作则能够帮助你更好地去思考这些问题，因为它们的作者对这些问题的思考远比他们周围的人来得深刻。

目前，绝大多数的书对提高阅读技能并不提出足够严格的训练，这些书只能提供娱乐或信息。娱乐可能是多种多样的，各种信息也可能饶有趣味，但你不可能指望从中学到什么重要的知识，而且你根本不必对它进行分析性阅读，只需浏览一下就可以了。

另外是一些你可以从中既学到如何阅读又学到如何生活的书。这一类书一般都是些优秀的著作，是作者呕心沥血之作，它们表达了作者对与人类有着永恒利益关系的那些主题的真知灼见并传达给读者。这一类书籍要求读者对它们进行分析性阅读，一次认真的阅读就能从这类书籍中获得很多知识。但是这类书你会读过一遍就把它们放入书架中，以后再也不必读它们了。

也许你偶尔还会重新对书中的某些部分温习一遍，可这种书籍只能够发展你的智力，提高你的理解力，随着你智能的发展和理解力的提高，你会逐步认识到自己已经完全掌握了这本书，吸收了它的精华，它再也不能给你更多的东西了。

还有一部分数量不多的书籍，即使你用最好的方法去阅读，也无法把它们的精华完全吸收。每当你竭尽全力对这本书进行详细的分析性阅读之后，你心中会隐隐地怀疑书中还有你没有吸收到的东西，你可能知道自己错过了某些东西，所以你立刻回到书本中把它找出来，实际上，你不可能找出其具体所在，但你肯定可以感觉到它在书中。你会发现自己无法忘掉这本书，会总是惦记着这本书，于是你会再次打开这本书阅读。而且，你会发现此时书里的内容比你记住的要少。因为你在这期间已有所长进，头脑中的知识更丰富了，理解力更强了。

但是，如果这是最高一类的书籍，当你再次阅读的时候，你会发现每次的重新阅读，都会收到新的信息，学到新的知识。这会是本精华无法吸收穷尽的书籍。你会看到新事物，仿佛这本书在和你一起“长大”。你可以在不同的阅读层上接触它、理解它，因此你感到随着你对它阅读次数的增加，你的理解力也在增加。正是这样，这书才会真正的帮助你提高，而且它将永远对读者发挥这种作用，直到你生命的终止。

当然，每个人都有不同的爱好，不同的事物对他们的吸引力也是不同的。书也是同样，依个人的理解力不同而不同。对你来说有价值的书，对他而言也许就毫无价值或价值甚微了，所以这类书的划分也没有一个统一的标准。可是，只要这些书能够在阅读和生活方面给你最好的教导，是你想要多次反复阅读的书，它们就是帮助你成长的书。

二、女子读书的必要

那么为什么要女子读书？那是因为在市场经济条件下的公平

竞争中，女性获得了与男性平等的权利，从而为女性价值的实现开辟了广阔的天地。

1.在社会现代化过程中，女性占有特殊而又极其重要的位置。

第一，社会现代化要求占人类二分之一的女性全面地参加社会生产与生活。现代自动化、信息遥感技术及第三产业的发展，将为女性的社会参与提供优越的条件，社会也更加需要女性大显身手。记者迈尔·比尼思在文章中说过："现在是妇女在各行各业的'车轮'正常运转。如果没有女职工，工厂就开不了工；没有女医生，医院就开不了业；没有女理发员、女服务员、女售货员，服务行业就会瘫痪。"现代社会发展的趋势，使更多的女性走向社会，因此客观上更迫切地要求女性首先加速自身的发展，以适应社会的发展。

第二，无论社会怎样发展，女性与生育也不能完全分离。社会要求女性在这"两种生产"中同时起作用。女性所扮演的角色与社会责任是非常沉重的，这是无法靠社会的力量来消除的。只有靠提高自身素质才能很好的承担起社会责任，协调好生育与工作、家庭与社会及目前所存在的高地位、低能力的矛盾冲突。

第三，与男性相比较，女性更多地承担起培养教育下一代的工作，即造就新人的工作。这是由于女性的本能母爱，使她们更适合从事这方面的工作，同时客观上在家庭里母亲给孩子的影响比父亲更大。从某种意义上说，人类的未来掌握在母亲——女性手中，因此女性只有用现代的观念、心理品格及文化知识去熏陶下一代，才能将他们培养成合格的现代人才。

2.传统女性落后的心理素质，还在严重影响和束缚着女性的发展。

女性的自卑、自怜、自弱、自弃等心理品质和社会的要求形成了巨大反差。因此，教育女性树立自尊、自信、自立、自强的理想信念，具有十分重要的意义。所以，我们必须首先弄清楚传统女性观对女性的影响，也就是要找出造成女性落后的心理品格的历史渊源以及在现实中的表现。

第一,"女主内"的传统观念的影响。传统女性是属于家庭的,女性在家庭中扮演着为人母、为人妻的角色。她们的价值观念传导依赖的经济基础是自给自足的自然经济和小农经济,她们生活的天地是家庭,她们依赖的对象是男人,从而造成了女性狭隘、自卑自弃、自我满足的封闭心理,她们在几千年文明史中所表现出的形象,不是一个背负婴儿、腰系围裙、低眉俯首操作着无穷琐碎家务的奴仆,就是穿着绫罗绸缎、涂脂抹粉、忸怩作态以供人玩弄的"色性"角色。传统的烙印也使女性形象呈封闭特征,主要表现为女性素质偏低、心胸狭隘、社会活动天地狭小以及女性作用没有得到充分发挥等方面。

第二,传统文化的塑造。本来,不论男性还是女性,都是社会文化造就的,当一个人来到人世,只有沐浴在社会文化里,时刻受社会文化环境的陶冶,自觉不自觉地吸收社会既有的语言、习俗、思想等,才能逐渐成为一个为社会接受的"社会人"。男女都是一定的文化塑造的,那么在同一个文化环境中,男女每天的角色行为为什么会表现出诸多差异?这是由于在同一文化里对男女的生活规范、生活目标、人生理想诸方面的要求不同造成的。中国传统文化对男女角色行为截然不同的要求,充分表现了它是一种有着双重规范、双重道德、双重标准的文化。

如今,女性虽然走上了社会,并且享有独立的人格。但是,千百年来的传统积习根深蒂固,决非一朝一夕可以改变的,相反,作为一种心理遗传,它仍然象病毒一样,直接危害到妇女的生活、学习和工作,影响女子成才,比如依赖性和自卑感,仍是当今侵蚀女性素质的两个毒瘤。在家靠父母,出嫁靠丈夫,丈夫是太阳,自己是月亮;丈夫是大树,自己是缠树的藤。在一些女性中,常出现妇女躺在丈夫的成绩或荣誉上,对自己的工作却敷衍了事,不求进取。

正是基于以上这些方面的考虑,女性需要以新的素质去培养下一代，需要她们全面发展，适应社会、改造社会；需要她们铸造出崭新的人格。然而，面对女性的客观实际，这就意味着女性素质的提高将显得更加紧迫，更加需要加速其进程。

三、树立“四自”信念

不可否认，即使在当今社会，“女子无才便是德”的观念仍深深地根植于某些人心中，这使得部分女性在接受教育的同时，难免受到这些观念的束缚。要摆脱传统的束缚，女性要树立“四自”信念：

1. 何为“四自”

（1）自尊：女性对自身存在的合理性的认识。自尊就是教育女性尊重自己的人格，维护自己的尊严，反对自轻自贱。女性作为人类社会重要的存在主体，自有她不可忽视的合理性，如果没有女性，也就没有人类社会。如果说曾有一段漫漫长夜模糊了女性对这种合理性的认识，那么今天的市场经济开辟了男女平等劳动、公平竞争的通衢大道。现代女性以自己的社会化活动获得社会的尊重。获得不依赖于男性的独立人格。这种独立人格在现实中表现为女性具有一定的权利、义务的主体资格，以及与此相联系的责任意识。她们一方面意识到：女性与男性一样，对他人负责，对社会负责，为他人的幸福，为社会的进步尽职尽责。另一方面在不断地反思中肯定自己，也就是在对自我否定的基础上肯定自我。具体说，一是肯定自己的本体价值，尤其是肯定自己在人类存在和繁衍方面的巨大贡献。现代社会对人口质量和素质的要求，优生优育的重任仍然历史性地落在新时期女性的肩上，女性所不可回避的历史责任关系到民族的未来和社会主义的建设。二是肯定自身审美价值。承认女性自身独特魅力，赋予女性美与独特的“阴柔”，以“阴柔美”去协调“阳刚美”，懂得女性解放运动的发展永远是“阳刚之美”与“阴柔之美”和谐共振。三是肯定自己的道德价值。女性毫不留情地摒弃禁锢女性的封建的旧道德，但对传统积极的因素加以保留、改造、继承，如贤慧、善良、温柔等。女性的自尊自觉，实际上是由自我否定到自我肯定。

(2)自信:女性对自己力量的认识。自信就是教育妇女相信自己的力量,坚定自己的信念,反对妄自菲薄。古往今来,那些有作为的女性,之所以能做出超群绝伦的贡献、没成为自卑自怯的牺牲品,主要是一种"欲与男子试比高"的自信力,有"生当作人杰,死亦为鬼雄"的志气,有一种与鄙视女性的现象作斗争的勇气。如科学界的居里曾说:"我们的生活似乎都不容易,但是那有什么关系,我们应该有恒心,尤其要有自信心!我们必须相信:我们的天赋是要用来作某种事情的,无论代价多大,这种事情必须做到。"

自信作为一种心理状态,对人们的生活和事业有着相当重要的作用。一般来说,要获得成功在很大程度上取决于一个人的自我形象感。而自我形象感的核心是自我价值观,也就是自信。缺乏自信,在事物面前显得惶惑无主,手足无措,久之就形成自卑,于是更加怀疑自己的能力,自怨自艾,消沉自卑。女性要从怯懦中解放出来,必须在现实生活中改变自我感觉,扭转对自己否定的局面,要有直面人生的胆量和非同寻常的抗争力。"彼人也,予人也,彼能是,予亦能是哉!"如此一来每一现代女性便会拥有自信。

(3)自立:女性立足于社会的行为基础。自立就是教育妇女树立独立意识,体现自己的社会价值,反对过分的依附顺从。自立要求女性用自己的劳动养活自己,自己把握自己的命运。妇女的经济独立是妇女获得独立人格的物质保障,而精神上的独立自主则是女性的权益得到完美体现的关键。女性有女性自己的特点、自己的个性,她们既需要丈夫儿女,更需要自身的独立和自己的事业。由于男女存在某些生理和心理上的差别,她们可以扬长避短和相互补充,但绝不是一方完全代替或依附另一方。女性应该树立起自信心走自主的道路,将更多的精力放到实现自己对社会和事业的责任上。女性要培养自立的品质,首先要克服依赖性、随从性,保持独立的思想品格,学会独立思考问题;其次要积极进取。女性要真正立足于社会，对人类有所贡献，就得付出超乎寻常的积极进取精神和气概。积极进取是指努力向前，力图有所作为。它表现为对理想和事业的追求、对生活的热爱、对知识的渴望和对未来的向往。女性作为社会人，不再是男子的附属物，她们要用自己的品行、智慧和能力，去主宰自己的命运，创造出新的业绩，以自己的实力和水平求得男女的真正平等，而不是凭照顾或同情取得一席之地。敢于竞争、敢于实现社会对现代女性的殷切期望，是女性独立的内在要求。

(4)自强:女性求得自身存在与发展的心理机制。自强，就是教育妇女顽强拼搏、奋发进取，反对自卑自弱。由于女性与男性存在着某些不同的生理和心理特征，女性要在事业上取得成功和发展需要付出比男性更多、更大的努力。因此，更需要她们有坚韧的意志和顽强的毅力，需要不断克服自身的性情，以自强不息的精神和毅力、加倍的勤奋去克服生理上的劣势。所以女性要培养顽强的意志，就必须克服自己感情的脆弱，冲破自我，超越自我，树立自信心，在社会工作中不甘平庸，奋发有为，锐意进取;珍重自己的权利、自己的人生、自己的才智，顽强地显示、发展自己。在社会实践中，以顽强的拼搏精神去实现自己的人生理想。

2.实现“四自”

由上述可知，当代女性树立“四自”理想信念的过程，就是个性、素质和行为整体发展的过程。可以说，这一过程是一个多层次、多方面、开放型的运动有机系统，而实现这一系统的运动要求:

(1)拓宽女性参与社会的途径

社会的发展需要女性的参与，女性参与社会越来越为世人所瞩目，但是目前从世界范围看，其状况并不十分乐观。从我国来看，虽然女性参与社会的状况，是迄今为止中国历史上最好的，但是与社会发展的需要相距甚远。女性参与社会牵涉到社会各个方面，所以，全社会必须以社会的角度进行全方位的综合考虑。首先，全社会必须充分认识女性参与社会的必然性和必要性。要知道，人类社会是属于全人类的，作为人类半数的女性，也是当今社会政治、经济、文化等活动的主体。其次，社会应为女性参与社会提供必要的条件。如用多种渠道和各种方式大张旗鼓地宣传女性参与社会的重要性，为女性参与社会提供宽松的舆论环境；又如让社会成员了解我国目前的女性地位和所处环境，制定招工中不得歧视女性的政策等等。只有女性充分参与社会，才能保证获得女性应有的社会地位。所以，拓宽女性参与社会的途径是树立女性"四自"理想信念的客观要求与必要前提。

(2)教育女性提高自身素质

在社会积极为女性参与社会创造宽松条件的同时，女性必须迅速提高自身素质，增强自身的竞争能力和承受能力，树立参与意识，增强参与社会的自觉性。对广大女性来说，如何树立"四自"理想信念？

首先，女性知识化。女性的文化知识水平，是构成女性素质的重要组成部分，也是衡量女性发展水平的重要标准。这是因为，从历史的发展过程来看，女性历史都是以没有文化的落后形象听命于男子的摆布的，千百年来奉行女子无才便是德，女子被剥夺了受教育的权利，这是造成女性心胸狭窄，自卑自弃心理品质的重要原因之一。因此，要改变历史上所形成的受奴役的地位与其落后的心理品质，必须提高科学文化素质，从现代发展的需要来看，科学技术已经渗透在社会生产和社会生活的各个领域。因此，社会的发展在客观上要求人们所具有的知识水平必须与之相适应。社会就业的大门虽敞开了，但对就业者本身的文化素质有相当高的要求，女性要实现广泛的社会就业，就必须以文化科学知识的提高为前提条件。

其次，具有强烈的事业依托感和追求感。要实现"四自"理想信念，就要求把事业放在人生环节的第一位，在事业中寻求个人与社会发展相适应。女性应对事业有特殊的热心和感情，在竞争中不断地去追求更高目标的实现，决不贪图安逸地满足现状。这种追求是一种自强不息、向上、向前、向未来的观念。只有在事业上不断地去追求，女性才能更好地实现战胜“自我”，进入自强的境界。一个人心灵倾注于事业——远大的目标，就像沙漠的绿洲，戈壁的清泉，大海的彼岸那样，令人不畏艰难、敢于跋涉地神往；又像高昂的号角激励人们的斗志，驱动着人们前进。

第三，树立现代意识。所谓现代意识是人从现代最高思维层次上对于社会的政治、经济和文化等发展模式和本质规律的最新、最深刻的认识，是现代人所具有的现实感、时代感和历史感的总和。

女性现代意识当前尤为突出的是自我意识、平等意识、参与意识和开放意识。核心是自我意识的确立。自我意识体现出的是对人的价值和主体性的高度肯定。它的特点是强调个人的价值取向，重视个人的尊严，忠实于自我感受和自我实现，相信人的自我能力，使人成为自我行为的真正主体。只要有进取精神和创新精神，自我就可以为社会所认同。平等意识主张人重视价值和平等待遇，要求人际之间无论贵贱尊卑，一律以“人”相待，不仅自我尊重，也尊重别人，敢于蔑视权威与等级，坚持真理面前人人平等，相信自己能够实现自己的理想，并能对社会有所贡献。参与意识要求人重视社会组织和公共事务，并在公共事务活动的参与中实现自我价值，满足社会需要。参与意识体现的是女性的本质力量的回归，已不再是家庭与社会的附庸。具有开放意识的中国女性，不仅生活方式开放，而且思维方式也是开放的，她们对变迁的社会具有较强的适应力，其行为也有较强的可塑性。她们的性格一改传统的病态和封闭，而是豁达开放、轻松活泼、积极健康、具有开拓心和进取心。

所以，女性不仅要保持传统美德，而且要适应开放的现代社会需要，具有“四自”的品质，要想做一个具有社会适应能力和对事业有进取心的人，就要求女性必须读书，勇敢地接受新思想、新观念。

女性怎样读书呢?现代社会是一个快节奏的社会,人们每天奔波于工作、学习、生活,能够静心读书的时间很少,但是只要有决心读书,总会有办法挤出时间来的。

奥斯罗是一位伟大的内科医生,他的杰出成就是与他渊博的医学知识、丰富的社会常识、深刻的洞察力分不开的,而这些又都得益于他的阅读。他很爱读书,他把每天睡觉前15分钟用来读书,并且在整个一生中都不破例。算算看,半个世纪每日阅读15分钟,这总共要读多少本书?

当然,读书的时间并非一定得就寝前15分钟。即使在排得最满的时间表中,大概也会有不止15分钟的空余时间在什么地方藏着。有一种普遍适用的方法,就是每一位女性必须找出自己的每天15分钟,而且最好是固定时间,这样就会有许多额外的阅读时间:等吃饭,等坐车,等看病,等美发,等电话,等约会,等待演出开始或是等别的什么事情发生,所有这些额外的时间,就会使你从每天阅读用的15分钟,甚至不止15分钟,获得了一年的20本书,一生中的一千本书。

有了决心,不管多忙,你一定能找到这15分钟。同时,一定要手边有书,一旦开始阅读,这15分钟里的每一秒都不要浪费。先把要读的书准备好,衣袋中装本小书,床上放一本书,洗澡间放一本,饭桌旁也放一本,这样,才能使你充分地利用时间读书,吸收知识,才能使自己成为一个很有文化素养的职业女性。

3

职业人生的规划

置身职场的女性，面对诸多的矛盾与坎坷。短暂的职业生涯，更需要她们精心谋划，走出误区，抓住最佳时期，不失各种良机，展现自我，营造环境，排解困扰，去实现自己成功的“靓丽人生”。

◎做个勇敢女性

善于显示才华，也是一种本领。遗憾的是，我们女性朋友们却很少这样去做。男人一般容易表现自己，向别人炫耀自己的成绩、事业，可女性们却往往比较含蓄，藏而不露。

其实，女士们已做出了很多成绩，只是她们不愿意宣扬。她们认为自己应该谦虚谨慎，不应太锋芒毕露，而且她们自己也不清楚，应该如何去向别人显示自己的优点，让别人注意自己的闪光点。有些女士有出色的才华，却由于羞怯或胆小，而让自己的才华就如此淹没了，实在是可惜。其实应当充分认识到自己的优点，并欣赏自己的优点。女性应大胆地向他人表达自己的观点、个人的愿望。

一、勇敢表现自己是成功的前提

1. 首先要了解自己的优点和长处

在表现自己之前，首先应弄清楚自己的优点和长处。你必须知道，哪些是自己擅长的，哪些是自己比较突出的。可以把自己的优点，或自己从小到大所获得的成绩记录下来，比如：

- 小时候老师的表扬、同学的赞美，以及获得的许多奖励。
- 高考的成功，大学顺利进入。
- 帮助朋友解决了一个难题。
- 获得奖学金。
- 参加一个公益组织，付出了许多爱心。
- 非常擅长拉小提琴，登台演出过。
- 组织了一个小型集会。
- 自己的眼睛很明亮，说话也比较得体、动听。
- 工作中和同事融洽相处，共同解决了许多问题。
- 帮助丈夫获得事业的成功等等。

总之，把你所能想到的一切成果、优点、强项都记录下来，而且越多越好。

看着自己的这些成果展，你会发现，原来自己有那么多优点和长处。自己也能像××人一样主持会议，也能像××人一样登台演出，也能像××人一样相夫教子……总之，你会对自己有一个全新的了解，你会发现自己比以前更有信心了。了解自己的优点和长处，才能正确地展示它们。不然，把自己的缺陷暴露出来，反而会弄巧成拙。当然，向他人展示自己要客观，事实求是，否则，“自吹自擂”只会让你的优点尽失。

2.勇担重任

苏小姐的职业目标的实现，同她的自我表现有很大关系。在公司任职的她，不仅从前辈那里获得了经验，而且也从公司的职业培训中获益不少。这些都扩展了她的知识面，增强了她的管理技能。但如果没有勇敢地把这些知识化为现实，把自己管理才能展现出来，她也难以获得成功。

今年 36 岁的苏女士，拥有一张化学博士的文凭，她毫不费力便走上了研究发展的行列。她对自己的成果非常满意。她说，她从未感觉到性别的限制。坐在她那繁忙的办公室内，活跃、灵动的空气，充溢着四周。苏小姐说，她得到了其它管理者的支持，使自己能在 6 年内就获得了 3 次提升。至于她还想走多远，爬多高，苏小姐笑笑说，这仍然还没有底。

苏女士掌握着一个公司科研中心的一个分部——化学部。在这个技术领域里，苏女士一点也不觉得自己受到了限制，无法展露自我。开始，她曾有些担心，因为公司希望她能同时了解一些物理和机械制造方面的知识。

她说：“我主管的这个部门，化学虽占主导地位，但懂得一些器械制造也很重要。而且我还需要懂得如何处理部门里的各项公务，了解部门的运行情况，这些都不是我当时所能回答的问题。

但我对自己现在所做的一切都感到满意。我觉得有种内心的力量一直促使我追求，让我大胆地表现自己，从而获得自己的目标。虽然我有化学博士的学位，但对公司管理一窍不通，但我还是接管了这个部门，因为我觉得自己应该试一试。如果实在不行的话，我再退回，继续干自己的化学本行。

后来在自己的努力下，我成功了。我大胆地按照自己的构想去改组我们这个部门，又制定了一些计划、制度。我喜欢乘风破浪、大步前进的感觉。我不想失去任何表现自己、实现自我的机会。因为机会不是时时存在的。”

她说，她对自己的职业发展非常满意。有时她甚至不够相信："这是我做到的吗"，但事实的确如此。如果她没有好好利用那次机会，也许她现在仍然只是在实验室内，别人永远也无法知道她在干什么。现在她的部门有 30 个员工，他们大多是科学家或工程师。她非常喜欢这些人，觉得自己身上有重大的责任。虽然这个部门只是一小部分，但声誉却是公司第一。

“我觉得自己非常幸运，作为一个女性，在公司里工作，而且能够成为一个管理者。我现在没感觉到任何压力。但我会继续前进，两年后，也许我已经不在这个位置了。”

苏女士不仅勇敢地承担了一个部门的重任，而且还想办法把这个部门做得更好、最好。为此，她不断地参加各类培训班，学习各种管理技巧，并努力把这些知识付诸实践。

“我们公司提供了大量的自我测试和辅导资料，让员工能了解自己的不足或特点，然后据此进行有目的的培训。在工作中，你可以迅速得到反馈，让你对自己的成绩一目了然，同时也发现自己的疏漏或错误。如果你想做得更好的话，就应多表现一下自己，多参加各种事务，这样才能从反馈信息中了解自我，提高自我。

在大大小小的事务中，我不得不与全国甚至世界各地的人接触，我必须表露自己的想法，提供自己的方案，否则交流将难以进行。有时硬着头皮也得上。其实在这种经历中，我发现大家有许多共同之处。”

正是这种勇敢的试一试，使苏小姐跳出了自己的化学实验室，并学到了一种新的思维方式，不同于化学方程式的思维方式。

她说，“我做过很长时间的研究工作——一种低风险、有保障的工作，因而在思维上也有些呆板、滞后。我从没想过要表现自己，但当我接受部门主管这一职后，我明白，要发展部门，发展自己，我不得不改变自己。这个工作风险价值高多了，我不仅要对自己负责，还要对公司里的其它员工负责。因此不得不频频尝试扩大自己的工作范围，掌握多种技能，不仅包括工程方面的，还包括市场方面的。

有时开会的时候，我不得不提出自己的难题，向其他人请教，寻求上司的支持。我不得不问一些基础的，甚至愚蠢的问题，因为事情比我想象的要复杂的多，对我一个新手来说，实在太难了，而多问问题也给我带来了不少好处。”

在苏女士挑战风险、战胜困难，成功地展现了自己的才能的同时，公司也得到许多收益。

3.不怕失败

在勇于表现的同时还要不怕失败。在20世纪70年代的时候，管理者或经理的形象，似乎已被人们定格为“男性的”和“纯理性的”。女士只能涉足人力资源部门，因为她们被看成“社会工作者”。女性善于交际，激发感情的能力会使决策更加艰难。但是现在，这种形象或观念已改变了。如今团队配合越来越重要，人际关系也越来越复杂、重要，许多公司都需要女性来改善它的内部结构。这为女性展露风采也提供了条件。

然而，在很多女性迈出自己双脚的时候，却犹豫了，她们怕失败。本来有一个极妙的构思，兴冲冲地跑去向经理推荐，可站在经理的办公室门外，又抬不起手去敲门。

“万一被他推翻了怎么办？万一他不接受怎么办？”

“这样传出去，多让人笑话啊！”

在这种心理的作祟下，女士们又失去了勇气，也失去了展现自己的机会。

其实男人并不是特别在意他们的一两处疏漏或一两次小小的挫折。“跌倒了再爬起来”，大丈夫能屈能伸，他们不会被失败压得透不过气来，所以也不会害怕失败，所以他们总是生龙活虎，积极地投入创造，向世人表现自己的才能。但女性一想到失败，就想到放弃。没有十足的把握，她们不愿走这步棋。过于谨小慎微让她们一直默默无闻，永远没有表现自己的机会。

错误，其实是学习的源泉。人不可能时时正确，也不可能次次成功。失败、错误只是我们漫长人生之旅的一小部分，失败应被当作“再生”的力量源泉。

说出你的构思、想法，即使会被经理驳回，即使会被他人讥讽。这样，你才能知道自己的构思有哪些缺陷，如何完善它；你才会了解自己的想法有什么不合适，如何去纠正它。

勇敢表现自己的时候，难免会暴露出自己虚弱的一点，但不可因此而放弃表现，因为不能“因噎废食”，孰重孰轻，一目了然。

二、女性表现的最佳时期

成功女性的年龄范围极其广泛，从青年到中年到老年都有。但女性有自己成功的最佳年龄，处在这些年龄段的女性，应特别注重机遇，抓住时机，表现自己。

第一个最佳年龄是青少年时期，即二十几岁时期。这一时期的女性逐渐从青春期发展到成熟期，是女性最具活力、思维最为敏锐、反应最为迅捷的时期。这一时期若培养得当，是出成绩、出人才的好机会，特别是在舞蹈、歌唱、美术、体育等方面，在这一时期最容易脱颖而出，一举成功。这一时期的女性应大胆展露自己特长，勇敢表现自己，否则时机错过，才华湮没，“白了少年头，空悲切”。

第二个最佳时期是35岁至45岁的年龄段。这一时期是人生的丰产时期。女性已经相当成熟，有了丰富的人生阅历，思想比较理智。此时的女性，无论是在知识上，还是在思想上，都是最为有利的成功时机。生活的实践使她的世界观、价值观日益成熟，思维的广度深度都有所发展，理解力、判断力、想象力、创造力均处于最佳状态。而且有了一定的人际交往圈子，有了一定的经济基础。这一时期是女性从业创业的好时机。这时的女性，要抓住各种有助于进步的机会，大胆挑战风险，建立自己的事业。

虽然也有老人创业的例子，但毕竟为数不多。人老后，经验丰富多了，人也达观了许多，但反应迟钝，跟不上时代发展，更何况，老人退休后，还得操心儿女们的事务，抱孙子，照顾孩子，都会影响老人的创业。所以，渴望成功的女性，一定要抓住自己创业的好时机，勇敢表现自己，不要让机会白白溜走。时光飞逝，如白驹过隙，别老了红颜，悔恨当初。

◯沟通——工作中的法宝

要使你的生活成为有益于他人同时又能发挥你自己潜力的广阔的舞台，你必须记住，除非与他人的支持联系在一起，否则无论多么大的力量都难以持久，单枪匹马必将一事无成。

一、沟通的必要

1. 不掩饰自己

王小姐是某公司质量管理部和规章管理部的副总监，她就是沟通创业的一个很好的例子。她从来不害怕在人前说出她自己的想法和感受，即使那是一种冒险。事实上，她的成就感都来自于所具备的那种与众不同。

她说："我真的对什么事情都直言不讳，想到什么我就会说什么，即使在会议等公开的场合。因为当我相信一件事物时，我会毫不犹豫、发疯似地认定它。"

在我这个立场上看，事情变得非常有趣，因为它正在渐渐地向我所设想的方向逐渐变化。我几乎改变了我们那个组织中的文化概念。"

"而且，所有我可能会面临的问题都跟我身为女性这一点毫不相干：我以前所取代的那个人工作得非常糟糕，以至于他根本就不明白他在这个位置上应该干些什么。于是我只好代替他并帮他收拾烂摊子。我推行了我的新想法和新举措。我觉得我真的已经用我的所有改变了这个组织的整个氛围。"

"从我的角度看，我觉得我已经将我的影响推广到了这么多的杰出的人物身上。我非常骄傲、高兴和满足，为我所做的一切和我所在的地方而发生的变化。我能走到今天这一步，我认为，全凭着我的自信、努力、优秀、勤劳、忠诚而诚实。"

但是王小姐说她并不想"爬"得更高，因为她非常喜爱她现在所属的工作领域。虽然她一直保持在那个特定的职位上，她却在她们公司的总体经营环境下“创造”出了属于她自己的网状影响。王小姐负责管理35个部门的工作，而且她很相信并依靠于“到处走走”的经营管理方式。她每年至少要去每个部门一次，并且也去探望那里的每一个工作的人，就像她说的：“每个人都是重要的。”

王小姐不仅尝试着去改变公司的经营状况，她还花了很大精力去改变公司的社会网络合作活动。“当你去出席一个商业性的会晤时，下午安排的娱乐活动往往都是打高尔夫球。对于我来说，如果要做到诚实，那真的将会非常棘手，因为我从不玩高尔夫球。但我会很知趣地努力去玩，以保持整个团体的高涨兴致。”

“我会开玩笑地对那些人说，让他们教我击球，他们则会坚持说让我学了才玩儿。其实，我并不想去学，因为我真的对高尔夫球没什么兴趣。但是我必须这么做，因为我不想落后于他们，我想用我自己的手去影响这个团体并使他们不同。”

“我真的很不喜欢那些所谓的什么什么俱乐部之类的东西。他们从来不多想想，他们从来不会考虑你的感受——其实你压根儿就不想玩高尔夫球。我曾经提议过让他们换换别的方式娱乐，比如说钓鱼——说真的，我情愿去把把鱼杆子。”

“我们需要用取得我们所需要的东西来让自己觉得舒适。给男人们一些“颜色”看看，有时也会不经意地成为我们的“职责”。我从不加以掩饰地告诉我的老板我的真实感受。和那些家伙们开玩笑时，我感觉很好。真的，有很多办法你都可以用来回敬他们的。”

王小姐的那种大胆言辞和直言不讳总是能帮助她提高在公司的知名度。现在，很多其它的组织都在修改它们的原来计划，制定出有益于男女“不玩高尔夫者”的制度。同时，王小姐通过对她自己的职业目标的要求和对她的下属公司的直言要求，不仅推动她自己，更在推动她的公司不断前进。而且作为公司质量管理部和规章管理部的副总监，她已经“爬”到了她所要求的最高职业目标了。

2. 寻觅良师益友

李小姐的例子又给了我们另外一种启发。她在1991年成为她们公司的全球培训总监之前主要担任一些控制性职务。当她开始接管她的领域时，她发现这个“领域”包括了座落于全国大部分大城市的将近450座餐馆，她的同僚们提议她去每个餐馆所在地看一看。可是她挑选出了90个特色餐馆老板——当然是属于她管辖“领域”内的——并花了很多很多的时间和他们在一起，了解他们是如何开展他们的工作，达到他们工作目标的，还询问他们需要些什么。

她说，为了更好地运用策略达到目的，他们的支持将会是非常之关键的——她必须和他们建立良好的伙伴关系，只有这样，她才能更好地开展工作，把生意越做越大。

把一些棘手的问题成功地转化为重大的事件，有一种方法，就是去观察别的成功人士——他们对付棘手问题和事务的方法和手段可以作为我们的范本使用。李小姐还有一个比较好的提议：女性们还应该非常注意她们身边的人，即她们所结交的“盟友”。

“你得确定你能找到潜在的良师益友。而且你还得确保他们有着绝对高级的管理能力。你还得去查查他们以前有否帮助过别人，有没有帮他们‘跳糟’成功或是鼓励了他们。总之，你得知道他以前的‘辅导史’”。

林女士，某公司的一个35岁的金融部门的交流经理。从她那强力而鲜明的个性和独具一格的幽默非常的性格中，可以发现她具有吸引力和感染力。她是个活力四射、个性生动、坦率且精力旺盛的西班牙式消费者保护主义者。

在林女士事业的前一阶段，她循规蹈矩。可是后来作为另一个项目的负责人使她得到了很多新的技能，而且也将她推至一个十分显眼的位置。这项工作把她从以往的金融轨道中拽了出来，并将她放到了一大堆人中间——这就意味着，她必须和消费者、供应商甚至高级管理人员进行直接的“交锋”。

她说这个工作对她来说是“最好的一个”。她在她们公司变得极其活跃，积极地促进她和公司中人的沟通和理解程度。她加入了妇女顾问团，那是少数人的顾问团体，负责缓解不同人的工作压力以及劝导项目服务。

作为“少数人”和“妇女拥有商务的发展计划”的领导人物，林女士在得到越来越高的知名度的同时，也得了很多外界的密切关注：那些想要开展类似计划的猎头们和公司都找她谈话。她说他们的报酬非常的诱人，但同时也指出，内部人士的知识才能是这类项目成功的保证。

“作为这些项目的领导人必须了解和信任那些非常熟悉自己组织的内部人员。如果我接受了想‘挖’走我的那些公司，比方说如果我进了某个新公司，那将会花去我将近两年的时间去了解我新的同僚和下属们，然后找出谁才是真正适合这些项目的人——你知道，有时候‘看起来像’并不一定说明‘那就是’。我会要求那些公司找出一个能完全了解本公司的人——他必须了解本公司的文化和力量基础。”

“导师”们对林女士在她们公司的职业之路上起到了决定性的作用。她信任他们，并依从他们的指引定位自己，并作出特殊的、适合自己的职业选择。

在她 44 岁时，林女士在她们公司已经工作了 20 年。在这 20 年的历程中，她为自己寻找了各种各样的导师，让他们指导她，给她提供各类意见。在接受指导过程中，统领全局将会是关键：找到，然后处理好这种“导”与“被导”的关系是每个职业女性不容推托的职责，然后这一切都会帮助她在前进中找到自己的位置。

现在，林女士是某个操控公司的操控部经理，在整体规划、经济体系、生产部门、技术支持和产品市场中，她一直成功地操控着自己的事业。

诚然，步入社会后你每天要和形形色色的人打交道，在社会的每个角落，你都不可能是孤立的，你必须要通过与其他人合作完成自己的工作任务。如果你在公司里工作，那么，你是否具有团队精神直接关系到你的业绩。一些大公司招聘人才时，十分注重人才的团队精神。他们认为一个人是否能和人相处和相互协作，要比他个人的能力重要得多。美国有一项调查表明：76％的决策由团队作出，而个人作出决策的只占 24％。

可见，在专业化分工越来越细，竞争日益激烈的今天，靠一个人的力量是无法面对千头万绪的工作的，你永远不是一个“独裁”者，而是一个“拍档”，如果你是一个出色的“拍档”，那么你就会很受欢迎。

3. 做个合格的拍档

当然对于工作而言，合作的基础是各自的知识储备，许多公司在安排工作任务时，也把知识和能力的互补作为首选。但做好一个“拍档”还有更重要的，那就是精神综合状态，如果没有这些，“拍档”并不能走得很长。那么如何才能避免这种情况呢？

(1)合作精神

不要认为自己无所不能，你时刻需要合作，即使是印一张表格，也得需要文印员帮你的忙。你必须树立合作精神，就像经营自己的婚姻一样对待你的“拍档”，这是你成为一个出色“拍档”的开始。

(2)善于交流

你们毕竟是两个人，知识、能力、经历造成了你们看待同一件事情不同的看法。交流是协调的开始，把自己的想法说出来，听听对方的看法，你要经常说这样一句话：“你看这事怎么样，我想听听你的看法。”

(3)平等友善

即使你的各方面都很优秀，即使你认为自己一个人的力量就能解决眼前的工作，也不要显得太张狂。要知道还有以后，以后你并不是能完成一切，还是做个朋友吧，平等地对待对方。

(4)积极乐观

心情是可以传染的，没有人愿意和一个愁眉苦脸的人在一起。即使是遇上了十分麻烦的事，也要乐观，你要对“拍档”说：“我们是最优秀的，肯定可以把这件事解决，如果成功了，那么我请你喝咖啡。”

(5)创造能力

一加一等于二，但你应该让它等于更多。培养自己的创造能力，不要安于现状，试着发掘自己的潜力。一个有不凡表现的人，除了能保持现有的“拍档”关系之外，还会有不少人乐意与你成为“拍档”。

(6)接受批评

请把“拍档”当成你的朋友，然后接受他的批评，一个对批评暴跳如雷的人，随便哪个人都会敬而远之。这当然不仅仅指“拍档”，任何不接受批评的人，都不受人欢迎。

4.团队精神

管理人员也认为一个默契配合的队伍就是成功的开始，而且团队工作也受上班族的青睐。但是在团队中，正确处理合作伙伴之间的关系直接影响到团队工作的成效。所以，要想成为受团队欢迎的工作伙伴，就应该具备以下几方面的条件。

(1)团队合作：要取得团队工作的成功，就必须有团队合作精神。就好比一根筷子易断，要有一把筷子就不容易断了，所以在团队中固执己见或自视甚高是很不利的，团队的合作就显得尤为重要了。

(2)善于交流：在团队工作要求有好的合作这就需要善于交流，这样才能使成员所知的一切都奉献出来，而不能在内部建立一个保密机构。通过交流把你一点一滴的工作积累起来，才能获得全面的成功。

(3)积极乐观:吹毛求疵和抱怨连连的人,对团队的工作只会有百害而无一利的。他们的不良情绪会使团队本来的默契被破坏。只有积极乐观的成员,才能在团队工作中制造良好积极的工作气氛,提高大家的合作质量。

(4)创新能力:在团队中需要的是集思广义。缺乏创造力难以带来任何新鲜的想法,而那些思维跳跃的人虽然会让人感到难以跟进或莫名其妙,但是他们的突发奇想可能会使困难迎刃而解。

(5)虚心:人一生中难免会犯错误,也就难免被人批评,只有那些能笑着面对批评,接受批评的人才能更好的迈向成功。

二、办公室处世秘诀

1. 通用法则

每天出入 OFFICE 的女性们,日出而作,日落而息,力求在工作上得到成就是你们的目标吧?那么请熟悉读以下 OFFICE 十招大比拼,能助你们无论处理工作事物抑或人际关系都能游刃有余,得心应手。

特别提示:此策略仅供愿意善待、无微不至关怀身边同事的人参考。

建议一:尊重别人的私人空间。

在 OFFICE 里,私人空间是很宝贵的,必需受到尊重。“打搅了”、“不好意思”是有求于人或打断别人工作时必不可少的说话。另外,谨记先敲门再进入别人的办公室,不要私自阅读别人办公桌上的信件或文件,未经许可不能翻阅别人的名片盒。

建议二:办公室礼仪。

A. 电话:若你要找的同事恰巧不在,不要让他的助理替你记下一大段口信,应请他转拨至电话录音,留下你的姓名、内线、简单的内容,然后挂线。

B. 复印机:当你有一大叠文件需复印,而排在你之后的同事只想重印一份时，应让他先用。如果复印机纸用完，谨记添加；若纸张卡塞，应先处理好再离开，如不懂修理就请别人帮忙。

C. 走廊：如非必要别打断同事间的对话。假如你已经打断，应确保原先的同事不被忽略。

建议三：保持清洁。

A. 办公桌：所有食物必须及时吃完或丢掉，否则你的桌子有可能会变成苍蝇密布的垃圾堆。

B. 如果有公共厨房，别将脏了的咖啡杯放在洗碗池内，亦不要将糊状或难以辨认的垃圾倒入垃圾箱。此外，避免用微波炉加热气味浓烈的食物。若菜汁四溅，谨记抹干净后再离开。若你喝的是最后一杯水，请添补。

C. 女洗手间：如厕后请冲厕并确保所有“东西”已被冲走。若厕纸用完，请帮忙更换新的。废物应准确地抛入垃圾桶。

建议四：有借有还。

假如同事顺道替你买外卖，请先付所需费用或在他回来后及时把钱交给对方。若你刚好钱不够，也要在翌日清还，因为没有人喜欢厚着脸皮向人追讨金钱。同样地，虽然公司内的用具并非私人物品，但亦须有借有还，否则可能妨碍别人的工作。

建议五：严守条规。

无论你的公司如何宽松，也别过分从中取利。可能没有人会因为你早下班 15 分钟而斥责你，但是，大模大样地离开只会令人觉得你对这份工作不投入、不专业，那些需超时工作的同事反倒觉得自己多余。此外，亦别滥用公司给你应酬用的金钱作私人用途，如打长途电话。

建议六：守口如瓶。

即使同事在某工作中的表现不尽理想，也不要在他背后向其他人说起，说是道非最容易引起同事们的不信任。道理非常简单：当某同事在你面前说别人是非时，难道你不会怀疑他在其他人面前如何形容你？

若你向上司打小报告只会令他觉得虽然你是“局内人”，却未能专心工作。假如上司将公司机密告诉你。谨记别泄漏一字半句。

建议七：切忌插话。

别人发表意见时中途插话是一件极无礼的事情，更影响别人对你的印象和你的信誉。在会议中(或任何时候)请留心别人的说话。若你想发表意见先把它记下，待适当时机再提出。

建议八：别炫耀。

若你刚去完充满阳光的海滩度假，当然不能一下子掩盖你古铜色的肌肤，但也别在一直埋头苦干，连气也几乎喘不过来的同事面前手舞足蹈地描述你愉快的假期；亦不要在尚是独身的同事面前夸耀你那俊朗不凡、体贴入微的丈夫或情人；又或在肥胖的同事面前自夸“吃什么也不会胖”，这样只会令别人疏远你。

建议九：多称赞别人。

现代人可能太忙了，对事情往往无暇作出正面的回应(例如说声“谢谢”和赞美的话语)，忽略了这种简单却有效、随时能令你所称赞的人有帮你一把的表现。丽的上司总是在每天下班前多谢她所做的一切和努力，令丽非常满足，亦下决心要全力为上司工作。

称赞别人的其他好处还有：接待员会提醒你今天老板的心情极差；同事会在工作限期前不断催赶你。只要你多称赞别人便可能得到不可估计的回报。

建议十：别虚耗时间。

虚耗别人的时间是最常见的过错，好些人之所以要把工作带回家，全因只有这样才可在没有任何妨碍下完成工作。因此：

A. 别写长篇大论的电子邮件：可用标题显示“紧急”内容也必务求简洁。

B. 别 hold 线：假如你和别人谈话时一个更重要的电话接来，应请第一谈话方先挂线，迟些再回复他。

C. 准时：对准时的人来说，要等待迟到的人开会绝对不是好事。假如你是会议负责人，请在会议前一天把有关的备忘、议程等分发给各人。会议的举行时间最好是下班前30分钟，因为此时人人赶着下班，会议能更有效地进行。也请准时开始会议，别等迟到的人。

D. 别烦扰上司：不要事无大小都请示上司。若真需要上司的帮忙，应先预备答案再寻求他的指引。

E. 别多嘴：本来同事之间倾谈并无不妥，但也要自律。若你正在休息，别人可能刚好相反，最好避免令同事分心。若同事经常进入你的房间，可试试背着大门坐；若情况不受控制，可搬走你的会客椅，对方便不会久留。

2. 面对冲突

对于在办公室工作的女性，不知你是否会和同事发生不快？大家同处一室时间长了，难免有磕磕绊绊的事发生，不论这种事是否发生在你的身上，你都会感到尴尬的，办公室冲突显然触动了人类情绪的死角，该不该道歉？要不要握手言和？都不是白纸黑字的规则或是记过革职的惩戒可以解决的。即便是两个经历过严重冲突的人，为着工作有时也不得不压抑着心头的不爽，巧手化解，让同事彼此间的关系变得更明朗化。当然，偶尔地做一下刺猬，也是职场制胜的奇招。解决冲突，靠的不仅是智商，更是情商。别怕，下面一些方法会有效的：

(1)冲突不可避免。长时间共处一个办公室，就算面对着冷漠的机械生产线，人与人之间还是会因为升迁、考绩、沟通等等而产生一些不愉快。生产的环境尚且如此，讲究创意与研发的单位更加容易因为各自领域的坚持而多有碰撞。

零星的冲突与偶尔的擦枪走火，在办公室里根本不是什么稀奇的画面，通常都是音调提高一点，讲不下去就立刻解散，顶多事后遇到“同阵营”的人，再大肆批评数落一番而已，大家顾及到每天都得碰面，总要小心翼翼地不要把场面搞得太尴尬。

但是，有两个高级女主管可不这么忍气吞声的，每次一吵起架来，就成了当天办公室上演的特别节目。两人都算是年资相当的员工，各自带领几个小兵成两组针锋相对的 team，一旦有案子“轧”上了，两人也不管办公室众目睽睽，各踞山头就嘶吼起来。

而我们通常对什么事容易生气？任何事都有可能。你的工作伙伴进度延迟使你发火；你可能因为立场不同而和业务部门的人互动干戈；你还可能因为价值观和旁人争得面红耳赤；甚至为了使用会议室和他人僵持不下。

冲突容易，要收拾残局就没那么轻松了。有人吼过一两声就没事了，有人记恨一辈子也甭想忘了，有人明明是阴险布局却没胆承认，有人阴错阳差因此而丢了工作。人在职场冲突不可避免，关键是你如何化解冲突。

当冲突无法避免时，不妨制订办公室“争吵法则”：任何争端事出有因，不能借题发挥，故意制造事端。不能和任何人发生肢体冲突，除非出于自卫，否则绝对是最疯狂的行为。不要碰触他人最敏感的话题。比如，有人很介意别人叫他“胖子”，结果你偏偏不知好歹，即使对方明知你是开玩笑，还是会恨你入骨。不要透露你在某方面根深蒂固的偏见或意识形态，比如，种族好恶、性别歧视等，通常，这类争执会让你成为众矢之的，并且死相难看。

(2)理智地引爆冲突。在办公室内，是否可以发脾气、与人发生争执？答案是：有时候可以。但必须是在合理的范围内。

有时候，某些事情你实在看不过去，觉得受到不公平待遇，实在很想发作，不过，为了顾及颜面，你勉强忍了下来。而你知道问题还是没有解决，愤怒不满的情绪仍然憋在心里，随时都有可能引爆出来。

一般人大都把在办公室内争吵视为禁忌，凡是愤怒、喧闹、轻佻、悲痛、焦虑、哭泣等等这些情绪化的反应，都不应该出现在工作场所。因为发脾气或许很有效，但是也很危险，它可能为你树立更多的敌人。

是的，我们一直相信一件事：办公室应该是冷静、理智的地方，那些情绪容易激动的人，不应该出现在办公室。但如果你观察，很容易就可以感受到工作上所遭受的压力、挫折、误会、争论、沟通不良等负面情绪随时存在，并且潜藏在工作场所的每一个角落。

事实上，冲突乃人之常情，教导上班族“千万别哭”、“千万别发怒”，并不能帮助我们解决问题。人际沟通专家认为，争执虽然是一种冒险，但是，如果彼此能充分掌握表达愤怒的技巧，其实是一个学习沟通的好机会，可以帮助双方了解错误，改进关系。

(3)教你跟上司吵一架。假如就“你和老板争吵过吗”为题做个调查，相信绝大多数的人都会很诧异。有一位女士的答案很有特点：“我在顶头上司销售经理面前，不仅是个员工，还是个战斗者。我为各种各样的大事小事跟他吵：总部的政策不符合中国市场，实行下去必死无疑要吵；我手下的销售员待遇太差、流动太快影响我的业绩要吵。”

“这样的冲撞还是有成效的，吵架变成了我们交流的手段，当然我能采用这样的交流手段必须有点底气：一则我是王牌销售员；二则我吃透了西方文化的吵架招数；三则也是最关键的，吵架的目的是为了公司的利益，也是为了老板的利益。

我的前同事更绝，她居然破天荒地让一贯咄咄逼人的老板低下了头。该老板对全厂工人很苛刻，而且根据其心情好坏有可能随时骂人。前同事有一次也被骂了个狗血喷头。她一时恶向胆边生，把平日的怨气都吐了出来，准备走人。该老板猝不及防受到反击，对自己平日的行为颇感惭愧，把她挽留了下来。”

下面的例子给你提供了两种选择，不妨借鉴一下：有段时间，公司风传要开始炒人了，一时间办公室人人自危。一天，A 小姐去机房上网，发现不知道是谁开了个黄色网页在那里偏又忘掉了关闭，A 小姐也不以为意随手就将之关闭了。可是，令她万万没有想到的是，第二天，整个公司竟然传开了她看黄色网页的谣言。懦弱的 A 小姐不得不主动辞职，而且背负着屈辱。

相比之下，与 A 小姐同一间办公室的 B 小姐却要勇敢得多。一天早上，主任将 B 小姐叫到办公室，口气严峻地说，他丢了份很重要的文件，最后这份文件一半在垃圾桶里一半在 B 小姐的抽屉里找到了。

性格一贯温顺的 B 小姐拍案而起，说："第一，我根本没有作案的时间和动机，这摆明了是陷害；第二，你有什么权力翻我的抽屉？"主任顿时面红耳赤。最后，B 小姐不仅没有被炒掉，从此反而没有人敢再陷害她了。

3. 冲突的补救

吵架这招千万不能乱用，想想"东施效颦"的后果吧！总结前人出招经验：一是自己必须是技术型选手；二是要有"置之死地而后生"的勇气。冲突之后怎么言归于好职场中，同事间的吵架或隔膜经常发生，当你不知如何与同事言归于好的时候。如果你遵循以下的轨迹，就能挽救你们曾经拥有的友谊。

(1)弄清吵架的原因。假如你们的争辩十分滑稽可笑的话，或是你们俩在某个观点上意见不统一，它很可能自然而然地过去。其实这些问题都没什么大不了的。更多的时候，不是任何人的错，或是两个人都有错，或是没人能真正搞清是谁的错。不去细究才是言归于好的奥妙所在。

(2)寻找和尝试言归于好的办法。吵架后，同事彼此之间会直接出现一种心境——担心。大多数人最担心的是遭到拒绝。深呼吸，让自己轻松一下，这偶然的行为会帮助你和同事驱散紧张的气氛。

(3)迈出第一步。你一旦告别恐惧和担心，那么和同事的交谈就会更容易些。别等同事来找你，尽管他能迈出这第一步是至关重要的，但是谁先迈出第一步真的那么重要吗？如果你让争吵恶化，那么你们两个人会一起失去友谊。如果你们言归于好，你们就都是胜利者。不要等待别人解决问题，你自己应负起责任。时间不等人，你越快越好。

(4)循序渐进。不能假装什么事都没有发生过，需主动去尝试，用积极的态度唤起彼此的信心。“嗨，还生气呢？”“喂，有空咱们聊聊。”假如你面对面地向她提问，不妨带着真诚的微笑。

(5)倾听彼此的心声。假如你们双方都坚信自己是正确的话，那么很难听进对方的倾诉。但是你如何弄清同事的感受呢？你可开诚布公地说：“我想听听你的意见，告诉我你是如何想的好吗？”而且当对方谈话时，不要打断她或是与其争辩，让她感到你尊重她，也许矛盾好解决一些。

(6)多补钙少冲突。工作中与同事、客户难免会出现一些矛盾，为了避免发怒、争吵，可以有意识地多吃牛奶、酸奶、奶酪等乳制品以及鱼干、骨头汤等，这些食品中含有丰富的钙质。国外研究资料表明钙具有镇静，防止攻击性和破坏性行为发生的作用。

其实职场上不妨偶尔做一只刺猬，不会主动伤人，可是一旦遇到危险，就会展开尖锐的刺，有时候这是一种有效的自我保护的方式，让“小人”不敢轻易伤害你！

◯冷酷非我本色

在人与人的交往过程中，要想做到打动人心，就必须以情动人。因为所有的人，都具有人性的弱点，如果你想要别人接受你，就以情感动他吧。

一、打动人心

打动人心的方法有多样，以下几点是比较典型的方法：

1. 征询别人的意见。如果用强硬的手段让他人接受你的想法，那是令人屈服而不是令人信服。至于他为什么不能信服，那是因为他不了解的缘故。所以改变方案顺利进行的关键在于使他人了解你的理论。

不知你打过棒球没有？当我们要接下棒球时，应该顺着球势慢慢后退，如此球劲便会减弱。否则，球速太快，接球时对手的撞击力太强，就会撞麻手掌或撞伤手上的关节。与此相似，当我们和他人沟通时，若我们将接棒球的那一套运用出来，必定可以使对方充分说出他的意见，并且愿意倾听你的看法，避免许多不必要的冲突。

爱德华上校，在威尔逊总统执政的期间，在国内及国际事务上有极大的影响力。总统对爱德华上校的秘密咨询及意见依赖的程度，远超过对自己内阁的依赖。

爱德华上校利用什么方法来影响总统的呢？在《星期五晚邮》的一篇文章中引述爱德华上校的这段话：

"认识总统之后，我发现，要改变他一项看法的最佳办法，就是把这种观念很自然地建立在他的脑海中，使他发生兴趣，使他自己经常想到它。第一次这种方法奏效，纯粹是一场意外。有一次到白宫拜访他，催促他执行一项政策，而他显然对这项政策不赞成。但几天以后，在餐桌上，我惊讶地听见他把我的意见当作他自己的说出来了。"

爱德华是否打断他说:“这不是你的主意,这是我的。”哦,没有,他太老练了,他不会那么做的。他不愿追求荣誉,他只要成果。

请你注意,在以后所接触的人中有像威尔逊那样具有人性的弱点,因此,请你使用爱德华的技巧吧。

一个商人,在他的生意上也应用了这一技巧,从而使别人照顾了他的生意。当时,迈克正计划到新布仑兹维克那儿旅行,于是就写信给观光局索取资料。立刻他就收到了无数信件、小册子以及宣传单。迈克被弄得头昏脑胀,无所适从,不知道该选哪一个才好。此时有家营区的主人——那个商人作了一件很聪明的事。他把他曾经服务过的几个纽约人的姓名和电话号码寄给他。并请他打电话给他们,让他自己去发现那家营区究竟有什么好条件。

迈克很惊讶地发现,名单上竟有他所认识的一个人,于是打电话询问其看法,然后他立刻打电报把自己抵达的日期通知了那家营区。

其他人想向迈克强迫推销,但另外一个人让他把自己推销出去了,那个人打动了迈克,他胜利了。

2. 为他人着想,从他人的角度来看事情。别人也许是完全错误,但他自己并不这么认为,因此不要责备他,试着去了解他。他之所以这么想,一定有一个充足的理由,查出那个隐藏的原因,你就等于拥有解答他的行为的答案了。

有时拼命地做某一件事,自认为做得非常出色,却把最重要的一点给疏忽了,所以不能达到预期的效果。下面就有一个典型的例子。

某科长一向知人善任,并且每当推行一项计划时,总是不遗余力地率先作榜样,将最困难的工作揽在自己身上,等到一切走上正轨之后,他才将工作交给下属,而自己退身幕后。

最近,不知怎么搞的,一向精神奕奕的他却无精打采的,原来由于经济不景气,资金周转不灵,于是他实施了一套新方案,并且鼓励职工:“好好干吧,成功之后一定不会亏待你们的。”可是眼看着就要成功,结果还是功亏一篑,一位明眼的老者给他指点迷津道:“你的失败,是因为你的一味地注意该如何实现目标,却忽略了人际关系这一软体工程,如果你能多方考虑,并多为他人着想,这种问题一定能够迎刃而解的。”他停顿了一下,又接着说:“你的进取心太切了,又总喜欢为职工作表率,而完全不考虑他们的立场,认为他们一定能如你所愿完成工作,结果倒给了职工极大的心理压力。大概也就是因为这个缘故,所以大家虽然都说你很能干,但你却让你的部下很为难。每个人都知道工作的重要性,因此你实在大可不必再给他们施加压力了。”

这位科长的经历,使我们知道:要想在这个社会上生存,不是光靠热情与诚意便可取得成功的。就像上述这位科长,原来对自己的能力极有信心,但却因过分能干或担心,反而给部下带来跟不上的感觉,从而自己也有挫折感,这一切都是因为他不曾站在别人的立场为别人着想之故。可见只要能设身处地为他人着想,就可以避免许多困扰。

试着忠实地使自己置身在他人的处境。如果你对自己说:“如果我处在他的情况下,我会有什么感觉,有什么反应?”那你就会节省不少时间及苦恼,因为你开始探究原因,就不太会对结果不喜欢。而且,你可以大大增加自己在为人处世上的经验。

3. 让别人保住面子。一句或两句体谅的话,对他人的态度做宽大的处理,这些都可以减少对别人的伤害。保住别人的面子,从某种意义上来说也是以情动人的方法之一。

一位食品包装业的市场营销专家,在做一次市场调研时,她的计划中犯了个极大的错误,整个的调研必须得重来一遍,直到向老板汇报之前才发现。

轮到她报告时,她尽了全力不使自己崩溃。因为她知道,那些人认为女性太情绪化是无法担任营销工作的。所以她只是简短地说是因为发生了一个错误，她在下次会议中，会重新研究的。

本以为老板会批评她，可他只是谢谢她的工作，并强调在一个新计划中犯错误是在所难免的。而且她有信心，第二次的调研会更具体，对公司更有意义。

老板的一席话感动了她，并下定决心，决不会再让她的老板失望。

以前，通用电器公司曾面临一项需要慎重处理的工作，免除某一部门主管的职务。因为他在电器方面是一个天才，可担任计算部门主管却彻底失败。然而公司也不敢冒犯他，而他又是一个极为敏感的人。于是公司给了他一个新头衔，担任该公司的顾问工程师。工作还和以前一样，只是换了一个头衔而且让其他人担任部门主管。

公司和他双方都很高兴，最暴躁的大牌明星职员就这样温和地调动了。而且没有引起一场大风暴。让这个职员有面子！这是多么重要呀，而有些人却很少能想到这点！他们残酷地剥夺了他人的感觉，又自以为是，他们在其他人面前批评员工，发出威胁，甚至，不去考虑是否伤害到别人的自尊。

4.给予别人同情和谅解。怎样才能阻止争执，除去不良的感觉，创造良好意志，并能使他人注意倾听呢？

“我一点也不怪你有这种想法，如果我是你，毫无疑问，我的想法会和你一样。”象这样一段话，脾气再坏的人也会软化下来的，再加上百分之百的诚意那就更好了。

文和其他同龄女孩子一样，非常喜欢留着特长的指甲，并引以为傲，而且花很多工夫修饰，以使它看起来很吸引人。然而这对她弹好钢琴是一大障碍，开始钢琴教师并没有要求她剪掉，甚至都没有提到她的指甲问题，以免打击她学钢琴的愿望。

直到有一天上完课以后，老师觉得时机成熟了，就说“文，你有很漂亮的手和美丽的指甲。如果你要把钢琴弹得如你所希望的那么好，如果你能把指甲修短一点，就会发现把钢琴弹好真是太容易了。你好好想一想，好不好？”文沉默地抗拒着。

出乎教师意料的是，下次来上课时，文修短了她的指甲。教师赞扬了她做出这样的牺牲。在这件事情上，教师没有强迫她，她只是让文知道她的指甲很美丽。要文把指甲修短是她的一项牺牲。她只是暗示“我很同情你，我知道决定把指甲修短不是一件容易的事，但在音乐方面的收获，将会得到更好的补偿。”

二、以情动人

现实生活中，以情动人的方法虽然很多，但不是放之四海而皆准的。应针对自己周围的人的不同类型的需求，进行“情感投资”，也是以情动人地维持良好人际关系的关键所在。

1. 同事

现代职业女性的“同事”是一张绕都绕不开的关系网。同事间的友谊是会自然而然地产生的，而且这是一片很好的资源，使你办起事来省劲。那么，怎样才能最直接最方便地利用好同事的关系呢？

首先，要有诚意。同事之间了解得比较多也比较深，如果找同事办事藏藏掖掖，容易使人产生不信任你的感觉。因此，同事间办事就要先说明究竟要办什么事，坦言自己为什么办不了，为什么要找他这样，只要是同事力所能及的事，一般是不会回绝你的。

其次，一些笼统不明的事不要去找同事办，而且办一件事之前，要先知道你这位同事的社会关系以及他办此事的难易程度，这样你才能做到有的放矢，不至于使同事左右为难。

再次，一定要客气，毕竟同事并不是朋友，没有朋友间那么深的交情。因此，找人之前，说话一定得客气，应该以征询的口气与同事探讨。

办完事之后，一般不要以钱物来表示感谢。客气几句，说声谢谢就可以了。否则接受物质感谢会给大家留下坏印象的。说到这里，不得不提醒一下：和男同事一起出差，你会应付吗？你有过与男同事出差的经历吗？你与他熟悉吗？相互了解吗？和他相处你是紧张还是随意？你对他有好感吗？你们行动一致吗？下面的故事将回答。

故事一：

祁小姐在一家贸易公司做市场推广工作。在一次广州秋季交易会开幕时，市场部经理由于工作忙无法脱身，公司决定派大家公认的主意多、沟通能力强的祁小姐参加，与她同行的还有肖和罗两位男同事，这两位同事比祁小姐年龄稍小，于是，祁小姐俨然以大姐自居。

一路上她表现得既热情主动，慷慨大方，还不失女性的细致与周到，处处照顾肖、罗，订票、订酒店、联系展位等等几乎都由她一手操办。而整个在展时间，祁小姐几乎没有挨过展台后备用的椅子，她变换讲着流利的汉语和纯熟的英语，迎进送出每一位进入展位的客人，陪客户们吃饭、聊天、打台球、玩保龄。交易会结束时，他们一行 3 人不仅拿回了上百万的订单，还结识了一批实力雄厚的客户。两个月后，业绩斐然的祁小姐被破格提拔为营销企划主管。过了一段时间，祁小姐又要出差了，她想叫上次合作愉快的两位男同事一起去，他们却借故推托了。祁小姐这才觉察到自那回出差后，肖先生和罗先生碰见她脸上就讪讪的。她很纳闷：我一向对自己要求很严格，又喜欢与人为善，什么时候得罪了这两位同事呢？

点评：社会学家霍曼斯的“社会交换理论”认为：任何人际关系，其本质上就是交换关系。只有这种人与人之间精神和物质的交换过程达到互惠平衡时，人际关系才能和谐，而且只有在互惠平衡的条件下，人际关系才能维持。祁小姐的潜意识里可能以为“我慷慨大方、乐于助人，他们应该感谢我、更接受我才是。”其实你的热心反而会给对方带来精神压力，因为友情必然是在双方的共同努力，相互付出的条件下才能产生。还有，在工作中精明强干没错，但她应该注意不要让自己的光芒淹没了同事们，特别是自尊心强的男同事。

故事二：

芳龄24岁的陶小姐不仅人长得美丽端庄，还是某名牌大学英语系的高材生。从学校到公司，追过她的男人不下两打。陶小姐是个事业心很强的女孩，在忙忙碌碌的工作中她无暇去顾及爱情，而且她也绝不会随便嫁给一个平庸的人。丰富的工作经历使年龄不大的陶小姐显得格外成熟，对所有的男性都有一种若即若离的冷漠感。因为不甘心做个“花瓶”式的人物，她跳槽到一家IT制造企业，主要负责采购工作。

陶小姐的专业能力和创意都很出色，也很善于组织运用资源和外部力量，有时甚至比老板想得更多更周全。不久后，公司与沈阳一家供应商有个重要谈判，老板便放心地派她和另一名业务骨干于前往，老板的算盘是这样打的：于能言善辩、咄咄逼人，会先在气势上胜对方一筹，这样他们的起价就不会太高；陶小姐不动声色，却能在出其不意的时刻后发制人，最后大获全胜。

可结果出乎老板意料，成交的价格仅比他定的最高限价低一点点，令他大为不满。盘问了半天他才明白过来：“冷美人”陶小姐平时跟男同事就缺乏交流，出差途中更是拒人于千里之外，一路上除了登机、取行李、办住宿手续时两人聊了有限的几句外，其它时间，陶小姐不是若有所思地望着舷窗外，就是在闭目养神，或是翻着一本画报。直到走进谈判会场前，于找陶小姐商量对策时，她依然是淡淡的，让于误以为她已胸有成竹。

谈判一开始，精明的对方并没有开口报价，却迂回试探想知道他们可以接受什么样的价格。敏感的陶小姐当然察觉了，她正沉默着考虑斡旋的策略，那边性急的于误以为她被对方的问题难住了，忙抢先解释，一下子就陷进了人家的圈套。结果，陶小姐再冷静、沉着、再足智多谋，也无力回天，只好接受了那个显然是偏高了的价格。

点评：含蓄和矜持是一种女性美，但太过内敛，缺乏与同事的交流协作，则会阻碍职业女性的发展。由于平时每人有自己相对独立的分工，加上领导的监督和协调，这种问题还不很明显，一旦出差在外，没有“团队精神”，是无法圆满完成工作的。看来，陶小姐需要改一改自己的性格习惯，对男同事多点热情。当然并不是非要强颜欢笑，毕竟她的职责是把公事做好。

故事三：

徐小姐读完MBA后，受聘于北京某市场调查与咨询公司。她同比自己早两年入行的同事傅先生合作愉快。工作很累，很有挑战性，她只好马不停蹄地向前冲赶。幸亏有像朋友和兄长般的傅先生——他总会在工作间隙讲一些幽默轻松的话题，让她的疲惫和低落情绪一扫而空。

几年过去了，徐小姐和傅先生的业绩都卓然不群，颇受上司的青睐，他们也各自建立了家庭。随后，他俩被公司派往美国进行为期10周的经理培训，还在纽约久负盛名的一家咨询公司做了两周业务训练。包括电话采访、在电脑网络上做调研、向客户经理了解情况…… 可以说分分秒秒都在高效工作。

这段紧张的日子里，徐小姐、傅先生一起开会、一起吃饭、一起通宵赶报表，相处十分亲密。

离开美国的前一天，他们总算有了片刻的空闲，徐小姐建议到纽约最繁华的购物中心采购，得到了傅先生的坚决响应。他们逛了百货公司逛超市，徐小姐完全被那些各种各样、眼花缭乱的装饰品、化妆品、衣服、皮具所吸引住了。几条街逛下来，实实在在的东西她没怎么买，倒是收集了几大袋稀奇古怪的玩意儿，都由傅先生拎着。

傅先生说他也很喜欢逛街：并不一定要买点什么东西，光是看看布置得琳琅满目的橱窗、还有街头咖啡座里悠闲的人群，都是一种绝对的享受，工作再辛苦也有了意义。听着这番体贴顺耳的话，想想宁可睡觉看电视也不愿去逛街的自家先生，徐小姐心中涌起了很复杂的情绪：她对身边这个男人有了一种崇拜和依恋，她想：如果当初嫁给他，一定会很幸福吧……

点评：和男同事出差在外，朝夕相处，往往容易滋生爱慕之情。徐小姐拿自己的丈夫同傅先生比，一定是越比越失望，越比越觉得自己的婚姻索然无味。殊不知这种比较是不平等的。如果你已是“名花有主”，出差时应该有意识地避免单独与男同事相处，就算你们很熟悉，也最好少谈论纯私人性的问题，如果发生了意外的感情，千万要理智对待。

故事四：

曲小姐是南方一家都市报的记者，她们的工作节奏很快，因为报纸的质量决定着发行量，发行量又关系到广告收入，关系到每个人的饭碗。为了及时得到第一手的新闻，出差对曲小姐来说是家常便饭，有时是只身一人，有时随行的还有一位甚至几位同事。报道过不少重大新闻的她自认为胆大心细，对各种意外情况都能从容应付。

不久前，曲小姐的同事，主任记者钟先生准备到外地采访一个颇受关注的案件，要她一块儿去。曲小姐不假思索地答应了。她很尊重这位四十多岁的老记者，平时他对曲小姐这样的年轻记者也很是关照，给她改稿子提意见不厌其烦。

采访结束已经很晚了，在宾馆里，她洗过澡，穿着睡衣正用笔记本电脑写稿子，忽然有人敲门，开门一看是钟先生。他和她谈了一会儿稿子中需要突出的内容，谈着谈着话题就变了，盯着她粉色的睡衣，披散的长发，他讲的话开始不堪入耳。毕竟是抬头不见低头见的同事，平时还管他叫老师，碍于面子，曲小姐未动声色。讲着讲着，他伸出手要去搂她，曲小姐闪开了，她含蓄婉转地劝了半天，才把他“请”出门外。夜里她失眠了：她不知道今后还会不会被这个男人骚扰？

点评：出差在外，与男同事谈工作，应该尽量在公共场合，穿着和举止要正规，不要穿开胸太低的上衣和太短的裙子。如果男同事说粗话，你可以用庄重冷峻的态度表明你不能忍受他的胡作非为。如果你的男同事特别令人讨厌，你应该毫不留情地进行还击，不必有所顾虑。只要有一次让他下不了台，他就老实了。

2.同学

同学几年，实属缘份。同学之间相识、相处，近而相知、相助；同学之情，情如手足，在某种程度上犹胜于手足之情。因此，同学关系是办事最实在最得力的。

同学关系往往能在“山穷水尽”的时候帮上大忙。但是，有一点要记住，这中间的好处完全来自于自己的努力，如果你在同学分开之后，并没有经常性的聚会，培养同学间的感情，那么你想在“关键时刻”受益也就成了一张无用的空文了。

现代社会中，生活、工作的节奏都加快，造成了许多青年人的目光短浅，特别是在同学关系上，相聚时漠然处之，分开后互不来往，直到遇到困难才想到同学，那就为时已晚了。

好在随着年轻人认识的提高，他们也加深了对这种人际关系的认识。许多人在与同学分开之后，还经常保持着联系或成立一个同学会。当然也可充分利用网络，在网上建一个“班级”，这样同学无论身处何方，都可以随时访问网上“班级”。实在是一种不错的联系方式。

一年一小会，十年一大会，大家虽已是社会人，但关系越来越紧，越聚越惜，“一方有难，八方支援”。这份感情是不会变的。

3.亲戚

当人们遇到困难时，首先想到的是找亲戚帮忙，作为亲戚，对方也大都会很热情地向你伸出救援之手。

过去所谓的攀附，就是指沾亲带故，利用亲戚关系的好办法。

现代社会，由于人的流动性增大，以及人际交往的减少，许多人的亲戚交错分布在各个地方，致使亲戚之间存在着冷漠交往的现象。因此，就应该不怕吃苦地寻找遗落的亲戚，也许就能找出一大串得到飞升的亲戚，而他们所起的作用，往往也会回报你所付出的辛劳的。

4. 上司

在错综复杂的关系中，最容易忽视的就是利用上司关系。

在生活中往往会忽视上司，因为上司总是威严，情感上的距离是很遥远的，所以不敢接近上司，更别说利用其关系网了。

但是，请记住上司就似一棵大树，只有善于利用这种关系，才会在社交中一顺百顺。

但这并不意味着事事都去找上司，哪些事情应该利用上司关系来办呢?

(1)与工作有关的事。前提是你对公司的贡献，只要你能为上司干出成绩，向上司要求你应该得到的利益他也会满心欢喜；如果你无所作为，无论在利益上多么“老实”，上司也不会欣赏你的。

事实上，从领导艺术上讲，上司也善于利用手中的利益作为激发下属努力工作的手段。可见，下属找上司办事不仅解决了自身的实际问题，而且也是加强与上司关系的手段。

(2)涉及自身利益的事。找上司办的事一定要看事情是不是与自身利益密切相关，如果是，那上司一定会义不容辞的帮忙，而且这个忙也帮得名正言顺，也愿意帮。

(3)适度。找上司帮忙得适度，不要锁碎的小事也找上司，如果你什么事都找上司，那么他会认为你缺乏办事的能力。

事情的大小区别在哪里，要随你上司的层次而定，掌握好这个度，应是最起码的能力。

◯内涵——自信的基础

内涵，是指一个人内在的精神世界。我们的生活，就是不断地将自己内在的想法、意识不断付诸实践的过程。在这一实践过程中，人们就可窥视你的内涵、你的涵养、你的内心精神世界。女性的内涵是丰富的，因为女性大多有一个丰富的内心世界。如何将自己丰富的内涵展现出来，如何表现自己高雅的涵养，是成功女性更应掌握的一门技巧。

一、与搭档相处的内涵

荻小姐与陶小姐共同管理着一个部门，她们俩都做得非常出色，她们的交流毫无障碍。两人的关系极具弹性。

两人分享一份工作，必须要有足够的交流与理解。因为商海信息，瞬息万变。相互沟通，相互理解，互通信息与建议是必需的。任何一个合作者，都应该听听她的搭档的意见，了解什么是最重要的，什么是紧急的事情。除了相互的忍让与理解，还应相互帮助。有好几次，荻小姐在陶小姐繁忙、脱不开身的时候，替她处理各项事务，参加会议或与顾客谈判。“关键是，”荻小姐说，“只要对公司有利，而不只是分担一下工作。”

一起共事的女性，必须认识到放弃自我的偏见与固执而为整体利益着想的重要性。她们承认团队精神、合作精神是最基本的。就像陶小姐所说的那样：

“你不能威胁，你也不能被威胁。你不能认为什么是你的或什么是她的。你必须知道怎样去分担、去分享。”

荻小姐说，她之所以能和陶小姐愉快相处，并工作出色，是因为她们俩都“有相同的雄心，都需要别人的承认”。她们俩当中的任何一个都没有必要毁谤对方的信誉。

但同时，她们也保持了自我。实际上，正是她们强烈的自我，使她们同时能保持工作的自由。

“意见依然存在，有的还非常强烈。但我相信，这不是个人的意见，而是团体的意见。”荻小姐说。

陶小姐的原则是：既然社会都需要女性的妥协才能达成共识，那么我们也很容易在一个小集体内连成一个有机整体。我们的概念是：这是“我们的产品”，而不是“我的产品”或是“你的产品”，这是分享工作的最基本的意识要求。

许多女性，的确有很强的个性与偏见。但她们却能够把自己的个性向有利方向转化，使它有利于团队工作，同时又能满足自我的需要。实际上，在这种工作中，一种新的个性——团队个性，开始建立起来了。

在与搭档相处，展示自己的内涵时，还需要足够的技能，相似的价值观以及相互间的信任。荻陶两位小姐，具有完全不同的个性。但是，据陶小姐说，她们“几乎总是达成一致，形成相同的观点”，在事务上，她们很少有什么不同意对方的地方。

“我觉得我们俩在一起工作实在是太合适不过了。她是一种类型，而我是另一种类型的人，但我们却能同时安静下来或一起奋力工作。这是非常有助于发展的。由于背景的不同，我们具有不同的技能，不同的人际关系网。但我可以向她学习，她也可以学习我的长处。我把她介绍给我的顾客或朋友，她也经常让我结识她的朋友、顾客。像所有的搭档一样，我们互相付出，也相互给予，我们也适当的妥协，迁就对方。”

有时，她们俩会采用不同的方式处理一件事情，但最终结果往往是，她们会达成一致的。

“我们对人对事的看法，有时惊人地相似。我们之间有一种给予与得到的关系。如果我们关于一笔交易难以达成一致，我们不会分歧到难以收拾的地步。我们了解对方的长处，也知道对方什么时候在什么事情上较能干。”

根据陶小姐的看法，管理风格的不同对双方的合作反而会有利。她才不会因为对方有不同的方式而鄙夷对方。她们俩都有很强的管理才能，她们用不同的方式和强度来平衡双方的关系，使她们更像一个整体。她们总是尽量看到对方的优点。

“获小姐非常有耐心，而且容易接触。和她在一起相处，我觉得自己变得说话越来越直接坦诚了。有时我会把事情弄得很糟，然后她就能慢慢再把事情理顺、解决掉。跟她在一起我感觉非常舒适。我们之间的不同又使我们的关系富有弹性。我从她身上学到了很多东西。有时，我的进展会很困难，而她会觉得这事不值一提。我们一起进步，一起学习。我们同甘共苦，也共享成功的喜悦。有时感觉竟像一对夫妻似的，能相互读懂对方，理解对方。”

信任是合作双方存在的基础，也是两位搭档内涵的显现。在与人合作的时候，你必须告诉对方你真实想要的是什么，然后放心让她去做。没有这种信任，合作会马上断裂。

这些良好的性格特点，或者说是内涵品质，对这些女性来说是这么自然地表现出来。有人也问她们俩：“你们怎么能够盲目地相信一个人呢？”

“因为这不是只为哪一个人工作的事情，而是为了大家，为了我们共同的目标，为了公司的利益。”

两位女士在相互合作中充分展示了自己的胸襟，这让许多男士都吃惊不已。因为在我们的传统观念中，两个女性是无法成为事业的搭档的。她们虽然可互相倾诉，互相安慰，互相感慨生活中的琐屑，可一旦碰到严肃的现实问题，她们就难以容忍对方了。互相指责、挑拨离间似乎是女性惯用的伎俩。然而获陶两位却向我们展示了当代职业女性的胸襟与内涵。

二、生活与内涵

不知您最近是否听说这样的一种生活理念：做幸福的BOBO族女性吧。

她们认为小资生活虽好，可惜过于寡淡，欲望的都市人心向往之却不能至。年轻的白领们经常在一起讨论，会不会有新的生活方式取代小资，既独立个性又情趣盎然。

现在好了，又一个名词取代了小资，成为新一代的首选。你还犹豫什么，赶紧和小资生活说拜拜吧！

你知道BOBO族的来历吗？继70年代的嬉皮(hippies)、80年代的雅皮(yuppies)之后，现代城市最“时髦”的族群，是“布波”(bobo)。“布”，布尔乔亚(bourgeois)的“布”；“波”，波希米亚(Bohemia)的“波”。两者的结合体就是“布波”。

他们没有嬉皮那么颓废，也没有雅皮那么一本正经。他们向往大自然，推广有机蔬菜、杂粮面包、喜欢追求乐趣、有机会就挑战极限乐趣运动。简单地说，BoBo代表嬉雅痞或者雅嬉痞。所以BOBO具有双重人格：在表现波希米亚的一面时，他们选择了极端、自由、特立独行的作风，而作为中产的一面，他们的特点是享受舒适与权利。

BOBO族的宣言：

1. 崇尚自由。自由是没有约束没有限制。BOBO族生活在大都市中，工作在办公室，长年累月下来，压力很大，特别希望能有个时间释放自己。BOBO男女珍惜每一个独立思考的过程，渴望每一个自主决择的机会。

BOBO族的自由不是绝对的自由，受到许多条件的约束，聪明的BOBO男女会发挥自己的才智，利用有限的时间和空间，来创造属于自己的天地。

2. 寻求反叛。BOBO族的反叛是对传统文化的再思考。BOBO男女也许低龄，但不一定弱智。相对成年人的世故，BOBO男女的思维方式会更直接大胆，观察问题的角度会更独特。

做一个无厘头的BOBO不仅可以将有些不够档次的“时尚生活方式”打上“一切合理化”的印记，而且在这种特殊社会背景下，类似“以次充好”的做法必将会形成另一类更具创造力的文化现象，他们将以不够丰满的物质生活，供养着无比充分的精神生活。这一点决不是叫嚣“亚BOBO时代”的肆虐，而是需要你好好认识一下你自己——如果你是，那么你就让一切再艺术化一点，毫不犹豫地让它更彻底一点吧！

3. 唯“物”主义。BOBO族有足够的金钱来换取他们向往的物质。

在经济能力可负担的范围内，BOBO男女有“千金散尽还复来”的潇洒。虽然“能力范围内”是大前提，但是稍微盲目的潮流追随者会把重点放在挥霍的潇洒。他们在个人的消费享乐方面，非常重视物质的“质感”。他们所拥有的物质，不是最贵的，但是最有品位的。

4. 亲近自然。感谢上天给了我们海洋和沙滩，使我们无处不在感受到太阳的温暖。BOBO族的假期，与大自然中旅行是分不开的。BOBO男女理想旅游城市是西藏，对一般人来说，那里什么都没有，而对BOBO男女来说，那里就是一切。

BOBO男女偶而也会躲在深山老林中隐居一段日子，不要担心他们会从此消失，也许过不了多久，他们便会自己走出来，带给朋友或家人一些难忘的故事。

5. 挑战极限。只有想不到，没有做不到。BOBO族的成年仪式是独自征服一项挑战，可以是蹦极，也可以是攀岩。BOBO男女和你我一样，都是血肉之躯，他们一样会害怕，但是他们能够克服。等到大功告成，可能没有人会对他们喝彩。他们不会沮丧，因为成功就是最大的喜悦。

来做一个 BOBO 族女性吧！BOBO 来到中国，如同外国首脑穿上了唐装，多了一些中国特色。都说时尚是女性的密友，中国女性也学会了 BOBO 族的生活方式，并且将之发扬光大。

三、内涵的丰富性

女性的内涵是丰富多彩的，在自己的事业上或是家庭中，女性可展示自己不同的、多方面的内涵。

成功的女性，一般具有强烈的事业心。在事业上，她们具有开拓进取，不断创新的内涵。甚至有一种献身的精神，令人为之感动。这种女性，大都责任感强。

要培养自己的内涵，需有自强不息、百折不挠的精神。任何成功都需要一番长期的艰苦磨砺和跋涉的过程，需要坚强的意志作基础。没有内涵的女性，很难战胜人生的风风雨雨。只有知难而进、执着追求，面对种种困难、挫折和打击不怯弱、不犹豫，具有百折不挠的坚强意志品质才能丰富自己的内涵，获得别人的认可。

展示自己的内涵，还须有自强自立、不依赖别人的独立性和自信心，只有按自己的意愿来表现自己，不受他人的左右，对自己的内心确信不疑，才能真实地表现出自己的内涵。相信自己，是自我认同，有了这种自信心，才能把自己身上的优点大胆表现出来，并不为一时的偏见与嘲讽所左右、动摇。

◯矜持并非完美

忍耐是痛苦的，但它的果实是甜蜜的。现代社会，女性在工作中也开始崭露头角了，但是其中的心酸是不为外人所知的。当你刚踌躇满志的上班时，一定会期待着有一番大的作为，但往往在不久的将来你会发现所有的抱负化为乌有了，情绪上会有很大的转变，这种情况在女性职员中是很普遍的。

毕竟男职员与女职员有着很大的不同，上司认为女职员只是公司内的暂时性助手，根本不让她们有权限，她们更不可能有受重视的感受，对于她们来说自己仅仅是公司里的花瓶，用来辅助男职员，受到种种的不平等待遇。面对这些困扰，怎样做才能为自己寻找一条出路，使自己的生活更具有意义。这已经是现代职业女性必须解决的迫在眉睫的问题了。这就要求职业女性有个矜持有度的工作态度。

即使你才高八斗，但作为女性，要想与男人打个平手也实属不易，可是却有一点，女性的魅力永远是事业的添加剂，轻轻地周旋，会有出人意料的效果的。当然，我们不是说无才无能的女性靠两条美腿就能拿到高薪，也不是要你像高智商的奇女子一样鹤立鸡群。而是要你放下大家闺秀的矜持模样，把“冰雪美人”融化，略微施展女性手段。女性内在的诸多美好禀质可在办公室得到淋漓尽致的发挥。我们总是称赞人格魅力富有感召力，其实，女性独特的魅力一点也不逊色，二者交织在一起，就可让别人对你产生好感，留下深刻印象。

你在办公室的幽默活泼、善解人意、豁达开朗，使男性职员充分感受到与你共事的幸运与兴奋，自然各种回报随之而来：邀请你做女嘉宾；参加盛大的嘉年会；在你遇到困难时会有人鼎力支持。这一切都是因为你的亲和力，给人一种值得信任的感觉。

如果你的上司是个脾气火爆的、很自我的人，在他把董事会议变成角斗场，非要分出胜负不可时，这就需要你用女性的魅力两边调和，以柔克刚，主动化解这种剑拔弩张的紧张局势。这样对方的戒备心理松驰，同时也不会觉得自己一败涂地没面子，因为你的协调相当高明，两边的自尊都维护得很巧妙，丝毫没有角斗场的“血腥味”，优雅的像一场艺术表演。

男人是很自我、自傲的，绝不会轻易向别人低头的，但这并不能淹没他的聪明才智。如果他认为你是个可造之才，会对你有所点拨，此时，你就该虚心做个学妹，对自己也是一种提高。长此以往，你会在不知不觉中成为办公室不可或缺的缓冲剂，既平添情趣，又给事业加足了油。

一、办公室友谊须斟酌

俗话说：三个女性一台戏，有女性的地方就有欢笑声，叽叽喳喳的喧闹声，就有深厚的友谊。而面对激烈的竞争，这种职业女性的友谊就变得脆弱无常，成为一个倍感困扰的问题，该矜持时就矜持。

事例一：有一家外企的高薪职员，她曾试图与本部的女性建立一种友谊，但没想到的是一次真言竟被同事当作话柄，向上司打了小报告，被狠狠地戳了一刀。经过几次的努力结果都是自己受伤，她不得不宣告失败。这是一个令人困惑的办公室人际关系，人家不抢你的业务，已经算是给足了情面了，你还在奢望得到什么呢？于是，她痛定思痛，决定与同事保持距离，办公室不谈友谊。她觉得与同事的交往随处都可能埋伏着陷阱，毕竟这是一个充满竞争的环境。

事例二：芸和雯、丽、晴同是某公司的职员，四人交情匪浅，有“四人帮”之称，她们之间的友谊无不令同事羡慕，可是，最近却和往常不太一样了。原来，资历稍长的雯升任企划部主任了，丽和晴的热情劲儿随即降了温，刚离校不久的芸却看不惯她们的做法。雯在娱乐活动中“煽风点火”的能力，她对卡拉OK的热衷，都决定了她不会远离“四人帮”的逍遥生活而做职场中的矜持上司。芸依然坚持称她为“雯姐”而不是“主任”，以免女友们的彬彬有礼让雯感到“四人帮”的疏远。下了班，她按老规矩请雯参加“四人帮”的活动，雯从一堆文件中抬起头说：“芸，我很忙，你们先去吧，不必等我，我做完手头的事就抽空过来。”然而，她们在老地方等到很晚都不见她来赴约。这与雯升职前的行事风格截然不同，丽和晴劝芸道：“雯到底是主任了，她是在为将来的威信着想，有意从我们的“四人帮”中脱离出去，她手下有近20个下属，如果对咱们太亲近，其他职员会怀疑她偏心，这对她的事业不利。而且工作场合的友谊，本身就是诸多因素牵制的。”芸虽然能理解这一点，但当晚她还是为友谊的淡化而喝醉了。

的确，办公室里存在着多种层面的竞争，这种竞争使同事之间的友谊变得复杂和微妙是肯定的。如果把这种竞争的同事关系与单纯的同学、朋友关系相比，当然很令人沮丧，相对而言还是“局外人”比较合适。

因为女性的心思较慎密，所以女性在工作场合中的友谊，之所以易建立难维持，就是在于女性无形中的比较和竞争，层次比男性多。如有意无意的比较涉及工作成绩、升迁机会、异性知己的多少乃至穿着品位和档次，甚至更琐碎，这种友谊会变得极其微妙。当女性承受不了诸如此类的压力而与之“针锋相对”时，这种脆弱的友谊也就崩溃了。

在工作场合建立一种轻松的人际关系，像男性那样对工作关系做“简单处理”也许是个好办法。也就是不让自己太依赖于同事，感觉不要太细腻。这样不但可以保护自己，使自己的弱点和把柄不致于暴露出来，而且可以及时化解敌意，使大家摆脱这种不愉快。

二、远离“是非圈”

与你朝夕相处的同事是敌是友，这常常取决于你的言行举止。

如果不想成为同事背后议论的主角，请你一定注意这些言行，它们可能恶化同事间的关系：

1. 探听别人私事。别人愿意说的、能说的事情自己会主动告诉你，不能说的就别去打破沙锅问到底地去挖它。有些“是非”的人就喜欢探听别人的秘密，什么事情都想把前因后果都了解的明明白白。每个人都有隐私，如果不小心说漏了，也就不要再钻了，否则，别人会忌你三分，即使你什么目的也没有。再说，探听别人隐私也是很不道德的。

2. 悄悄话多。与同事要保持融洽的关系，很重要的一点就是对每个人要尽量保持平衡，尽量始终处于不即不离的状态，否则会让人觉得你厚此薄彼。不要总是和同一个人亲近，说悄悄话，别人进来又不说了，那别人不免会产生你们在说她坏话的想法。考虑这么多还是一视同仁的好。

3. 对别人的事不管不问。同事临时出去时，正好有人找他，或者有他的电话，而你明明知道，却来个一问三不知，一旦被人知道，那肯定会影响彼此的关系。所以有外人找同事时，你都要真诚和热情。如果同事走时没告诉你，但你知道，你不妨告诉他们；如果你确实不知时，你不妨问问别人，然后再告诉对方。这样，即使没有起到实际作用，外人也会觉得你们的同事关系很好。

4. 独来独往。无论做什么事都独来独往，从不与其他同事交流。如果你有事要外出一会儿，或者请假不上班，虽然批准请假的是领导，你最好要同事知道。这样，倘若领导和熟人来找，也可以让同事有个交待。否则，进出神神秘秘的，就算有重要的事，别人也无法告诉你。到头来，受影响的还是自己。再说，相互交流，也表明一种尊重与信任。

5. 逞口舌之利。和同事相处时，总想说别人的笑话，占别人便宜，即使是开玩笑也不愿自己吃亏；尤其是在与别人争辩时，有理要争理，没理也要争三分，非要让对方败下阵来才行；甚至有些人没事找事，别人不理他，他还有意无意地挑衅。常使别人一见你就退避三舍。

6.拒绝同事好意。有时，同事带点水果、瓜子之类零食到办公室，休息时和大家分吃，你也不要因为难为情而拒绝。或者同事有什么可喜可贺的事，大家高兴，要他买点东西请客、对此，你可以积极参与，不要冷淡的坐在旁边一声不吭，更不要人家给你，你却一口回绝，表现很不屑的样子，这样别人会说你傲慢、清高，觉得你难以相处就敬而远之。

7.不求助于人。求人总会给别人带来麻烦，所以不该轻易求人。可是，有时求助于别人反而能表明你对别人的依赖，能融洽关系，加深感情。如果你偏不肯求助，同事知道了，反而会觉得你不信任他。你不愿求人家，别人也不好意思求你。这样就使互助合作的人际关系也成为不可能。所以，一般来说求助他人也是可以的，只要别太为难就行。

团结就是力量；现代人越来越认识到团队工作的时效性。团队工作既节省金钱又节约时间。特别是职业女性，她们都更愿意在团队中工作，部分人认为在团队中工作给了她们庇护之所，每个人都只是其中一员，她们不需要独立承担决策的压力，也不用为工作的失误单独受过。还有部分人认为，团队工作可以有效地激励他们更好的完成任务。

三、“装”的技巧

刚刚步入职业场合的年轻人，自然是有着诸多不知天高地厚的狂傲，与之恰成鲜明对比的，却是久经职业场合的高手们老谋深算的“装”。“装”是一种策略，一种办公室的“生存之道”。当然，下面剖析的一些高手的”装”之技巧，其中不少是应该被摒弃的。

1.入门功夫：“装蒜”。“装”在职业场合的当中，最为经典的一层意思就是“装蒜”。“蒜”可不是人人都能装的，首先第一步技巧就是，懂装不懂。

刚刚进入职业场合的年轻白领，总觉得自己有满腔抱负要实现，所以在不懂的情况下，往往喜欢打肿脸充胖子，不懂装懂，以博得老板的欢心。但是只有高手才知道，懂装不懂才是一门高深的学问，只有经历风雨的人方能体会到其中真髓。

老刘在一家大公司的上海分公司工作，老板换了一任又一任，办公室里的同事也换了一茬又一茬，独独老刘在分公司中的地位岿然不动。究其原因，正是“懂装不懂”！在老板询问前任的各种功过得失时候，老刘一概脸色茫然，一副“我怎么知道”的无辜样子，始终守口如瓶。老板走马灯似的来来往往，但都不约而同地觉得老刘正是自己所需要的“少说多干”型人物，丝毫不会对自己有何威胁。老刘能够在枪林弹雨中还不倒下，这个“蒜”也装得真够到家的。

2. 有事“装”没事。有事装作没事，这是在工作中必须要做到的。这个也就是在老板面前随时候命，“时刻准备着”为老板服务。老板一有指令，即便你手头还有非常重要的任务，即便这任务是同一个老板 10 分钟前布置的，你也要以“迅雷不及掩耳”的速度放下，去迎接新的任务。

因为职业场合的老手都知道，老板的命令总是要听的，关键就在于执行得彻底与否。如果不论是什么命令都在第一时间帮他去完成，这对提高自己在工作中的“印象分”极为重要。也就是所谓的“立竿见影”。

当然也要澄清一点，有些老手还喜欢“剑走偏锋”，把老板的私事、家务事一古脑儿地全部包揽了下来，活脱脱一个“御用保姆”的态势，那也是一种“装”，但是已经入了下品。

3. 听了“装”没听到。这一条是办公室紧要守则，如果不会这一条，还请回到学校回炉从头学起。这个有点类似于前面的“装蒜”，这里更多了一点“装傻”的意思。

比方说，听到有关同事、上司的流言蜚语的时候，要懂得装傻，听了装没听到；更重要的是不要当作拿到接力棒一样地传下去。传递“流言接力棒”，也许会让你得到暂时的快感，在大伙当中有不错的人缘，但是一旦“长舌”恶名传到老板耳中，相信你下一条听到的不是流言的流言就是：你被辞退了。

还有一种情况，就是当你接到猎头公司电话的时候，一定要学会不动声色。只有初出茅庐的黄毛小子才会把这个当作向上司邀功和请求加薪的谈判筹码。而高手通常都是在”听了装作没听到”的情况下，暗自衡量利益权重，一方面在猎头公司处抬高自己身价，另一方面如果此事通过别的途径传到老板耳中，相信你的忠诚度已经无人能及，升职加薪也就指日可待了。

4. 有功劳“装”没功劳。这也是要久经职业场合的老手才能做到的一个绝招。年轻人总是迫不及待地希望能够证明自己的能力和实力。但是身边的关系网络，其实注定了你的晋升机会往往只在于你的直接领导，只有直接领导对你满意，你才可能获得提升。如果你抢功，那么，最初的一点成绩也有可能被他扼杀在襁褓中。也就是说，即便在这个项目中是你居功至伟，但是你也要将功劳让给你的顶头上司，让他风光一下，然后记着你的好，你才有可能接着做以后的项目。否则，尽管这次功劳让你抢到了，但你很有可能在今后日子里连表现一下的机会都没有了。机会往往就是上司给的，所以，能够灵活运用这一绝招的高手，往往在职业场合中能够游刃有余。

5. 以“装”对“装”。以毒攻毒，以装对装，这是高手之间的过招了。现在外头有不少行当，尤其是搞销售的，离不开请客吃饭，于是，在饭桌上，推盅换盏的过程之中，高手的较量也就不可避免了。

过招的起因是有人一喝酒，开始要“装”得为朋友两肋插刀了，仿佛再大的事情，没有他办不到的，而且只要你一开口，“哥儿们”、“兄弟”马上就帮你办到；你在现在的公司太委屈你了，那叫屈才，只要“兄弟”找到好差事，第一个通知你。这是第一层次的装。这种

“装”对许多年轻人非常有作用，三两句话，马上把他引为生平知己，认为自己果然是太委屈了，立刻作义愤填膺状，肝脑涂地也在所不惜。

但是这类“装”遇到高手就不能奏效了。高手也是这么过来的，当然能够轻易地分辨你话里面哪一句是真、哪一句是假，轻易不上当。于是，他能在三言两语间将那些拍胸脯的保证，原封不动地退还回去，再附送一些妙语警句；明明不吃那一套，却反而让人家觉得他也的确是推心置腹地把别人当朋友，这才是高手风范。

6.“装嫩”和“装老成”。这是“装”的两个极端。

首先，“装嫩”可以迅速博取上司的宽容。要知道，在竞争激烈的办公室游戏中，稍有闪失就将出局，所以“装嫩”可以在一定程度上帮助你积攒“同情分”，让你可以有一个缓冲和喘息的机会。当然，“装嫩”是要小姑娘去“装”，才更有杀伤力。

“装老成”则是一种主动出击的进取方式。“装老成”有助于你赢得上司的信任。比方说在某次的谈判中，你不妨稍稍地“越位”一点，以老板的口吻代为执行某项决策，而其实这项决策恰恰是你自己做出的。“装老成”从某种意义上来说是比较冒险的，因为一不小心就会有“越雷池半步”和“越俎代庖”的嫌疑，所以如果没有 9 成以上的把握，不推荐轻易尝试。

7.“装”虚心接受。领导也不是完人，所以也不会每时每刻都正确，也必然有他失策的时候。而这种时候往往是属下最为郁闷的时候。因为老板有时候会将气撒在他们头上，明明不是你的错，你却要因为这个后果背黑锅。在这种时候，“装”是最好的调节办法。你可以将你的状态调整到“装”，装作虚心接受老板的批评、指责，甚至是辱骂。但是这时你的耳朵却两个同时运动——一个耳朵进，一个耳朵出。当然，这样做的前提是老板的批评是错误的，否则这样做将无助于你的前途。

因而，当你被老板错误批评的时候，“装”虚心接受其实是一种比较好的调节方式。一来老板觉得你的态度不错，气也会消掉不少；二来你自己心里不必太当回事，通过“装”来达到自我平衡、自我调节的效果。

8.“装”认错道歉。前面讲的这条“装虚心接受”指的是与上司之间的，这里则是平级之间也要懂得谦让之道。也许在工作中，你遇到很多不顺心的事，与同事之间有了摩擦。有人总是喜欢推卸责任，互相埋怨，明明不是你的错，他们却要到老板那里打小报告。这时候，如果你能够以平和的心态对待，即便你没有错，但是你也假装向同事认一回错，相信他们也必定会感受到你这种以德报怨的仁厚作风。今后遇到类似的事情，大家都会首先总结自己的症结所在，而不是纯粹地互相攀扯、推诿。

这里的“装”说来似乎很简单，但是要做到却很难。要知道，平级之间最难放下的就是一个“面子”问题，有很多人就是因为放不下“面子”，因而要较真到底，所以彼此之间的矛盾永远无法得到解决。假如有人能够率先打破僵局，就像负荆请罪的廉颇一样，相信局面马上就会有所改观。

9.“装”精神焕发。你一定有这样的经验：前一天加班加到深夜12点，老板对你们称赞不绝，亲自开车将你送到家；然而，他虽然是笑脸盈盈，嘴里挂着“辛苦”、“多谢”，但是绝对不会说：“今天加班到那么晚，你明天睡个懒觉，中午再来上班吧。”这就是你的老板，你为他加班，他会“精神上感激”你，但是别指望他会让你歇下来。所以，如果你非常看重和珍惜眼前的这份工作，你又要运用“装”的招数了。

这时候的“装”，要说难度并不高，只要你随身带着什么“×轻松”、“××参”、“金补”一类，用尽一切手段，竭力让自己精神起来吧。这时候如果你精神焕发，甚至比老板精神还好的话，他一定会认定你就是他所需要的“铁人”，你就能事半功倍，受到重用啦。

10.“装”就是“不装”。“装”的种类和技巧有很多，这里所列举的都只能算是办公室诸多生存之道中的沧海一粟。

最后推举出“装”中至尊来——“不装”。完全以本色待人处世，也许在一定时间和一定范围内，无法得到迅捷的、直接的利益，但是“不装”给你带来的是一种完全自由的体验。换言之，要把“装”进行到底，就是将“装”的内容内化为你自己的气质和行动，“装”是“不装”，“不装”是“装”，那就是“装”的最高境界。

四、矜持地面对异国老板

在此，我们不免要问您一句，您知道如何面对异国上司吗？随着中国加入 WTO，不但洋货越来越多，连洋上司也有不少。面对这些不同文化背景、不同生活习惯的洋上司，如何与之沟通是现代职业女性所困惑的，职业女性的矜持有度应如何表现，这个“度”怎样掌握才好。

1. 开朗的美国老板。美国人不管男女老少都很率直，有什么事都喜欢把事情摊在桌面上说。所以在美国人的公司里工作，一般气氛都比较轻松、随和，在美国上司的开明作风的影响下，整个办公室的人际关系都很单纯，所以，当员工与老板意见相左时，双方就会争执得面红耳赤。因为他看重的是你的工作业绩，这种争执也是为了工作不是对个人的。

因此，在美国上司的手下做事的女性应该充分展现你的才华，把工作做的最好，而别想走捷径，他看重的是个人能力和个性；但他在宣扬个性的同时，也同样很看重团队合作的精神；美国上司喜欢积极主动的人，所以在老板来找你以前，自己主动干工作；而且员工的诚实也是他们所看重的，在上司面前千万不要撒谎，甚至主动认错比推卸责任要好得多。

2. 浪漫的法国老板。法国人大都乐于恭维他人，尤其是异性，不要被上司言过其实的恭维冲昏了头脑，一定要保持清醒的头脑，不要因为那些溢美之词，就以为自己工作已做得非常令人满意了，要知道那只是上司出于礼貌而说的；法国人非常热情，可能会多次提出请你们吃饭或玩，但可别当真，这只是说说而已，要想等到实际行动，那恐怕要等到猴年马月喽。

3. 严谨的德国上司。德国人大都是完美主义者，他们以生产制造的完美而精密的仪器而闻名世界，这种完美主义者有着近乎刻板的严谨作风和近乎苛刻的守时习惯。而这体现在对自身和工作的要求上，同时他们也会欣赏完美主义者，所以女性职员在德国老板面前工作时要力求做到尽善尽美。同时，要牢记他们的守时，所以想要做一名好的员工，就千万不要迟到，当然也不要提前。另外，德国人也是以其深刻闻名于世的，所以他们尊敬深刻的思想，这不仅要求你涉猎一些哲学来武装一下自己的头脑，也易于你理解上司的思维，得到上司的赏识。当然，从上司的西装到衬衫，从领带到袜子，直到古龙香水，这所有的细节都是很完美的。他们平时话虽不多，但却能一眼看出下属工作报告中的漏洞，所以你不要想鱼目混珠。

4. 高压的日本上司。很多在日本人开的公司上班的职员，都有一种高强度和高压力的感觉，自己就好象变成了工作机器。这种工作环境是由日本传统的文化所决定的。

日本人崇尚拼命三郎的工作精神，上司一般都会以身作则，对下属的要求更是如此了。而且，在日本公司里，上下级和尊卑的观念很强，所以，一定得做好心理和生理上的双重准备，对你的上司表现出应有的尊重和服从，在意见相左的时候，更得把“顺从”摆在前面。日本是一个注重礼仪的国家，而且“重男轻女”的现象也很普遍，所以女性职员要谨记礼多人不怪，尤其在工作中要学会化解压力，只要用自己的实力为自己消除老板对女性的偏见，令同事和上司对你刮目相看，从而赢得尊重，升职加薪就不成问题了。

五、要求加薪的度

工作到一定阶段，加薪也许是所有职业女性所面临的问题，但是，要是方法不恰当，也许会使你与上司的关系变得紧张。常常有些女性对这个问题贸然向上司开口，甚至有的人矜持的不敢开口。那么，怎样做才能既矜持有度地处理好这个棘手的问题，又保持了与上司的融洽的关系？

1. 要寻找要求加薪的机会。美国一位心理学博士曾说：薪金不是为辛勤工作而增加的，而是为增加经济价值而增加的，即使在经济价值增加时，你也需要坚持不懈，还要有耐心。所以只要你很清楚自己对上司有多大利用价值，并且不会犯一些低级的错误，那么，此时可能就是你要求加薪的好时机了。

一般来说，在现在这种人才流动很大的情况下，一流人才的匮乏目前正使薪金水平水涨船高。因为换人费用太高，所以上司宁愿提薪留住公司里值得留的人才。因此工资不再是公司里提不得的话题，只要你有能力，想挖走的公司很多，又不仅只有这一家，提薪是很正常的。

2. 注意通常会犯的错误。要求加薪时常犯的错误有两点：一是自我估价的错误，二是提出加薪所犯的错误。

许多人在自我估价时，只把自己放在小的环境中，而没放在整个机构的大环境中来衡量自我价值。也许你在自己的部门不可或缺，但对公司来说，该部门必不可少吗？尤其是在公司裁减人员时，自己可能被取代。甚至有人把努力和贡献混为一谈，工作卖力，并不是加薪的资格。

另外，在提出加薪时，一定不要显示出你在提要求，不要对上司提及你认为薪水偏低。而应该藏而不露，一旦提出要求，就要单刀直入立刻见效。而且，如果用循序渐进的方式，在一段时间内经常与上司闲聊，看似漫不经心把加薪的意思溶入话中，这样效果更佳。尤其应该避免威胁和最后通牒。从长计议，而不要让好战的态度毁掉你的职业生涯，要加薪是因为你值得，而不是对上司的强迫。

3. 在提出加薪时，要定量的说明你的成绩。如进行某项革新为公司节省了多少钱,哪些项目由你独立完成……这些情况尽可能的具体、量化。若情况允许,你可以求助于某个第三方参考数据来支持你,甚至是你完成工作的想法,以及具体怎样节约公司的时间、金钱的等。这样才能使你理直气壮,处于有利的地位来与上司谈。

要求加薪的目的是要得到更多的钱,因而你必须说明自己是怎样做出超过工作要求的成绩的。即使你认为你现在的工资低于一般水平或者无法接受,对此你也必须以你上司的角度来看问题,并且拿出让人信服的证据。否则的话,大多数的上司都会请你先暂缓申请或者干脆回绝你。当你和上司讨论这些的时候,有的人也许还会要求你提供某些因素,比如和你做同样工作的人的行业平均工资。如果你愿意,当然可以这样做,但是很多上司,特别是那些规模较小,企业主性质的公司的老板并不会很关心平均工资是多少,甚至还可能会暗示,你可以去那些满足你想要的工资的公司。

可是,经过你的努力,上司拒绝了这一要求该怎么办呢?首先要问为什么,公司是进行比较性评估,如果你优势显著,技术超群,就有资本要求加薪,或者为避免这种情况,你也可事先制定出次年的工作目标,当然要最终得到上司的认可。最好还能制定出具体的计划:在哪些领域她还应当注意,并加以改善。就这些不足,又应当进行哪些培训等。有了这份和老板达成一致的工作表现协定,并以此为基础对其工作表现评估。这样,在年度末提出加薪,就有据可查了,在要求提薪时也有理有据,处于优势地位了。

六、在对方的怒火中保持冷静

1. 面对上司的怒火。不知你是否有过这样的感觉:有些上司好像总有那么一段时间,无论怎么看你都不顺眼,不管你怎么说都被认为是找麻烦,不管你怎么做都被认为是不应该的,面对上司火头,职业女性怎样做,才能安全度日呢?这里有几个行之有效的好办法供你参考。

(1)让上司发泄出来,别打断他。当上司正在情绪激昂地渲泄他的怒气的时候,打断他显然不是个好主意。你要等着上司说完,用不了多久,这种激烈的演说就会过去的。职位高就有这种特权,而且作为下属,你还得容忍、承受这一切,否则就可能被看作是一种挑衅。

(2)不要退缩,那样会鼓励上司。当上司对你发怒时,不可以胆怯退缩,当然更不能以牙还牙,一句对一句地争辩。正确的办法是表明你能保持清醒,而且要冷静地看着上司,等着上司发完脾气。不管你多想逃走,或者把自己封闭起来,一定要设法向你的上司传达"我在听,我明白"的意思,即使他(她)说的根本无法理解,用适当的目光接触,偶尔用一些语气词加强一下,还可以在上司讲到可能他认为重要的地方时,轻轻点点头。很多上司在觉得在他们的意思没有被接受时,会一下子把音量增大,就像戴着耳机的人突然说话一样。出现这样的情况是危险的,你应该尽可能避免它。不要退缩,应该勇敢的面对这一切。

(3)复述对方的意思。当上司的说话有停顿的时候,你可以把上司的主要意思用一个简短的话表述一遍,以表示你接收到了,这是人们谈话中必不可少的技巧,就目前这种情况而言,它可以使你脱离险境。如果上司的话说的支离破碎、莫名奇妙,你也许还可以巧妙地"翻译"一下,才能弄清楚他的主要意思。这无形中也是你与上司的交流、沟通。

(4)给上司一个台阶下。如果你的上司的气头已经过去了,但是还没有意识到自己的失态,他必定会希望从这场"讨论"中能得到一点看得见摸得着的结果,并且希望你能保证类似的问题不再出现。反之,如果上司自己也意识到失态,那他很可能感觉很尴尬,而且希望能有一种体面的方式走下台阶。

因此,你在复述了老板的意思之后,必须和他谈一谈你从中得到的认识。并且你要勇于承认自己的错误,还要表示若再有类似的情况自己该如何做。

2.怎样对待大怒的客户。无论你所处的公司规模如何,服务如何周到,总会有一些人会非常愤怒地,有意无意地寻找你的麻烦,此时,一个矜持的职业女性该如何接待这些特殊的顾客呢?

首先,让顾客尽情发泄。顾客对你发怒,一定完全有理由觉得自己很冤枉,即使你公司的错误并没有引发什么极端情况发生,也许还会有什么其它的压力,影响到他的心情。如果从一开始就阻止或打断顾客,那只会进一步引起他的逆反心理,所以不要打断他。但是,如果几分钟之后,你确信不管等多久都不太可能雨过天晴,那么就插上句话,打断他的发难,让他心平气和的和你交流。

其次,只要情况许可,你就可以对整个事情中属于本部门的责任道歉,如果有可能,你可以向顾客表明,你将会尽力使这个问题得到解决。因为,一般顾客大吼大闹,就是为了听一句“对不起”。

再次,你应该告诉顾客,针对这个问题,你做怎样的处理,比如计划怎样做,以及采取什么步骤来报告事情的进展并且向顾客保证,在一定的时间期限内完成这件事。并且,得提供你自己的名字以及联络办法,这就把你放在一个负责人的位置上,那么你就得完全负责地使顾客的困难得以解决。

最后,有一些小的细节得注意,注意避免一些常见的错误,如:把责任推到一个不在场的员工身上;本身在接待这位顾客时,又把注意力转移到别处等。这些做法,只会让别人觉得你在有意阻挠,而不会使你与怒气中的顾客顺利交谈的。

◎工作并快乐着

职业和工作在使人得到幸福与满足方面所起的作用，比我们大多数意识到的要多得多。随着社会生活形态的改变，传统上以家庭生活为主轴的妇女朋友们，开始将生活中的大量时间投注在职场，于是社会角色的多重化变成一个令人不可忽视的问题，而由此衍生出来的现象就是上班族女性的生活压力管理与身心调适障碍。如何做一个快乐、充实、不忙乱疲累的现代上班族女性，就是一个不简单的任务了。

一、上班族女性的困扰

1. 对上班族女性所受的困扰，可以分为下列几项来叙述：

(1)时间永远不够用。赶时间上班，赶时间买菜、做饭，还得腾空来与子女互动和家人联络感情，永远觉得没有时间休息。一遇假日，只想什么事都不去做，好好懒个一整天，但洗床单、采购生活必需品、小孩上才艺班等任务又在等着。一支蜡烛两头烧，真是贴切的现实写照。

(2)生活重心失序。事业女强人与贤妻良母、好媳妇都是追求的目标，但每一阵子就会碰上它们彼此相冲突，譬如赶工作业绩进度与全家出外郊游、逛街若是在同一天，保证此时矛盾不已，有时会发现，要下这类的决定所耗费的心力就足以让身心俱疲，更别说事情本身了。

(3)自我逐渐模糊化。柴、米、油、盐、酱、醋、茶、业绩、报表、拟计划，年轻时向往的真的是这些吗？如果发觉自己常对一切不满意，烦躁气恼不已，常做事冲动，自己也不知人生所为何事，那可就不是小问题了。

(4)莫名身体不对劲。当出现心悸、头痛、脖子紧、失眠、胡思乱想、常觉胸口闷紧、手脚麻酸、注意力不集中时，也不知该看什么医师，这说明身心压力症候群已找上来了。

2.对上班族女性身心压力的调适，有几点原则是通用而易行的：

(1)做个“足够好“的现代女性。足够好指的是已尽心尽力了，不论状况变得如何，记得提醒自己，我已足够好了(Good enough)，接受自己且满足是心理治疗的最大原则。记得这个原则并时时提醒自己：追求是无止境的，为何要在追求过程中空虚而痛苦呢？

(2)一段时间内只扮演一种角色。角色的多重化是职业妇女的一大特征，但清楚的分析及定位，才能做好事情。上班时不要光想着买什么菜，回家后就把工作暂时放一旁，有效率的生活必须明确而单纯才办得到，而效率是职业妇女的必备条件之一。时时提醒自己，一个时间只扮演一种角色。

(3)给自己多一点时间了解自己。认识自己的特性及喜恶很重要，相信许多人被问及“是怎样一个人？”能自信且不带迟疑朗朗说出来的人并不太多。请多给自己一些时间，若没有自我的认识及追求，人生将逐渐变成黑白的。

(4)有问题找人倾吐与分担。人人都有困扰，生而为人皆有烦恼，但是只要告诉你的先生、家人、同事甚或心理医师。被了解与同情心本身就是一项强而有力的支持力量，不要不好意思，掩饰不代表坚强，真正的坚强来自於满足和快乐。

轻松的原则每个人可以不同，但每个人都应该要有自己的一套，这是健康和快乐的本钱，有好的基础，就不怕身心出问题了。

现代上班族女性其实承受无比的压力，但只要处理得当，也是幸运的，因为有丰富的生活角色及满足感；别让自己两头烧，也可以在生活中迎风展翅。

二、职业“紧张症”

另外，经常有不少职业女性抱怨自己身体虚弱，没来由地感到乏力，缺乏干劲。其实这是一种典型的“紧张”症状，也是一种现代病。在快节奏的现代生活中，各种看不见的压力正在慢慢地侵蚀着职业女性的健康。下面我们来看看专家是如何说的。

身体感觉不适的原因可能是由于生活过于紧张导致。“紧张”这个词，我们平时经常会用到。但是“紧张”到底是什么？对此很多人都会感到疑惑。关于这个问题，医生们各有论述：

王医生：“紧张，既包括精神，也包括肉体。紧张的产生主要是由于受到外界的压力。每个人在每一天都会承受不同程度的压力，感受不同程度的紧张。例如干燥的空气，会令皮肤紧张；遇见一个平时你讨厌的人，你会感到精神上的紧张。”

不过，对人类而言，紧张并不一定就是坏事，压力会使人体分泌出一种肾上腺素，适量的肾上腺素可以让人体保持良好的血压，所以从保证生命健康的角度，压力也是人生不可缺少的。但是压力过度，人体过于紧张，则会导致肾上腺素分泌过量，从而破坏身体的机能，影响健康。那么，为什么过量的肾上腺素会破坏身体的机能呢？

刘医生：“这是因为肾上腺素同自主神经系统有着较为密切的关系。”肾上腺素是刺激自主神经系统中交感神经的荷尔蒙。交感神经具有让血压上升、心跳加快的功能。与之相反，自主神经系统中的副交感神经，却能让血压下降、心跳放缓，使人体处于安静状态。“显然，正是由于白天交感神经、晚上副交感神经的交替作用，自主神经系统才能保持平衡，人体才能劳逸结合，身心才能保持健康。但是，一旦生活中压力过重，交感神经就会不断地受到刺激，人也就会因此一直处于兴奋状态，久而久之，身心就会感到疲惫不堪，出现莫名其妙的不舒服。”

压力引起的紧张感因人而异。现在我们还不能对紧张的程度作一些具体测量，但若出现疲乏等症状，其实就表明你所承受的压力已到了极限。除非出现症状，否则我们不可能知道我们究竟能承受多大的压力，那么，这些症状究竟是什么？

刘医生："紧张"所表现的症状有三种：一是身体症状，如便秘、颈椎病、头痛、腰酸等；二是行动症状，如购物依存症、酒精依存症等；三是精神症状，如急燥易怒的情绪。紧张，使交感神经的作用过强，导致血管收缩，血压上升；同时也会使血流不畅，引起身体发冷。在调查中，我们发现，有三分之一的女性经常会感到身体发冷，这多半是因为生活过于紧张。多愁善感的女性往往就属于这三分之一。她们对周围的环境用心过多，而使自己经常处于紧张状态。

月经是女性感知身心压力的晴雨表。在身体症状中，须特别引起女性注意的是月经的紊乱。

海医生："对女性来说，月经是感知身心压力的一个非常重要的晴雨表。月经不规则、月经量少、排卵少、月经消失……上述症状一旦出现，就表明身体虚弱，要注意了。压力过重，过于紧张，会使月经终止，这是经常发生的病例。因为脑的丘脑下部，是一个感知紧张的部位。过于紧张，会使丘脑下部过分刺激脑下垂体，引起脑下垂体所分泌的荷尔蒙失衡，从而导致月经的停止。另外，脑下垂体产生的甲状腺刺激荷尔蒙的能力也会因此降低，而使人感觉乏力、没有干劲；并容易出现浮肿、皮肤皴裂等症状。不仅如此，身心过于紧张还会抑制对病毒和癌细胞具有免疫作用的自然杀伤细胞的活性，降低人体免疫力。"

也就是说，过于紧张的生活使女性失去的不仅仅是红颜，更是健康。那么，造成紧张的原因是什么呢？紧张与性格不无关系，让我们来了解一下容易引起紧张的性格吧。

王医生："人的性格一般可以分成两种，宽松稳重型和急躁攻击型。容易引起紧张的性格显然属后种类型。这种性格类型的人好胜心强、责任心强、做事追求完美，对工作很投入，工作节奏快而紧张，甚至废寝忘食。在生活中，这种类型的人总会无意识地让压力滋生出来。"

“由于好胜心强，她们对胜败看得很重，不甘心失败，不想让别人看到自己的弱点，这种心态只会加重压力。”

“由于不甘落后、拼命工作，交感神经就一直处于兴奋状态，身心也因此得不到正常休息，从而影响健康。当然，性格本无好坏之分，进取心和责任心强都是好事。只是这种类型的人，与稳定型的人相比，更要当心自己的身体。”

至此，我们已了解了紧张的构成及其各种各样的症状。那么为了改善这种症状，我们应该马上去医院吗？

王医生：“对于健康人，一两天的熬夜算不了什么，只要一晚上的熟睡就能解决问题。但是，如果一夜的熟睡并不能驱除疲劳，且接连休息一两个星期仍不能改善症状的话，这就要去看医生了。”

刘医生：“迅速减轻三公斤体重、连续五天便秘、一吃东西就会引起腹泻、失眠，或得不到三小时以上的睡眠等，若出现上述症状，最好还是去医院。”

海医生：“月经两三个月不来，身体不适的感觉有一个月以上，都要到医院去检查。”问题是，即使出现上述症状，仍有不少人要硬撑，一些过于自信的人总觉得自己能承受压力，甚至不愿承认自己对压力承受不住。因此，为了满足所谓的进取心，好胜心，她们对症状总是视而不见。“可是这些症状一旦严重，就会对健康构成威胁。在紧张的症状中，头晕目眩是脑瘤的疑点，心悸、呼吸困难是糖尿病的先兆这一点是毋庸置疑的。”

所以到医院去仔细检查身体仍是非常必要的，这是三位医生共同的建议。

海医生：“如果经过仔细检查，确认没有异常，那肯定要考虑紧张这个因素了。接下来要做的就是从根本上控制压力的增加，缓解紧张的情绪。”

海医生：“相对男人而言，女性对压力较易感知、其症状也较易出现。当症状出现的时候，女性要意识到勉为其难是很危险的。虽然眼下竞争激烈，无论是职业女性还是家庭主妇，都在抓紧分分秒秒，拼命想做点事。如果你手上的工作是你喜欢的，虽然非常忙，但还不会让你感到紧张。因为辛苦的过程是快乐的。”

但是，如果你并不合适眼前的职位，却又希望别人认为自己能干，这种情况下的努力往往会无意识地成为重压，并开始出现紧张的症状。对于家庭主妇来说，一心想成为贤妻良母却放弃自我的女性大多会不堪重负。

刘医生：“现代女性，总是非常概念性地把自己束缚住。对时尚的追求其实也是让自己的价值观公式化。希望获得他人的认同、很在意别人对自己的看法、总是为他人的价值基准而生活，这样无论是心力还是体力都会支撑不住。”

海医生：“所以，首先最重要的是要有一种良好的自我感觉，要去做自己真正想做的事，要为自己的理想而生活。这是减轻压力的捷径。在寻找自己真正想做的事的过程中，反省自己是非常重要的。为此，每天一定要抽出一点时间让自己的心安静下来，这种放松是很必要的。”

放松的秘诀就是拥有好心情。很显然，放松对于那些时刻为工作、家庭以及其他琐事烦心操劳的女性来说，并非易事。那么究竟该怎么办才好呢？

海医生：“首先要经常接近自然。若没有时间，在家里也可以插插花，或采用一些芳香疗法，通过鼻子对脑直接进行刺激。另外服用一些温水也有助于缓解交感神经的紧张。虽然咖啡不是很好的饮品，但其芳香还是能让人放松下来。”

王医生：“让身体浸泡在浴缸中，听一些自己喜欢的音乐，会刺激副交感神经，继而刺激人的五官感受。房间的色彩不要太过强烈，选择色彩柔和的壁纸、窗帘。在房间里悠闲的喝一杯茶、或一些温和的饮品，让自己的心变得柔软。睡前一小时，做一些自己喜欢做的事，让它作为睡的序曲，这是非常重要的。”看来放松并不难，只要你有好心情。

现今竞争是越来越激烈，有的人甚至用“白热化”来形容当今市场的竞争，而女性，作为大军的后起之秀，在面对这种高压的竞争生活状态，是被炙烤化了，还是越炼越显真金本色？

三、中年女性的“职场年龄恐慌”

上海最近一项调查显示，35 至 40 岁的中年白领女性中，近三成存在不同程度的隐性更年期提前现象，出现身心疲惫、烦躁失眠等症状。不少此年龄段的白领女性坦称有“职场的年龄恐慌”，她们调侃自己是“三无”产品——“无自由”(因为家庭拖累)、“无资历”(因为金字塔顶端需具备更资深阅历)、“无青春”(因为年华已逝)。职业场合有谁会喜欢“三无产品”呢?那么，其他地域的同龄白领女性在职业场合中是否也存在类似困惑呢？她们又是怎样看待目前人才市场招聘时对女性提出的年龄限制？她们理想的生活状态是怎样的？有关部门对 100 名年龄在 35 至 40 岁的白领女性进行了一次调查。

调查中，被访问的白领女性有近六成人承认有“职业场合的年龄恐慌”现象。主要表现为：对前途以及“钱”途开始担心，担心会被社会淘汰；对自己所从事的工作开始产生一种依恋，不再似 20 来岁那样无所谓，同时又有一种危机感，甚至开始对老板察言观色；身体经常感到疲劳，休息也于事无补。

35 岁以上的白领女性理想的生活状态是什么样？调查发现，转换职业或行业，寻求一个压力较小，相对安稳的工作成为大多数被访者的心态，46％的被访者选择此项；再苦干几年，回家做全职太太也是选择人数较多的一项，有 31％的被访者选择；另有 23％的被访者表示会去充电。

关于招聘时对女性提出的年龄限制，85％的被访者认为这是一种歧视，对女性不公平。也有 10％的被访者认为：35 岁左右的白领女性要不就在所服务的企业中获得中、高层或专业技术人员的岗位,要不就是独立开创自己的事业,除此以外,以35岁的年龄去和20来岁的年轻人竞争毫无优势,不如回家。

调查发现,在23%的充电族中,有8%的另类充电者,她们去学习的内容是“插花”、“茶道”、“钢琴”、“艺术舞蹈”等项目。她们认为,这些充电也是减压的一种方式,同时增加生活情趣、提高综合素质。

跨过35岁,许多用人单位开始对女性亮起了红灯。南京一家大商场的百货部经理称,与同龄的男性相比,女性择业时年龄问题往往更敏感,这是事实,没有必要刻意去否认或掩饰。比如他们商场中的化妆品柜,作为商场的门面,肯定要挑年轻、长得好的营业员。另外,用这些年轻人也不纯是作花瓶式的摆设。化妆品中新名堂很多,如何与顾客打交道也有一些独特的内容,品牌厂家都要求营业员经过专门培训后再上岗,年轻女孩容易接受新事物,在接受此类就职前的再教育时表现会更出色,让年近40岁的女性站到名牌化妆品柜台肯定不太适合。

一大型连锁超市人事部经理则强调,年龄肯定不是用人单位守着不变的杠杠。这家超市数年来安置了不少下岗女工,其中年龄在35岁至40岁的成了主力军。这些嫂子型的收银员、理货员格外懂得珍惜机会,吃苦耐劳、爱岗敬业。与顾客打交道时,让人觉得亲切可信,遇到什么问题也乐于设身处地为他人着想,有的很快当上了店长。这位人事经理很有体会地说,现在年轻女孩总觉得青春是本钱,可以由着性子跳来跳去,对待遇一般的工作更是不屑一顾。“35岁的女性是否提前进入更年期我不清楚,可我相信,这个年龄段的女性只要能明白自己的角色定位及长处,就能找到发挥自我的天地。”

有人说,女性到了35岁,忽然发现自己觉得自己“靓丽迷人”,可在别人嘴里已经成了“风韵犹存”。女性到了35岁,往往会遇到这样的情况,比如说在一个饭桌上有人问年龄,自己脱口而出,话音未落就立刻有人说:“不像不像,你挺显年轻的。”口气中多少有点安慰的意思。好像岁月的大嘴已经啃噬掉了你的最大资本,人生已经没什么可骄傲的了。女性到了35岁,一直还觉得自己青春飞扬,今后的路还很长,可买房的时候发现,银行已经不给你放30年的贷款了。女性到了35岁,开始有人劝慰你,人到中年,该补钙了、该保养了、该注意生理节奏早睡早起了。最可怕的是,35岁的女性,会让人想起下岗,起码再就业压力已经史无前例地向你逼近了。

这个年龄段的女性经验渐渐退居二线,底蕴不很吃香了,而年轻的爆发力、张扬的冲击力、善变、机敏、不计后果地冒险投入、疯狂,是迅速崛起的成功人士的主要特征。35岁这个年龄,周围的牵牵绊绊瓜瓜葛葛逐渐长成,开始把她包裹在中央,照顾这个思虑那个,人变得瞻前顾后优柔寡断。不是性格变了,是越来越多的社会角色让她有了越来越多的社会责任,什么都能消耗她的时间,社会根本不允许一个成熟的人再我行我素逍遥自在了。另一方面,一个35岁基本定型的女性,重塑她、改变她、领导她都显得比较难。遇到这种棘手的下属,能躲就躲吧!而如果奋斗成别人的上司,她是否能牺牲掉自己的私人生活,为下属们谋求最大的发展?又多了一层负担!

商业社会也更疼年轻的人们。她们生活压力小,花钱比较放松,而且更爱享受,所以,衣服为她们设计,杂志为她们包装,娱乐场所为她们开放,图书市场瞄准她们的趣味,整个社会都努力地把自己打扮得花枝招展青春诱人,吸引年轻人的眼球。

而35岁的女性,正在聚光灯下有声有色地表演着,蓦然发现,绚丽的光环已经移离了自己的头顶,舞台中央是别人在尽情地舞蹈。那些一直以为认定是自己的东西,忽然不属于自己了!品尝过,才会有更大的失落,曾经的当家花旦变成了跑龙套的感觉才是真正的心酸。一个人到了35就老了?就要考虑人生的转型,考虑后半辈子的生活，这正常吗？

儿童、年轻人确实是社会的希望，是蓬勃发展的力量，但并不能垄断社会的所有需要。社会由多个层面无数细胞组成。如果将一个年龄段的特性夸张成整个社会的品位，会不会让人觉得单调乏味？就像让梅蒂尔斯里普披上小甜甜布兰妮的行头，她会显得很年轻，别有风情，但也损失了她的另一种美。梅蒂尔斯里普有今天是因为她彰显了作为成熟女子的特有个性和情绪，小甜甜做不出来。

但这并不都是社会的责任。比如杂志，现在的白领豪华杂志铺天盖地，所有的人都说 17 至 30 岁的女性的钱最好赚。那 35 岁的女性呢？“她们虽然掌握钱袋——孩子和老公的，但她们不掌握口味。她们压根没自己的需要”为什么有人这么说？因为大多数女性到了这个岁数以后，只关注家庭的需要，忽视了自己。她们喜欢《妈妈宝宝》杂志，因为那可以学习怎么带孩子，她们要买《男孩女孩》、《中学生》，因为她们要教育孩子，她们要添置家俱、操心装修、要买各种各样的生活用品，但她们的大多数没再说：“我喜欢！”“我的趣味”。她的快乐是老公乐了，她的快乐是孩子争气，她的快乐来自又省了多少钞票，然后拥有最省钱的娱乐——在电视前泡一天——平均只花两元钱。

但她们确实掌握着家庭的财政大权，她们主管着生活的许多细节，但她们甘心做会计和出纳，而不是金钱的真正拥有者支配者。

她们已经发福了，35 岁的女性，很难再有小蛮的腰身、布兰妮的气质，到了商场，买到合体的衣服太难了。仿佛只有年轻才有个性，只有苗条才能享受个性化的设计。爱美不行吗？买 20 岁姑娘的大号服，买时髦女郎的纯净装，或者就干脆一身藏青西服套，慢慢穿吧。从外形上讲，中国的女性没有 35 岁，只有 25 岁的延续。

于是有的人想，干脆破罐子破摔，在摊上拣最便宜的买，在特卖场挑打折最狠的买。殊不知要想让人爱，只有自己更加爱自己。她们实在是不够强大不够自私。

算起来，各大商场的金卡、优惠卡应该更多地掌握在这些人手中。对打折信息优惠条款十分敏感的她们，一定是最早开发住宅周围购物中心的人。可她们最终在那里买不到什么称心的衣服，只能为其他家庭成员奉献，然后在超市里享受小小的折扣。

要反击其实也容易，让所有人意识到这个年龄的重要。从事业角度讲，上班就是烧钱的日子一定会结束。年轻人烧钱容易，省钱却不会。由俭入奢易，由奢入俭难嘛！社会资源、生活阅历的积累到 35 岁已经相当雄厚，待人处事老成豁达，也是年轻人比不了的。现在的老板看不到，以为会说几句英语，长得如花似玉就应该挣个年薪十万，日子久了，自然能见分晓。一位私立学校校长说，学校有一批年轻漂亮又利索能干的老师，平均年龄才 25 岁。一个小纰漏发生后，学校的学生都要求退班，还扬言到法院告。这时候，姑娘们一个也指不上，她们全都乱了方寸，只会叽叽喳喳地讨论，躲在办公室不敢出来。最后，张大姐——一个默默无闻管财务的 35 岁女性站了出来，还是她把事情给解决了。

其实这个社会有许多张大姐、李大姐，她们有辉煌灿烂的过去，但时过境迁，她们的注意力移入家庭，也不愿意费心思在工作上与人较短长。如果她们想表现、想出人头地，她们能不能成为一所学校的校长、一个公司的老板、一个连锁店的主管呢？

但是，总有人说，她们不能。35 岁的女性自己也说："我不行。我没有什么理想了，只要儿子好女儿健康成长，我就满足了。"

所以在做广告测试的时候，她们变得最为复杂。她们只代表老公和孩子，代表一种生活，而没有她们自己。她不会为自己争取，不会为自己花钱，所以，她就很容易离开社会焦点的视线，这个社会物质趣味说起来真有点势利，别指望它能为自己保留什么。当然，她们也连累了一批自强自立的 35 岁女性。让她们想花钱都找不到地方。

那现在25岁的人十年后会不会也媳妇熬成婆呢?会不会也来个洗尽年华退居一隅呢?那时的前途应该是光明的,因为这么一大帮白领共同进入35,怎么也得有些动静,毕竟年薪十万积累十年也是个不小的数字,应该学会享受了,也应该在社会上要下一块商业空间了。

社会,应该给35岁的人准备一身合适的衣服。当然不只是衣服。

四、职场解压

面对压力,人人都有一个极限,虽说成功女性的压力弹性也许比其他女性要稍微大一点儿,但女性也只是人,不可能承受所有的任何的压力。其实成功女性也并不比其它人更轻松自如,面临更少的压力,相反,她们的压力超乎寻常。怎么办?于是"解压"顺应而生。

小学生们需要"解压",职业女性也需要这样的"解压"。小学生们的解压主要靠社会教育体系的完善,家长师长们教育观念的转变更新,而职业女性的解压则主要靠自己的努力,去寻找压力下的呼吸空间,为自己营造宽松舒适的职业场合的环境。几位成功的女性为自己所创造的解压方式,也许值得借鉴。从她们身上,你也许会学到帮助自己缓解竞争压力的灵丹妙药。

1.面对压力要有正确态度

夏女士已为她的公司服务了18年之久。作为一名公司法律顾问,她已接近了自己认为成功的目标。工作在一种宜人的环境下,夏女士有机会去培养发展自己的组织能力和领导能力。她已经学到了许多管理的技巧,也建立了自己的管理风格。在一次提升中,她被任命到不动产部门——公司最大的部门,在这里她学会了如何管理一个大的集体,如何缓解自己的压力。

"过去,我喜欢面对面地和人们打交道,在私人的基础上,改变他们的想法，赢得他们的支持。如今这么庞大的一个组织，不可能一对一地去交流解决，这对我来说，的确是个巨大的挑战。好像突然之间，我和一大群自己以前不知道，也不了解的人一起工作。于是，我就靠自己的直觉行事。我觉得，成功最重要的是要诚实、正直。只有一个这样健全的人格，人们才会认同你。如果人们了解你的为人，知道你正在干什么，知道你一直在坚持不懈地努力实现自己的价值，他们一定会尊敬你的。而如果你诚实坦荡的话，你将更容易获得他们的信任与尊敬。每当我提醒自己这一点，并努力去实践它的时候，事情就比我原来想象的更容易多了。人们看见我正按自己所说的去办事，他们就知道我是个公正、可靠的人。也许他们会不喜欢我的个人风格，或者也不会邀请我参加他们的晚宴，但他们却对我有底、有信心，他们相信我不会欺骗他们，不会让他们的希望落空。这种被人信任的感觉，真正非常惬意，让你满意极了。”

管理者们需要实践和经验来展示自己的才华，特别是当她们肩负更重的责任时。这就是为什么培养一个CEO要花那么多时间。作为一名经验丰富的金融和保险律师，她最初是想发展自己技术的能力的。但是，当她成为一名法律顾问后，她改变了自己的想法。她发现自己更热衷于发展自己的领导管理技能。

她说，“我是个非常出色的公司法律顾问。我相信在我的职业生涯中，我能很好地完成各项公司交易。但时代是不断改变的，法律这一行也难逃其外。我现在非常关注外界的变化趋势和走向。我必须使自己跟上变化趋势，否则，就会被大浪淘沙，甩到后面。不过，我得花很多时间来培养自己的领导才能——因为十年前我都没想过这个问题。虽然压力也很大，但只要诚实、踏实地去学习，去请教，相信自己能很出色。”

面对压力，夏女士有时也感到力不从心，不过，诚实、正直的她却从不被压力压弯了腰，因为人们信任她，不会给她太多的压力或为难，而她自己的不断努力，也有助于把压力甩到脑后。

2.要有相互信任的环境

李小姐本就职于另外一个公司。可不知出于什么原因，她以前所共事的那些人，都一个接一个的离开了公司，而换进的一批新人，她一个也不认识，也不了解。于是，压力产生了，在陌生的环境中，李小姐束手无策，倍感压抑。最后她只好离开了这个不再适合她的环境，寻找另外一个公司。

很快她便面试通过，接手了一个新职位。在新的公司内，她和她的新上司的关系非常融洽。李小姐之所以愿意为他工作，并不是因为任务少，而是因为在这种环境下，她觉得非常可靠，受到了关怀似的，压力很小，她非常信任自己的上司，不用担心他会批评贬斥她的工作，或者不告诉他对她的看法。她相信自己的上司能给她一个诚实的反馈，从而让她心里有"底"，不会终日惶惶，不可安宁。正是这种信任，让她能更好地工作，更有效地发挥自己。

李小姐告诉说，她希望她所共事的人们能有这种品质，能够互相信任，这样才能减少压力，放心地工作。一个终日对别人疑神疑鬼的人，是无法正常工作、正常生活的。李小姐也明白，为了获得别人的帮助与信任，自己也必须尊重别人的价值观点、生活方式，对别人的帮助心怀感激之情。

信任，是任何人际关系中基本的要素。人际关系是不可能建立在虚伪的基础上的。如果缺乏基本的信任，人际关系就无法运作，无法带来好处。信任，让你的职业场合的环境更真实可靠，有助于缓解人际关系带来的压力。通过倾听她所信任的人的建议，李小姐进展很快。虽然是在新的公司中，却已如鱼得水了。

3.发展、提高自己的能力

杨小姐，在自己的职业生涯中，也遇到了不少的麻烦与压力，但凭着自己的能力，不仅学到了更多的领导才能，而且扩大了自己的领导范围。也许压力就是一种动力，反让她收获了更多，前进得更快。

在做公司的总裁助理时，杨小姐说，外部的网络般的联系对职业的发展非常有效。管理公司内部的人员可培养你的能力，而处理公司与外部的关系，则更有助于发展自己的管理能力，而且能扩展你的活动空间。在与外部组织的交往中，你可以有效地提高自己。

“其实，有很多渠道都可以学习，很多渠道都可以发展你自己，做公司的总裁，一直是我多年的梦想，因为我觉得在这个位置上，虽然责任更大，任务更重，但限制与压力却相对会少一些。所以我一直不断激励自己，化目前的压力为动力，去发展自己的管理才能，去拓展自己的活动空间。我遇到过许多当地分公司的人，当他们对自己的薪水不满时，我学会了如何在这种情况下激励他们提高自己。现在有许多途径来培养技能，也有许多非赢利性的组织或自愿团愿意帮助你提高自己，这些组织能使你遇到许多机会，而且开阔你的视野，增强你的交往能力，只要你愿意加入其中。你在公司外所学的东西，对你将来公司内的工作是非常有用的。参加这种学习的好处很大。”

不仅杨小姐自己有意识地发展自己，让自己能更得心应手地应对各种麻烦，公司本身也为她提供了这种支持。公司于 1992 年就制定了一个发展计划，专门培养那些高层管理者们，让她们能更有效地参加竞争，培养她们的领导才能与评估技巧。这一培训计划，有助于让公司的员工更清楚地了解本公司的运作情况，并提高自己的职业技能，让自己和公司配合得天衣无缝。

杨小姐正是靠这种不断的学习，不断的努力，发展自己、提高自己，从而应对职业场合的各种风云变幻，以缓解自己所面临的竞争压力。

在接受了公司内部的培训，及学习了公司外部的各种事物后，杨小姐又参加了一个大学里开设的两个星期的领导培训课程。除了模拟业务及网上教程外，培训课程还包括其它很多方面。这让杨小姐又有了一次不同凡响的经历与学习。

“在外部管理这一部分，我们开了一大串的课，我也学到了许多新东西，知道了讲求谋略的重要性。在准备模拟的时候，我们纷纷讨论，使用什么样的战略战术去竞争，去完成我们的任务。通过这种方式，我明白了事前计划，讲求谋略的重要性。

这说起来简单，但实行起来却很难。在商界，你很难找到一个清晰的、明确的结果，特别是在短期内，你很难看到计划的效果。因为没有缺陷的计谋，似乎并不是很明显。没有计划，你可能采取多种措施或方式，甚至在多种之间飘忽不定。但你却发现，似乎每种都没有让你得到预想的结果。因为每一种你都浅尝辄止，根本就看不到它的效果。结果，反而白白浪费了人力与物力还有时间。人们总希望即刻便能成功，马上获得自己想要的东西，这种急功近利的思想极其有害。

我希望人们能首先给自己制定一个合理的计划，然后一步一

步按计划去实行、去提高自己。有计划在手，你会发现自己能干更多的事情，而且干得更有效了。”

杨小姐按计划制订了自己的发展计划，她不觉得自己每天忙得不可开交，每天都被杂务缠身，压得喘不过气来，因为一份条理清晰的计划让她有条不紊地解决各种问题，缓解事务过多带来的压力。看看现在的杨小姐，不仅要协助管理一个大公司，还要不停周旋于各公司之间，还不忘参加一些培训学习，可她却丝毫不觉得自己被透支了。

其实，缓解职业场合的压力，创造宽松环境，也离不开公司的支持与帮助。杨小姐在讲到自己职业上的进步时，就提到了公司为她提供的帮助与培训意义重大。

她自豪地说，“现在我拥有了多种管理技巧，因为我善于多种复合的技能。我的老板经常帮助我定位我自己。去年的时候，他就让我管理账户，让我在一定程度上表现了一下自己。我觉得自己周围工作的人都很不错，而且我们的谋略正确无误。当我开始在一个项目上赢利时，我已开始寻求下一个目标了。我感觉非常好，极少有压力，因为我看得到事物的可能性，而且我感觉公司一定会支持我，不仅我的老板，还包括其它领导成员。”

寻求公司特别是自己上司的支持，让他明白你所处的处境，可以让他帮你想想办法，而且，他的办法一定比你自己的更有效得多。

4. 有创意地工作

聪慧美丽的王小姐为我们开辟了又一条化解压力的途径。

许多人都把压力归结为外部因素，认为压力是外部环境所给予、造成的。其实更主要的是从自身寻找毛病的发源点。有很多人，她们的家里从来是一团糟，沙发垫跑到了厨房，带着米粒的饭碗还摆在电视机前，衣柜里衣鞋袜裤帽浑杂在一起，每天都得花上半小时的时间找到相同颜色的一对袜子，再找到相配的一顶帽子。等她们匆匆忙忙赶到公司。又面对着满桌的文件、信稿、书籍，甚至满地的瓜子壳、苹果皮。在这种环境中，再少的任务，也让人感到压力重重。因为你心理上已被这满屋满桌的东西压满了，又如何安心舒畅地工作？

王小姐是一个公司的广告策划部门经理。搞广告策划的，给人的第一印象，似乎就是头发倒竖，衣衫不整，满脸的灰尘，却两眼放光。但王小姐却恰恰相反。她更象一位大学里的教授：宽宽的眼镜架在白晰的鼻梁上，一身素雅的工作套裙，显得她更加精干利落，扎在脑后的发髻一丝不苟，看不到一丝的杂乱。办公桌上，只有她现在正在考虑的一副创意，看不见其它任何累赘之物，墙上也只是几幅艺术家的作品，更显得高雅不俗。

她在谈到对于工作中的压力及如何解决它时说："压力当然是有的，看你如何对待它。有的人被压力牵着鼻子走，结果越走越乱，越走越糟糕。我喜欢清清爽爽地工作，不喜欢被一大堆的杂物纠缠着。当感觉有压力的时候，我就检查自己，是否清理了自己的心理，扔掉那些不必要的东西，让自己更有创造性地工作。我总是定期检查自己的抽屉、办公桌，看是不是又杂乱了。桌子上的杂乱也会影响一个人的心绪，让她感觉心里也很乱，老象堵着什么东西，结果压力便来了。

有时，换换自己的工作方式，换换自己的工作环境，也会缓解一下压力。当我觉得很累的时刻，我就去买束花，或买一个墙饰，放在办公桌上，挂在墙上，会让自己一下子又轻松许多，又找到了工作的活力与情趣。

所以，当你感觉自己已承受不了压力的时候，请检查一下自己的物品，看看里面是否有累赘之物加重了你的负担。然后换换空气，更有创造性地投入工作。"

5.睡眠减压法

上面的办法是从心理状态这个软件的角度来说，除此，你还需要有一个好身体作为硬件保证，那就是一个精力充沛的身体，而现代上班族长期处于“睡眠负债”的状况下，却并不在意。你以为每天只睡个五小时、六小时，到周末再来睡个十小时就可以补回来了吗？渴望夜夜好睡的你，太需要进行睡眠误区大扫雷了！

(1)头朝南或朝北睡眠，对。

这是地磁对人体的影响。如果人体长期顺着地磁的南北向，可使人体经络循环与地球磁力线走向一致，就会使气血流通，器官机能得到调整和增进。

(2)我习惯在床上思考明天应做的事情，错。

最好将卧房单纯化，使卧房的功能纯粹是睡觉。不要在卧房做太多其它的事情，因为床铺不会成为解决问题的场所。你可以在上床15分钟前，在纸上写下你的焦虑或担忧及可能的解决之道，以便让你不致感觉必须时时提醒自己该做的事。若白天的烦恼伴你上床，那么告诉自己你将在次日的“担忧时间”内处理这些分心事。

(3)睡不着时，数数能催你入睡，错。

数数只会导致注意力集中，从而使大脑持续处于兴奋状态，结果更难以入睡。

(4)平时睡得少，双休日多睡懒觉，就能把体力补回来，错。

再也没有比打破生理时间更糟糕的事情了。一般人周期混乱最容易发生在周末，若你周五和周六晚至次日凌晨睡觉，下午才起床，你会很容易患上“周日失眠症”：周日晚上，早早上床，两眼放光，极力入睡却无能为力。你越是努力，越感疲乏，“星期一综合症”自然也免不了。所以请尽量保持定时睡眠的习惯，维持固定的起床时间，在双休日也不要太“豁边”。

(5)即使睡不好，也不要增加卧床时间，对。

卧床时间与你的睡眠有效率有关，而睡眠有效率的测量方式为：实际评估睡着的时间/卧床时间×100%，如躺床8小时，只睡5小时，睡眠有效性只有67.8%，年轻人应该可以达到85%以上。

发现自己睡眠有效性很差时,不要强迫自己躺在床上,应减少卧床时间,等到自己有睡意后或提高睡眠有效性之后,再延长躺床时间。

(6)只要晚上不喝咖啡,就不会受到咖啡因的困扰,错。

你可千万不要低估咖啡对优质睡眠的杀伤力,因为咖啡因的作用可达10小时,所以有睡眠困扰者,中午以后最好不要喝咖啡。

(7)晚上做运动有助于睡眠,错。

你是不是经常苦于工作繁忙,晚上8、9点钟才能赶到健身房,开始一天的健身大计?其实在夜晚,应避免做剧烈运动,运动最好在睡前6小时完成。晚上只做按摩或柔软体操,用来帮助肌肉放松,而非健身。

(8)女性每天的睡眠平均比男人多一小时,对。

并非人人都需要8小时的睡眠,其原因部分是遗传因素,部分是习惯使然。要想知道自己的生理时钟,最简单的方法就是记录睡眠日记:用一个星期测试自己在不赶时间、完全没有心理压力的情况下,需要多少时间睡眠才会自然醒,而这个时间应该就是你所需要的生理睡眠时间。千万不要与自己的生理睡眠时间“争分夺秒”哦,你比男朋友多睡的一个小时是专属女性的美容养颜时间,好好享受吧。

(9)睡时身体偏好降低体温,对。

很多人误以为睡觉时较容易流汗,是因为体温上升。其实,刚入睡时体温是会下降的,由于必须要散热,所以才会流汗。所以,帮助入睡的方式就是帮助体温略微下降,所以在调整冷气温度时,最好设定在想入睡时温度低一点,在等过一段时间入睡之后再温度回升。

(10)无论什么时候,都要早睡早起,错。

顺应自然界规律,春夏宜晚睡早起;秋季宜早睡早起,每天需睡7～8小时;冬季宜早睡晚起,每天需要睡8～9小时。

如果你经常失眠，下面八种方法或许对你有用：

睡觉前先洗个澡，使身体放松，因为洗澡可以提高体温，使人困倦。睡前洗澡要养成习惯；

上床睡觉前要保持情绪稳定，不要胡思乱想，有事情可以留待明天讨论；

可以饮一杯温热的牛奶。牛奶中的钙是一种镇静物质。饮温热饮料是一种很好的习惯，可以使身体放松，犹如一天生活结束时的奖赏；

睡前1小时要远离电视，因为电视屏幕闪烁的光线会使人神经兴奋而影响睡眠；

请把忧虑暂时放在一边，不要去想它，闭上眼睛静静入睡；

进行深呼吸，听节奏缓慢和不会令人心情激动的音乐或歌曲，使混乱的心情随着音乐节奏缓和下来；

读一些容易拿起来也容易放得下的书，读一些容易理解的文章，如短篇故事、喜剧故事或者你童年时喜欢的故事等；

睡不着觉时，请保持安静，什么事也不要做，以使精神集中起来，尽快入睡。

经过精神上、身体上的双重调节，相信你一定可以自如地应对工作中的各种压力。

◯走出职场误区

你不能控制他人，但你可以掌握自己；你不能左右天气，但你可以改变心情。这正是身处职业场合的你所应具备的心理素质。如果我们无力去减轻工作的负荷更无心去改变本已糟糕的关系，那么我们何不从自身出发，排除个人心智中的障碍，进而使自己立于不败之地！

投入职场的你，处处显现出职业女性应有的干练和果断：合体的职业套裙，经过精细修饰却不显丝毫矫揉造作的面孔，精致的路易威登公文包，只有闪烁的钻石耳钉略显出几分女性的温柔与妩媚。精明与美丽的你，天天朝九晚五地奔波于写字间和外面的世界，面对 8 个小时繁忙的公务，复杂的人际关系以及大男人们的眼神和某些不良居心，再加上自我心理某些劣势和障碍，不知你有没有想过，若不及时地加以控制和解决，那坚强的外表终将会被内在的虚弱慢慢吞食，直至全军覆没。在此我们为您总结了十大可能阻碍您发展的障碍：

1. 不愿意显露才华，掩藏职业抱负，只坐等伯乐的出现。

持有这种心理状态说明你是一个对自己的能力缺乏自信的人，有极强的依赖性与惰性。也许你会默默地做许多工作，而且是一些对你来说不能引起任何兴趣与激情的工作。但由于你抱有这种心理状态，不会努力去争取你所感兴趣的位置，更不会向上司展现你的特长与才华，只希望你的老板能够有朝一日看到你勤奋工作的样子，进而发现你、提拔你，而你在他发现你这位能人之前，所做的只是苦苦地等待再等待。

方小姐是一家广告策划公司的文案，她原来的专业是平面设计，对色彩和构图的感觉极为准确和到位。可遗憾的是，她既不愿去主动地参与公司的设计工作，也不好意思向老板提出自己的想法和期望从事的工作。她进公司半年后，还是在做试工期时的文字工作。每天面对着计算机，在拼音和五笔的相互切换中度过一个又一个的工作日。其实她心里真的很想从事设计，看着同事们完成一个又一个广告创意与平面企划后那份欣喜与满足，她的内心真不是滋味，因为她觉得自己完全可以比他们做得更好。可是她又不知该如何向老板说明她的想法，她相信老板终有一天会看到她，注意她的。可最终方小姐还是换了一家设计公司，还是从试工期的文案工作开始，至今也没有完成过一个设计。

可见，一味被动地等待他人的发现是极为愚蠢的想法，特别是等你的上司发现。他们的头脑中不知有多少事要考虑，多少关系要处理，你勤恳的工作态度他们固然不会视而不见，但若指望他能够明白你的真正需要，那可是天方夜谭了。所以别太天真了，聪明的做法是在老板肯定了你的敬业精神之后，适时讲出你真正的需要，这样反倒会让他觉得你是一个了解自己并充满自信的人，委以重任不说，关键是你得到了自己真正喜欢的工作。

2.希望人人都喜欢自己，太在意上司和同事的评价，稍有一点差错就自责。

小雨是外贸公司的公关部助理。也许是由于工作性质的原因，经常要和公司上上下下的人打交道。雨本身是一个谨小慎微的人，她深知在大公司做事人际关系的重要和人言可畏的后果，所以她处处留心，生怕得罪了同事或上司，生出什么枝节。对每个人她都是有求必应，笑脸相迎，从来没有对周围的人说过“No”。她本以为自己的为人处事可算得上是天衣无缝了，可不知为什么，渐渐的她成了办公室里最遭冷漠的一个人。她感到疑惑和委屈，因为她自感没有做错任何事，相反由于自己对别人有求必应，使自己无形当中做了许多额外的工作，占用了大量的时间。直到有一天，一位从前和她挺要好的同事告诉她缘由，才让她恍然大悟，原来正是由于她的过度随和，使人觉得她虚伪，不可相信。

其实有像小雨这种心理的女性为数不少。这种为人处事的态度非但不聪明，其后果往往会使自己处于一个尴尬的境地。其实身处职业场合，大可不必为了博得所有人的欢心而为难自己，只要本着个人的原则，坦诚共事，就不失为明智之举。相反，若把自己引入一个人际网的漩涡之中，非但你的业绩不会有所提高，就连能否在此久留都可能成为问题。所以，还是将自己的大部分精力投入到本职工作中，做出成绩才是在公司立足的前提。

3. 只要努力就会有结果，不会向老板推销自己，付出了却没有获得应有的回报。

婷是从事企业标志设计的，她工作十分努力，为了一个标志的设计经常是几天几夜地泡在工作台上，直至最后定稿。婷不是一个善于表现自己的人，从自己的设计中她能够获得足够的满足与自我的肯定，也许正是因为这个原因，每次的成功在老板眼中都是整个企业设计部努力的结果，而丝毫没有注意到作为总体设计的婷所起到的作用。就这样，婷拿着与其他人相同的薪金，却干着超出旁人几倍压力与辛劳的工作。她感到了一种失落与不公，毕竟她也要生活，也要休闲。她提出了辞职，好在她的老板此时也意识到了什么。以高薪挽留住了婷，这也许是一件心照不宣的事。

在工作上，你除了应努力做出优秀的业绩之外，更应注意让上司知道它们，当然这并不是让你不论大事小事都要汇报，而是要学会适时地表现自己，因为你的付出应获得回报，而且应该成为让上司记住你的砝码。

4. 不善于沟通与合作，特别是与男同事、男客户的关系。

琪是电脑公司客户服务部的助理，由于公司上上下下男同事较多，琪无形中便成为一朵众人竞捧的金花，再加上性格外向活泼，更成为公司里不可或缺的一颗明星。可因此也生出了不少是非，不久一些不好的话便充斥了电脑公司所在的写字楼。琪成了一个被人议论的中心。最可悲的是，和琪交往了 3 年的男友因为一些议论与琪进入了一段冷战期。琪因此而极为苦恼，本想在这家公司做出一点事业的想法早被淹没了，无奈只好早早收兵，离开这一是非之地。

其实，琪的遭遇并非一个特例，身处职业场合的女性或多或少都会遇到与男同事、男客户共事的情况，如何处理好与异性的关系不仅关系到你在旁人眼里的形象，还会进而影响你的情绪。其实说起来也很简单。保持距离，而又不失亲密，既不要让男人觉得你是个空有曲线到位身材的铁腕女性，也不要给人以有机可乘的柔弱之感，还有至关重要的一点是尽可能杜绝办公室恋情的发生。

5. 陷入内斗漩涡，在办公室内争利益，互不相让，必然两败俱伤。

严是公关公司的项目发展一部的经理，她与二部的经理东向来是死对头。一次因为争取一个时装发布会的赞助商，和东展开了一场激烈的竞争，从而导致这个公司的运营状况都陷入了危机，结果由于该赞助商对严和东所在公司的整体凝聚力产生怀疑，宣布退出此项目，严和东也因此被处以降级的处罚。

其实，在同一个屋檐下进行明显的竞争是极为不明智的做法，结果往往是导致两败俱伤。对于自己看不惯或有利益冲突的人，最好的办法是选取一条互利之道，团结为本，回避矛盾，这样不仅显示了你宽容的胸怀，更体现出你以公司的整体利益为重。记住，顾全大局乃是公司决策者所欣赏的首要素质。

6. 把工作当苦役，而非乐趣，不会忙里偷闲。

静是外企职员，每天的工作就是拟定合同，统计销售情况，制定市场运作方案。她通常是每天最后一个离开办公室的人，回到家已是精疲力竭，连煮咖啡的力气都没有了。到了周末，只想昏天暗地睡上 2 天。至于休闲、外出根本就是心有余而力不足。渐渐地，静发现自己简直就是一个工作机器，信用卡里的钱在几个百分点地涨，可自己的眼角的皱纹也在以几何指数的速度狂增。这究竟是不是自己所要的生活呢?

回答当然是否定的,对于职业女性来说,工作固然是重要的一部分,但生活中还有许多值得你去看、去享受的内容,千万不要把自己变为工作的奴隶,学会劳逸结合才是真正会生活的人。

7. 对挑战有恐惧感,不愿冒险,不喜欢改变。

性格温柔、善解人意的梅是一大公司的业务主管。谈起她成功的秘诀,梅如是说:"成功需要艰苦的付出,同时也需要一点冒险精神。以前,我在另外一个部门工作,属于比上不足,比下有余的一类,所以对现状很满足。直到有一天,公司内部重组,老板找到我,问我是否愿意去拓展一项新业务。说真的,当时心里真是没底,可最后还是硬着头皮接下了。于是,才有了今天这个样子"。当然,这其中也不乏有努力与艰辛。

有句老话说得好:不入虎穴,焉得虎子,成功需要艰苦的努力,但更需要勇气和敢于冒险的精神。克服惧怕心理,面对挑战,相信自己能行。这恰恰是成功者与平庸者的差别所在。

8. 负面思考,成为牢骚族和抱怨族。

有的女性碰到问题时往往习惯于先发一通怨气,而很少从问题的实际出发,寻找自身的缺点,进而解决它。凡是一家美国公司的部门经理,素以为人豁达开朗受到同行们的好评。谈及此事,她毫不掩饰地说:"以前我不是现在这个样子,很少有开心的时候,稍不顺心,就会抱怨不休,似乎这个世界上所有的人都和我作对,搞得自己事事都不开心。后来终于意识到,抱怨不能解决任何问题,只有以积极的态度去面对,才是解决问题的关键。"

9. 别人怎么要求,我就怎么做,难以对他人说"不",直到自己精疲力竭。

很多女孩子在工作中常常会做乖乖女。别人怎么讲,她就怎么做,但结果往往是吃力还不讨好。君曾任职于一家大公司,开始的工作是负责文件整理和跑银行等杂事。有一次一位同事问她可否帮助复印几百份的产品介绍，君看着自己手上的待处理的文件，迟疑了一下，还是答应了，心想这不会占用很多时间的。可是当君处理完自己手头的工作，已没有时间去复印了，自己感到内疚不说，同事也不满意，在老板眼里，君成了不经世事，委屈求全，却承担不了大事的黄毛丫头。

可见，在接受他人或上司的委派时，量力而行是极为重要的，给自己加太多额外的压力其结果只能是适得其反。在他人面前做一个干活儿漂亮、办事高效、精力充沛的人，这才是成功的开始。

10. 办事拖延，不做时间的主人。

拖延而没有计划性是职业场合的一大忌。一般来讲，女性做事是比较细致的。但同时又缺乏高层次的计划与统筹安排。另外对于一些自己力不从心的项目总是先搁置一边，待到紧急关头，才草草从事，敷衍交差了事，这是缺乏主动性的表现。

要想真正克服这一障碍，第一步应认清自己的实力，绝不做太过高出自己能力范畴的事，然后要对细节深入考虑，统筹规划，并时时提醒自己思维敏锐，讲究效率。

◯窘境脱身妙招

当你在某方面取得成功或发生过失的时候,你就必须面对别人对你的挑剔和评头论足。而且这种压力随着时间的延续会越来越大。在工作中怎样剔除这一部分压力而去专心地工作是一个永远的矛盾。现代竞争中,你又不得不面对这些压力,处理好这些令人尴尬的情形确实也是一门学问。

一、弥补过失

现代上班族如何在办公室生存下去?最基本的要求仅仅是保证有一份工作,但是保证自己不被老板炒掉只是维持一个最基本的需要。

犯了错误并不是什么奇怪的事情,关键看如何解决。一个职业场合高手的高明之处就在于如何把自己的失败表现巧妙地修饰过去,懂得如何挽回因自己的一时失误而造成的损失。怎样重新树立自己在公司里面的威信实属技术性问题。

首先,假装象什么事情都没发生过一样,是一种消极的自欺欺人的解决方法。这样做就等于把与老板建立起来的信任彻底推翻,是把自己推进了一个死胡同,这是最不可取的。在当今的商界和职业场合中,公司对职员的诚实品格是很重视的。一个能做到不在同一个地方跌倒两次的人仍旧不失为一个聪明的人,而任由事情糊里糊涂地过去,不再提及这件事也许会暂时脱离尴尬境地,但同时也等于主动放弃了弥补过失的机会。

其次,应该承认自己的错误并立即道歉,最好是在老板问及之前就主动这样做,对所犯的错误做客观的解释,不要牵强地给自己找借口或试图把责任推到别人身上,在承认错误的同时也不要过于自谦地全盘否定自己以前工作中的表现,关键应让老板确信自己不会再犯同样的错误。当然光说句"对不起"是不够的,应该具体的计划如何挽回局势，并跟老板保持交流，好让他清楚自己的确是为弥补过失而积极努力，并让他知道你目前的工作状态。一般来说，这样的态度和做法大都能够说服上司，让他有理由相信你有资格得到第二次机会。

如何让大家忘记所发生的一切呢？这不是一件短时间内能完成的事情，所以目前所能做的就是努力、努力再努力的工作态度，毕竟还得重新树立自己在公司的声誉。在工作中寻找能够实现自己目标的同时又能对公司做出明显贡献的机会来证明自己。出色的工作可以使老板和同事忘掉你以前的错误，随着工作有条不紊地进行，状态一定会得到改观。

重新建立老板对自己的新的信任可不是一天两天的事情，不要指望着一两个星期的疯狂工作就会完全得到老板的原谅，使老板忘记你以前的过失。所以一定要小心翼翼地注意别让自己再松懈地溜下去，不要给老板有机会说“你再次让我失望了”这样的话。

二、应对尴尬

生活、工作中所遇到的令人尴尬的情况是多种多样的，其应对方式也是不同的。

在生活中，人们常常会碰到一些人的无理语言的侵犯，你要是对其责备，对方还会振振有词地与你顶撞，令你只有生气的份，没有还口的能力。

遇到这种情况，多数人都会忿忿不平，总想找个办法出口气。但总不能出手揍别人一顿吧，还是乖乖地停止这种不明智的举动。如果对方说君子动口不动手时，你的处境不就变得更尴尬、更难堪了吗。最好的方法还是应该从语言上反击。那么怎样才能反击其无理语言，使其觉得理曲、词穷、无言以对呢?以下几点办法不妨一试：

1. 冷静

首先要做到的就是冷静，不要激动。平和的心境对反击对方的无理行为有重要的作用。这样做一则表现自己能够冷静地考虑对策。只有平静的情绪才能从容选出最佳对策,否则人都糊涂了,很可能会作出莽撞的举动,就更别提最佳对策了;二则表现了自己的涵养与气度,以“骤然临之而不惊、无故加之而不怒”的大丈夫气概在气质上镇往对手。

例如肖伯纳的名剧《武器与人》的首演获得极大成功。他应观众的要求来到前台谢幕时,有一个人高喊:“糟透了!”对于这种无理的语言,肖伯纳不但没怒气冲冲,还微笑地对那人鞠了一躬,彬彬有礼地说道:“我的朋友,我同意你的意见。”他耸了耸肩,又指着正在热烈喝彩的观众说道:“但是,我们俩反对这么多观众又有什么用呢?”观众中爆发出了更为热烈的掌声。肖伯纳在反击对方的过程中,无论是温文而雅的举止,还是那调侃的言辞,都显出一种平和的心境,单就这种情绪的力量,就足以压倒对方。

2.用结构相仿、意义相对的话反击对方

这种方法是在双方语言的相反与相对中,表现出极其鲜明的对抗。如丹麦的著名作家安徒生生活简朴,在街上也常戴顶破旧的帽子。有个不怀好意的人嘲笑道:“你脑袋上面的那个玩艺是个什么东西,能算是顶帽子吗?”安徒生回敬道:“你帽子下面的那个玩艺是个什么东西,能算个脑袋吗?”

他们的话语的结构、语词都相仿,只是几个关键位置的词颠倒了一下,显得对立色彩格外鲜明。

3.抓其要害,用力反击

对无理言语的侵犯进行反击时,不能说了半天,还不得要领或词软话绵,没一点反击力。反击力度必须猛烈,一下子就使对方哑口无言,不让他有一点还嘴的余地。

有一个常愚弄他人而自得的人,看见一个骑着毛驴的大爷哼哼呀呀地走了过来,他就喊道:“喂,吃块面包吧!”

大爷连忙从驴背上跳下来说:“谢谢您的好意,我已经吃过早饭了。”

“我没问你呀，我问的是毛驴。”说完，得意的一笑。

大爷以礼相待，却反遭侮辱。他非常气愤，于是他猛然转过身子，照准毛驴的脸就打了两巴掌，骂道：“出门时我问你城里有没有朋友，你斩钉截铁地说没有。没有朋友为什么有人会请你吃面包呢？”

接着对准屁股又是两鞭子，说：“看你以后还敢不敢胡说！”说完翻身上驴，扬长而去。

这大爷的反击力是相当强的，既然你以你和驴说话的假设来侮辱我，我就借毛驴来嘲弄你自己建立的和毛驴的“朋友”关系，来给你一顿教训。

4. 大智若愚

即假装没识破对方的圈套，照直钻进去。这种方法的效果是显出自己完全不在乎对方的那种小伎俩。例如：

一个嫉妒的人写了一封讽刺信给美国著名作家海明威，信上说：

“我知道你现在是一字一金，现在附上一美元，请你寄个样品来看看。”

海明威收下钱，回答一个字——“谢！”

海明威完全识破对方的刁难、侮辱人的行为，但他根本不将此放在眼里，他就照他人的刁难要求办，结果反而搞得那人难以下台。

5. 沉默

沉默是无声的反击。无论对方说的有多不中听，你要是沉默，装作没听见，对方得不到反应，就会自感无趣。而且对方知道你很清楚他在攻击你，而你又不会表示感兴趣时，他就会自觉收敛了。

三、处理误会

误会是生活中令人尴尬的事情。被朋友误解，友谊会出现裂痕;被同事误解,工作会有麻烦;被家人误会,家里祥和的气氛变得暴戾;被情人误会,会被抛弃而留下孤独一人。被人误解的滋味里有恼怒,有委屈,有伤心,会让人焦躁而无可奈何。那么该怎样对待别人对你的误会呢?

1.襟怀坦白,为他人着想

被人误解是一件很痛苦的事情,但是你不必觉得委屈,自怨自艾,只要自己心中坦然,事后总会让人理解的。若是强作辩解,只会让人产生“此地无银三百两”的想法,加深误会。应多替对方着想,无论对方是不了解真相,还是不了解你的一番苦心也好,只要你真诚地表明心迹,误会会消除的。

比如你在和朋友争论问题时,你虽然无意压他一头,但又不能自制,令他在众多朋友面前出丑,还说了许多过头的话,伤了他的自尊心,使他误以为你在出风头,使他下不了台。事后,只要你真诚地向他道歉,这样就能保持友谊。不要怪别人小心眼,否则将导致你们关系的破裂。

2.积极消除误会

别人对你有误会,就要积极想办法消除,不能任凭别人继续误会下去。若碍于情面,时间拖得越长,误会就会越深,自己也就越被动。消除误会,可以采用以下方法:

(1)当面说清。有人由于懦弱,不敢当面对质,结果把问题复杂化。解释缘由,必须选择好时机,而且要考虑对方的心境、情绪等感情因素。大多可选择长薪水、参加婚宴等喜庆的日子,抓住这个时机表白,往往能得到对方的谅解,重归于好。

(2)利用书信。面对一封信要比面对当事人从容得多,当面难以启齿的话题在信上比较容易表达出来,而且这样的效果会更好。但写信的措辞一定得简短、亲切,语气应诚恳,充分表达自己重新和好的心情,以及对对方的信赖和尊敬。

(3)请他人帮忙。有时仅靠个人的力量去解决可能会受到限制,不够透彻。此时,可以请其他人帮助说出真相,消除误解。

(4)让事实说话。有时误会一时难以解释,便可以佯装不知,行为上表现出善意,这样即可消除对方的误会,又不至于使对方产生愧疚。

甲先生和乙先生是一对好朋友,时有来往,有一段时间,甲先生的公司出了点问题,他成天忙着处理后事,很长一段时间没与乙先生联系。

这时,一向对甲先生不满的丙先生趁机挑拔乙先生:“听说甲先生家人反对他与你这种下层人士来往,所以他这段时间没来找你。”

乙先生一听,顿感自尊心受到伤害,便决定远离甲先生。

后来,甲先生对乙先生的一再推托很不解,向别人打听,才知道是怎么回事,所以一天来到乙先生家,对他说:“咱俩好久没像上大学时那样上 PVB 喝酒听歌了,走,咱今天不醉不归。”

乙先生听后十分感动,也明白自己误中了小人离间,两人把酒言欢,前嫌尽释。

3.充分谅解并宽容对方

宽容是人们的一种美德,谅解闪现着一个人的高尚人格,可以把人们胸中的积怨一笔勾销,在两个心灵之间驾起一座友谊的金桥。看了下面这个故事,也许你会赞成这一点:

在拥挤的公共汽车上,大家都在为争得自己的立足之地而挣扎着。突然,一个女高音传来:“流氓!”“啪”的一声打嘴巴的声音,周围人愕然。原来是一位妙龄女郎,给了她后面的一个小伙子一个“五指山”,小伙子火冒三丈,质问女郎为什么打人?她回头发现自己细细的辫子刚才是挂到车门上了,立刻面红耳赤地对被打的小伙子说:“对不起,误会了。”这时才明白是女青年怀疑男青年揪了她的辫子,而男青年是想帮他拿下挂在门上的辫子。

于是,车上传来各种声音,使得女青年更是无地自容,她好像在等待着男青年的任何惩罚。但是，小伙子却不紧不慢地说："你这人太莽撞，以后一定要注意。没什么，请注意，别坐过站。"

小伙子并没有得理不饶人，而是以宽宏大量的姿态处理了这件事，赢得了大多数人的赞许。

被人误解确实让人感到委屈，但只要能设身处地为对方着想，是不是因为他的心情不好，或是听了别人闲言，或是别的什么原因，你就可能谅解宽容对方。

4. 主动防止产生误会

为了减少别人对自己产生误解，我们可以做些力所能及的事：努力培养自己把话讲得准确一些，行事大方一点，少做藏头掖尾的事情，就可以减少发生误会的机会了。

受批评是让人很尴尬的事。不管是任何人，都希望能得到别人的表扬而不是批评。生活中，有因自己犯了错误或有了缺点而受到批评的情况，也有因误解而受到批评的情况。

那么这些生活中所受到的批评，你又该如何应付呢？

首先应该控制自己的情绪，不要生气、否认、反唇相讥或委屈流泪。遭人批评时，为了控制情绪，得反复提醒自己这是工作上的批评，并非对你作人身攻击或全盘否定。应尽最大努力给自己充分的思考时间，斟酌再三后再说话。仔细倾听，不要打断，弄清批评你的人说些什么。

其次，听完批评之后，判断出这个批评是否有道理，是否富有建议性，是否有助于你改进，而且还得看批评者的身份，才能做出反应。

多少年以来，做母亲的都是耐心地教导子女的，而且令人佩服的是，研究常证明她们的教导是对的，因此如果提出批评的人是有权威的人（如你的上级或专家），你最好乖乖地接受。不过这并不是说别人的一切批评你都得接受。如果你把自己家装修成什么风格的样子，别人就无权批评了，那是因为个人的审美情趣不同而已。

但是如果你失约，那么受到批评就是应该的了。

人们对于批评的反应时常走向两个极端：一是对它全盘否定，无视其存在；二是迫于批评本身的压力而全盘接受。因为一般的批评都可能有若干的真理与误解，一个人如果不客观地分析判断与面对批评，做出准确的取舍，那么将永远都分不清批评的真伪了。

再次，根据实情，采取对策应付批评。因为尽管批评本身属无理无据、荒诞不经，一个人对批评可以不做答复或不予辩解，但千万不能不采取对策。被批评者仍然可以从改善信息沟通或重塑自身形象着眼，尽力加以补救，必然可避免以后重蹈覆辙。

如果你觉得对方的批评是有道理的，那么你有以下三条路可供选择：

(1)直接了当地接受批评。“对！下次我一定会注意这些的。”

(2)不同意。如果对方的批评是有道理的，但是你并不同意，那么你的态度应该委婉些，你可以提出不同意的地方，但尽量接受一部分批评。如：“我可以同意前一句话，因为那是事实，但不能接受后一句，因为那是不准确的。”这种反应往往能帮助双方确定批评的范围。

(3)拖延。如果批评者已经创造了一个对他有利的对立形势，在绝大多数情况下，你可不必立刻答复。“我需要时间考虑一下你的意见”，这类话是比较合理的应付方法，而且能使你取得某种程度的控制权，对你采取更进一步的应付对策有利。

受到批评时，首先要问问自己，过去你是否曾听到过这样的批评。如果你因同样的事情受批评，那就得注意了。当然你还得考虑一下批评者的动机，揣测一下对方的情绪状态。若批评你的人显然很气恼，那么有问题的人就是对方了，而不是你了。如果你觉得对方的批评是毫无道理的，你可以和批评者交换意见，把问题摆到桌面上。否则，压抑的怨恨会是一个随时都会爆炸的炸弹了。

除非批评者意在挑衅或中伤，否则是不会轻易地提出批评的。

因为一旦其批评受到抗拒，则他与被批评者的关系也随之恶化。也就是说，批评者的任何善意的批评都是以道德勇气作后盾的。因此，一个人在接受批评时应对批评者表示感激，这样批评者与被批评者的关系才会因而加深。

不论批评的可信度如何，被批评者不应对它耿耿于怀。接受批评之后，被批评者首先关心的不是自己，而是批评所涉及问题的解决或补救方法。倘若批评是可信的，特别是这批评来自上级时，被批评者应善用这个机会以求上进。上级的用意可能在于栽培被批评者，以使他能胜任较高的职位。

最后，对批评不要不服气或满腹牢骚。批评有批评的道理，即使是错误的批评也有其可接受的出发点，也就是说，受批评才能了解上级，接受批评才能体现对上级的尊重。所以，批评的对与错本身有什么关系呢？如果是错误的批评，处理得好，反而会成为有利的因素。可是，如果你不服气，发牢骚，那么你的这种做法只会产生负面效应，使你和上级的距离拉大，关系恶化。当领导认为你"批评不得"时，也就产生了"用不起""提拔不得"的印象了。

受到批评时，最忌当面顶撞，这是最不明智的做法。在公开场合，不但使自己下不了台，而且也会使上级下不了台。其实，在这种场合下你给了上级面子，这本身就埋下了伏笔，投下了转机。如果你能坦然地接受批评，他会在潜意识中产生歉疚之情或感激之情。

四、打破冷场

在社交场合中，如果出现冷场，那是最令人尴尬的局面。如果不及时打破这种沉默局面，必然影响到气氛，从而影响交际效果。那么，应该怎样打破社交中出现的冷场呢？

遇到冷场，千万不要希望用一两句肺腑之言，改变局面。应该仔细地观察局面，分析形势，寻求解决危机的对策。

冷场可能是自己造成的，也可能是对方造成的，有时环境也起了重要的作用。因此，应根据不同情况，采取相应的措施，打破冷场的局面。

1. 打破自己造成的冷场

对自己造成的冷场，就应该在自己身上下功夫，一般来说应该从以下几个方面找出打破冷场的措施：

(1)谦虚谨慎。如果是自己太自负、盛气凌人，使对方反感，而造成冷场，就应该注意培养谦虚谨慎的品德，多想想自己的短处，在社交场合中适当褒扬对方的长处，并虚心学习。

(2)语出惊人。如果总用一种腔调讲话，那么会令别人厌烦，所以你可以在冷场时讲些新颖别致的话，缓解一下谈话中的冷场气氛。

(3)适可而止。若是自己口若悬河，漫无边际地说个不停，导致了对方的沉默，应该注意自己讲话适可而止，并主动征求对方的意见，让对方也有机会表达自己的立场和观点，让人觉得彼此在进行交流。才不致于使谈话陷于沉默之中。

此外，如果自己太自负、太清高、架子大，使人敬而远之，也会造成对方的沉默，因此，在社交场合中应主动些、热情些、随和些，才可能避免冷场。

2. 打破对方造成的冷场

如果冷场是由对方造成的，那么就应该采取一些措施，调动对方，打破冷场。

(1)启发对方思路。在对方没有事先准备，对一个话题不知从何谈起时，就应该以富有启发性的交谈来开阔对方的视野，从而引起对方的兴致，消除沉默。

(2)加强竞争气氛。如果对方过于谦让而造成沉默，应该加强竞争气氛，用热烈而紧张的谈话使沉默者进入交谈。

(3)寻求共同点。当对方对话题不感兴趣、不愿开口而造成了冷场，此时就必须转移话题，找一个双方都感兴趣的话题。这些话题最好就是身边的，具体而生动的事。

当一位老记者去采访一位商界名人时，他看见这位名人的墙上挂着几张风景画，于是就谈起了色润呀，构图呀……原来这位名人是一位美术爱好者。于是，他兴致勃勃地拿出他的画册，谈话非常融洽。正是由于这种气氛，使得记者后边的采访进行得非常顺利。

就这样身边的一个具体的事情，就能引起人们的共鸣。人同此心，有了这种感受时，可能因此就会同你攀谈起来了。

3.打破双方关系造成的冷场

当交谈双方是陌生人，或者是有摩擦，或者发生了争执。此时，就要从改善双方关系入手来打破冷场。具体有以下几点：

(1)求同存异。如果因双方曾发生过摩擦或隔阂而造成的沉默，就该求大同存小异。把过去的不快抛在脑后，热情地与对方攀谈，增强友善的气氛。

(2)主动交谈。如果是因为双方相互不了解时，可以用寒暄引路，打破冷场。这样能很快打破彼此的陌生感。

你不旦可以找一些无关紧要的“闲话”聊起来，也可以找些热门话题。一般来说，热门话题比较能引起人们的兴趣。比如城市房改、股市行情、体育新闻等。不管说深说浅，说是说非，对方都能插上几句，很容易引起对方的议论。

而且以触景生情打破冷场的方法也不错。与陌生人交谈时，查户口式的问话显得很生硬，因此应该善于用触景生情的方法。可以使谈话的内容随景观变化。比如路过集市谈市场，看见食品谈烹调，见到服饰谈时装，这样可以不断转换话题，不断地交谈下去，避免冷场。

(3)请“第三者”加入谈话。在了解对方一些简单情况下，可提及你的朋友中与对方也熟悉的人的一些情况，引发对方的话题，这可以使彼此间的心理距离一下子缩短很多，对方也容易产生亲和的态度，这样谈话的内容会越来越多。

4. 打破环境造成的冷场。如果谈话的环境不合适，那么可以换个环境，也许就容易交谈了。因此在可能的条件下，排除环境中个别的干扰因素，使对方能积极地参与谈话。

五、难以取舍的情人节

相信现在的职业女性都有可能遇到情人节晚上要加班，这是谁都不愿意听见的坏消息，可对于现在的女性们来说，这可能也是无法避免的事情。一面是不得不完成的工作，一面是每年一次的浪漫节日，如何两全其美，提供你几个救急措施。

急救措施一：大干快上型

把工作效率提高到有史以来最高水平，干完活踏踏实实去赴约。

可能结果：不能说一点没耽误事，但把"耽误"降低到最低限度，也是大成绩。

需要条件：平时工作有条理，打好"基础"，以便能在最关键的时候不手忙脚乱。

智力指数：说不好，反正不低。

情感指数：也说不好，反正也不低。

典型案例：陈小姐曾经遇上过这么一回。本来老板的谈判要后天才举行，这样她可以安心过个情人节，明天还有一整天的时间给老板准备会议用的材料；谁想到情人节一大早，老板就火烧了屁股似的说谈判要提前到明天，就是说必须在情人节这天把所有的材料准备停当。陈小姐张大了嘴巴站在那儿，老板问"有什么问题吗？"她只好硬着头皮说："No problem！"

陈小姐一边心里懊恼着倒霉，一边给男朋友打电话说因为有紧急情况，希望能把晚上的约会从 6 点推迟到 9 点。男朋友立刻表示同意，说很理解陈小姐作为老板秘书的苦衷。陈小姐在电话里甜言蜜语了几句。然后就挂断电话，全力以赴地工作起来。心无旁骛时工作效率就是高，陈小姐连午饭都没正经吃，一个汉堡加一杯咖

啡又给她节省了近一小时的时间，加上平时工作有心，虽然要准备的东西很多，很碎，但陈小姐还是赶在晚上8点半的时候，把一份条理分明的备案放到了老板的桌子上。然后，陈小姐稍事打扮，轻轻松松地去了酒吧。

急救措施二：同甘共苦型。

可能结果：双方加深理解，感情更上一层楼。

需要条件：除了自己，办公室里没有第二个加班者，以免被人说工作一心二用；两人感情底子厚，他愿意陪你。

智力指数：高。

情感指数：更高。

典型案例：

在广告公司做策划的胡小姐以脑筋善于急转弯著称，多刁钻的客户到她那儿都变得没意见了。可是，有一个很刁钻而且特别爱着急的客户天天催着要策划方案，别人做了好几个都让客户给“打”回来了。眼看着巨额的费用到不了手，老板把这苦差事交给了胡小姐，而且居然不近人情地说“明天一定要做好”。明天？今天可是情人节啊？老板才不管呢！

7点钟，别人都下班了，办公室里只剩下孤独的胡小姐，男朋友如约而至，本来他们说好一起去看通宵电影的。原定计划泡了汤，她小心翼翼地问男友“你能不能陪我加会儿班，然后我们再出去?”男友眨了眨眼说“我先出去玩会儿吧,再回来找你?”胡小姐只好说那也行。男友出去将近一个半小时,手里托着必胜客的比萨、香鸡腿回来了,说:“今儿咱就在办公室过情人节了,吃吧!”胡小姐感动得差点哭出来。

两人一边吃一边聊,男朋友还帮胡小姐想策划方案。胡小姐一边一杯一杯地喝咖啡,一边一个又一个地否定了自己的想法。眼看着凌晨两点了,胡小姐觉得让男友在一边等着实在残忍,就说让他先回去,男朋友说再等等吧,还是俩人一起迎接胜利的曙光比较好一点。男友小声嘟囔着说:“其实咱俩今天的故事就可以做一个很好的策划啊!”胡小姐的脑子里像是突然有了一个火花,然后就思路顿开呈燎原之势,策划文思泉涌。

第二天,客户拿着她的策划案,满意地付费了,老板也很满意,提成之外又给了胡小姐一笔奖金,说奖励她孤军奋战到成功了。胡小姐心说“奋战是真,孤军可就不对了;要没有那大后方,我哪儿来的好主意啊?”

急救措施三:阳奉阴不违型。

“谁说加班一定要在办公室里?把工作带回家夜里做也是加班啊!”

可能结果:约会没告吹,工作也完成了

需要条件:心理素质好(否则约会的时候老想着工作心里不踏实);能熬(约会到上半夜,下半夜回家还要干活);家里能办公。

智力指数:高。

情感指数:也高。

典型案例:

朱红小姐明天要交财务报表了,但碰巧明天是情人节后第一天,怎么办?既不能让公司等着发工资,又不想错过这一年当中最浪漫的节日。男朋友下班前还试探着打来电话,问计划有无变化,因为对朱来说加班是太平常的事情。朱怎么也不好意思说下去了,男朋友费了好大力气才在一家酒店订了自助餐的位。可老板也问“明天能交吧?”老板的问话其实就是命令,只不过委婉一点而已。朱答应了,可是进退两难哪!

看着其他女生一个个换衣服、涂口红,做着赴约前的准备。朱红把心一横;有什么大不了的,今天豁出去不睡了!她让男友开车来接自己,趁这功夫化了妆,又把要用的资料全塞进包里,当男友出现在楼门口时,朱红春光满面地跟他走了。前半夜,他们吃饭、跳舞、泡酒吧,后半夜,朱红目送男友的车离去后,就着浓浓的咖啡开始了加班。虽然已经是人困马乏,但她在天亮之前做完了报表,还眯了一个小时的觉。当然,接下来的几天朱红总是没精神,男友问她怎么了,得知实情后直埋怨她:就是跟酒店说退了位子也没事,多少人在外面等着呢。可朱红无怨无悔;工作固然重要,可爱情同等重要啊!要想两者兼得,没点豁出去的勇气还行!

急救措施四:针锋相对型。

“我就不干(漂亮 MM 变成了横眉 MM,笑眯眯但态度坚决地对老板说:今天是特殊的日子,我不能加班)!”

可能结果:当日如期赴约,浪漫一晚;日后解聘书不期而至,被炒鱿鱼。

需要条件:有足够的经济基础和个人实力,丢个把工作不算个事儿

智力指数:低。

情感指数:很高。

典型案例:

米小姐是公司里浪漫出名的 MM,每年情人节是雷打不动地要跟老公到当年初次约会的酒吧重温昔日的甜蜜。情人节下午,外籍老板突然对米小姐说,晚上有一个涉及公司 100 万美元以上订单的应酬,需要米小姐参加。谁都知道,公关部的人都想能在这样的时候大显身手,只有公司重点培养的对象才能有这样的机会。换

了别人，早乐得不知道怎么好了；可米小姐居然当时、当场、当众就对老板说："I cant"，还连个"Sorry"都没有。

老板怔在那里，问她"Why"，她说因为要和老公约会，因为结婚多年，这个节日一直是和老公在一起过的，因为工作永远只是她生命中第二重要的事情。外籍老板倒是很开通，说尊重米小姐的选择，她不去就只好找别人去，但是谁也不如米小姐合适；外籍老板说话时，眼中依然充满期待的神色，可是米小姐愣是假装没看见。

过了几个月，米小姐的公司有一次规模不算大的"裁人工程"，能力出众的米小姐位列"黑名单"首位，明白人（包括米小姐自己）都知道是怎么回事：外籍老板的外籍老板不知怎么知道了情人节事件，说公司不能容忍这样的人。虽然他们老外其实比谁都看重与家人的团聚，他们极少在这样的日子对员工提出加班这样的非分要求，可那是在他们自己的国家；在我们这儿，他们有时不太考虑国情，他们更考虑公司的订单。不管外籍老板怎么样吧，米小姐可是犯了个大错误。虽然她后来又找到一家也不错的外企，可毕竟一切都需要从头来。

怎么样，你准备好了么？当一年只有一次的最浪漫节日来临之前，你除了要提早准备晚礼服、手包、化妆品、香水以及能让那些东西派上用场、能让你发光的好皮肤，你还要做好思想准备：万一老板在下班前跟你说"加个班吧"！你可别手足无措哦！

4

事业有成的女性

作为女性，同样面临着爱情、友谊、职业、金钱的考验。她们用多维的方式塑造着多维的角色；她们倾听自己灵魂的声音，用自己的观点去诠释生活，用自己的方式去开创事业，用自己的方法去体验成功；她们越是保持自己的女性本质，坚持自己的价值系统，就越靠近成功。这正是她们一支独秀的原因，也是社会的希望所在。

◯抉择——女性必须面对的难题

在人的一生中，爱情、友谊、职业、金钱是同等重要的。

近20年来，女性成功的机会已出乎意料地膨胀、拓展。通过分析管理界那些已做得异常出色的女性执行官，可以发现她们视自己的职业为一种手段，通过这种手段来获取个人的成长与完善，获得自我的实现与满足，甚至借此来为他人造福，为社会贡献。

一、女性眼中的成功

今天，这种观点依然流行，毕竟都身为女性，都有着相似的思维方式。对当代的女性来说，成功＝喜欢，喜欢工作中有乐趣、获得事业与个人生活的目标；在生命中找到和谐与平衡，拥有可靠的人际关系；充实，最好地享受自我，与众不同，而且也能使周围的人快乐。其实女性眼中的成功，归纳起来主要有以下三点：

1. 实现目标

女性极善于调整目标。她们在乎结果，在乎最低线；她们尽力使自己的个人目标与公司的目标相一致；她们希望能尽其所能发挥出自己最佳的水平。同时，她们也希望能从工作中汲取乐趣——如果事业无法给她们带来愉悦与充实，她们怎能获得自由？获得自我的实现？

2. 平衡事业与家庭

任何女性，都希望自己事业家庭两不误。没有家庭的温馨与欢乐，事业上的成功又有何益？或者说，作为女性，无法用事业的成功代替家庭的幸福。她们努力工作，只是为了让自己的生活更加平衡与协调，虽然她们总是下意识地去维护，去追求这种平衡。同时她们也明白，完美的理想境界只是水中月、镜中花，难以实现。当然也有些女性觉得自己获得了这种平衡，但她们也不奢求这种平衡与协调存在于每时每刻。

3. 体现存在价值

女性希望能与众不同，正如流行的“我就是我”。能给家庭带来欢乐，能给公司、集团带来利益，女性会更积极地投入事业。因此在女性眼里，成功就是使他人的生命因自己的存在而有所不同，成功就是用自己的行动去帮助改善他人。

二、女性对成功的定义

在那些成功的女性中，很多人都强调了一点：既要顾办公室，也要顾家——她们希望自己在两者间都能获取快乐。不管这些人是 20、30 甚或 40 岁，不管她们的公司或大或小，她们对成功的定义却惊人相似。

苏小姐，27 岁，单身，某公司的经营主管。自 1992 年，苏小姐就效力于该公司，参加并完成了管理课程培训。现在，她已获得了电气工程学的硕士学位，并在为获取下一个硕士学位——金融工程学位而做准备。作为企业的主管，苏小姐表示，她希望把自己定位为一个金融行业的专家。当苏小姐提出自己对成功的诠释时，快乐位于一切的首位。

“如果我的人事关系和谐，我在家庭与工作中都能感到快乐的心情，觉得满足、充实，并觉得自己正在为社会做着重要的贡献，而且经济状况良好，我确信我的生活之舟正掌握在自己手里，我的生命之帆正扬向自己预定的目标——那么，我就是成功了。”

吴女士比苏小姐年长 15 岁，已婚，且是两个孩子的母亲，吴女士给了我们另一种成功的诠释，稍异于苏小姐。对吴女士来说，成功蕴含着好几个因素。站在职业的角度，成功就是在一个具挑战性的职业岗位上“做出贡献”，并发挥“极限”；站在个人的角度，成功又意味着创造美好的家庭生活，给自己带来快乐与满足。

吴女士自 1983 年就就业于一家大公司。1993 年，她成为这家公司第一个兼职股东。为了做到事业的成功，她努力用一种漂亮的方式推动自己的前进。工作时间减少，使她既能平衡自己的家庭生活，又能保持事业的步伐。这家公司恰于1992年出台了一项新政策：允许公司职员，无论男女，间歇性地工作（即兼职工作）而不取消他们的职位。这为吴女士创造了得天独厚的环境。公司这么做也是为了留住那些出色的女性为自己效劳，因而尽力帮助她们协调自己的双重压力——事业的与家庭的。这一举措恰是极好的例证，让人不难发现，公司管理层正在发生着显著的变化：改变企业文化以增加高级管理层的女性比例，同时，帮助女性执行官的事业与个人目标相协调。正是在这种环境中，吴女士实现了个人的成功。

兰女士作为公司的副总裁，正处三十而立之年。她是真心热爱自己的事业，且豪气冲天："CEO人人都有机会。我相信我也能。"

个人与事业的双重成功，向来是兰女士的奋斗目标，是她为自己设计的人生蓝图的主体。她讲述了一件趣事。一次，她在收拾抽屉的杂物发现了一张旧纸条，那时她还是个中学生呢。提起这段话，兰女士就大笑不已。

"读那段话时，我几乎是在歇斯底里地狂笑，"兰女士说，"因为我的观点竟一点也没变，虽然已又过了几十个春秋。"

"16岁时，我说，成功就是塑造个性，有一个让自己满意的职位，做些有价值的事情，同时，拥有一个幸福的家庭。"

"现在我依然会这么说。成功就是找到合适的平衡点——而我很幸运。有些女性，早上一起床就觉得愧疚，或是疲惫不堪，而我这两点都没有，真的。如果做个足不出户的家庭妇女，我是不会快乐的。我必须有另外一种生活，除了我的丈夫与孩子的另一种生活——我的事业；但是，我也需要拥有他们，需要家庭的温暖，两者都是我生命不可或缺的部分。我很幸运，因为我两者兼得了。"

处于人生巅峰的兰女士，毫不犹豫地承认，要不是丈夫的支持，要不是他照顾这个家，为了他们共同的生活而忙里忙外，她根本就无法问鼎现在的职位，也无法获得快乐与平衡感，更不用说做一个成功的女性了。

“我打赌，若不是他这样支持，我绝对做不到现在。”

“难以想象！要是丈夫也像自己一样忙于公务，家庭内部失去弹性，我不知道我们的个人生活会变成怎样，我的孩子该怎么办，我甚至不知道怎样感到高兴。”

工作与孩子都会极大地丰富女性的生活，使她们的生命也由此而圆润、而精彩起来。我们调查发现，许多女性都愿意工作。传统的观点认为，工作会使女性内疚、混乱不堪，最终会毁了她。可1995年《工作妈妈》杂志的调查却得出了截然相反的结论：

“十分之九的工作妈妈都非常快乐！”

像兰女士一样，四分之三的工作妈妈都表示，自己的快乐离不开丈夫对自己事业的支持，离不开丈夫的鼓励。而且丈夫还对她们鼎力相助，减轻她们在家里的负担。

既然成功对女性来说，包括事业与个人目标的双重收获，那么其中一方面必然会影响另一方面的成功。

辛女士，37岁，三个孩子的母亲，是某药品公司第一位女经理，也是公司里最年轻的经理，她的手下有5000名员工。同雇员建立良好的关系是事业成功的关键。但是，辛女士也一样在乎家庭。

“事业成功在于每个员工的努力，在于我们不断开发拓展新产品，”她说，“哦，我们公司运营良好，前景无忧。但如果这就意味着我没有好好照顾孩子，没有关心自己的朋友，没有和团体好好沟通，那么，我将不会快乐。”

“我只希望自己能快乐。如果我无法按自己的喜好来塑造我的事业，那么我根本就不会去做。我可不愿牺牲个人的幸福来获得事业的成功。除非我取得个人的成功，否则，在事业上我将也只是失败而已。”

辛女士是根据自己的价值系统寻找工作的。这种价值系统使她在进行出色领导的同时，还能给予家庭足够的关心与爱护。她说，她爱公司员工，这种爱使她享受着工作的乐趣，并做得更加出色。对她而言，成功的意义就在她身处的各种联系中，与家庭的，与公司的，与员工的。这种联系让她如鱼得水，进退自如。畅通无阻且其乐融融，这便是成功的终极目标了。

“热爱自己的工作，这就是我工作的激情与动力。我从业，因为我喜欢和别人一起工作，这样我才能感觉存在的乐趣与价值，并且还能帮助别人的生活。”

“所以说，头衔、地位、金钱，都不是我工作的动力。我也喜欢这些东西，它们的确很吸引人，但我只想自己每天能工作得快快乐乐，开开心心。”

辛女士做事的这种方式，正反映了近年来公司领导层的一些变化，也证明了，女性朋友们已走得多远。

不同的女性，用不同的方式把自己的事业与家庭联系起来。不过她们无法找到一个完美的方式，或者说，找不到两者完全的结合点。但是，对女性来说，尽量使两者结合是至关重要的。

简，42岁，某公司主管，同时又是两个孩子的母亲。她创造性地把工作与家庭漂亮地结合起来。

简在人事部工作，她说她喜欢人事部，因为在这儿工作更能让她感觉到自己的价值，自己在为别人服务，自己被别人需要着。简愿为此而牺牲自己，同时，她也承认自己有工作狂的倾向。第一个孩子就要出世的时候，简不得不认真考虑去留问题了。

“全职的工作，或全职的母亲都会让我发疯的。”

她选择了与同事安先生共同分担业务，这样就保持了平衡，她自己也觉得快乐。

“成功并不是坐上CEO的位置。对我来说就是这样，它并不意味着我必须是个副总裁。成功，只是看你能多大限度地改变你的公司，改变你生活的社区，你周围的环境。我工作，我协调，我快乐，所以我成功。我只是想使自己有所不同而已。”

然而，不管什么样的成功，都是要付出代价的，正如她说的："你要想获得价值，你就得创造价值。"简承认，对一个炙手可热的高薪职位说"不"并不是容易的事。许多像简一样的女性都面临着这种选择，从事根据她们自己对生活的诠释而做出决定。在她们努力接近目标的时候，她们认识到，不得不做出某些牺牲与让步，她们也乐意如此。

俗话说："条条大路通罗马。"套用一下，即为"条条大路通成功。"

据作家贝蒂·莉亨在《妈妈没有教给你的》一书中的观点，女性要想在男人群中获得成功，只有靠模仿男人们的方式。

"对那些野心勃勃，急于成功的女性而言"，她写道："生活只有一个目标：成为首席执行官。"

但是，几十年来我们的世界发生了翻天覆地的变化，昨日流行的早已被扑面而来的潮流所淹没。我们的思想、态度、信仰，甚至习惯也难免随之而变，正可谓"士别三日"，须"刮目相看"。随着商界女性声音的逐渐增多，女性们觉得，自己没必要放弃自己女性特征了。许多女性觉得自己很有事业心，渴望成功，但她们并不认为，自己非得坐上CEO的位置，特别是因此而失去生活的乐趣，而抛弃生活的其它重要部分。她们认为这实在是“得不偿失”。

柯女士曾是个工作狂，现在却“洗心革面”了。“我再也不会放弃我的个人生活，哪怕是极小的一部分。”

她现在的目标就是“求取平衡”，而不是继续向上爬。年仅37岁的柯女士，现已是公司实践主管。她一再强调：

“我不想成为CEO、CFO或其它什么‘C’什么‘O’的。我只想找到生活的协调，找到工作的充实，能够为公司带来利润。”

柯女士的确热爱她的工作，她也得到了极好的回报。

即使在那些高层管理者中间，一个最高头衔也并不让人梦寐以求、垂涎三尺。

女性有不同的方式衡量成功，因此，我们应该弄清楚，她们是用什么样的价值系统来判断成功的。

在调查中发现，如果女性找到了一条平衡事业与家庭的道路，那么，职业之路将“不再是评判成功的纵轴线”，也许二十年前这个观点就已存在，但如今，我们应给予它新涵义与重视。

通往成功的路不计其数，我们应该不断地问自己，什么是更重要的：是目标重要还是怎样达到目标重要？女性可能比较在乎目标，在乎结果，而平衡则更具深意。

成功重要，通往成功的道路，其重要性不亚于成功本身。

实际上，很多事实证明，我们的事业之路正发生着广泛的变化；从纵向发展，慢慢转化到向横向发展的趋势，也即当今流行的“跳槽”。

◯以柔克刚——与男士相处的原则

自古以来，人们都以“阳刚”代表男性，以“阴柔”代表女性。在古时，人们要求女性柔顺、迎合、贤慧，男性则强壮、勇敢、果断。

社会、学校、家庭对男女的要求与期望也有很大差异。人们总希望男孩子富于竞争，能够雄心勃勃，能干一番轰轰烈烈的大事业。而对女孩子则多是保守型的，希望她行为温顺，妩媚可爱，举止娴静。可是，人们总是给了男孩子更多的活动空间，女孩子却大多数时间只能静坐闺房。这种差别，造成女孩子从小就对自己的“阴柔”有了一个固定认识，那就是，女孩子是弱的，男孩子是强的。女孩很难战胜男孩，所以最好不要和他们竞争。

社会在不断发展，人们的观念也在不断更新，“阳刚”亦可柔，“阴柔”亦可刚。刚可压柔，柔可克刚。女性只要正确把握自己的特色，就能够勇敢地和男人竞争，并获得自己应得的权利。

一、洞察你身边的男性公民

1. 要战胜男性，首先要了解男性，这就叫“知己知彼，百战不殆”。男人一般有以下几种类型：

· 自夸型

男人有时喜欢自夸，特别是在自己有好感的女士面前。丈夫回家喜欢对妻子夸耀，自己在外面是如何如何的受欢迎；男孩爱在女孩面前夸耀，自己是如何如何的勇敢、聪明。男人通过自夸来表现自己的成功。他们爱向别人炫耀自己的财富、自己的车子、自己的公司，甚至自己的老婆孩子。这种男人，往往喜欢别人的夸奖、捧场。

· 持重型

这种男人，往往让人难以一眼看穿，而且这种男人不会轻易信任某个人。与他们交往，往往是礼节上的，很难深入内心。但一旦你进入他的内心，那就是天壤之别了。要是他把你当朋友看，那一定会想尽一切办法来帮助你。

·豪爽型

这种男人大多性格开朗，为人真诚，你很容易便能看到他真实的一面。而且与这种男人交往，不必顾虑重重，担心什么反目为仇。他们爽朗的一笑，也许就把一切恩怨旧隙甩到脑后去了。与他们交往比较安全，也容易接触。

2. 积极的自我认识

女性似乎爱哭泣，为悲伤而哭泣，因哭泣而更悲伤。世界上有许多不安、烦恼的人们，总以为自己对任何事都无能为力。这是一种消极的自我认识，只会让女性更虚弱，而难以成功。

建立积极的自我认识，应不断的进行自我暗示，训练自己增强自信心，如何从失败走向成功，如何克服恶劣的情绪。自我暗示其实是一种心理治疗法，让女性重建自信。

通过自我暗示，将意识中最有力量的意念转化为潜意识，慢慢成为习惯的一部分。女性们可以通过有意识的自我暗示，将有益于成功的积极思想和感觉，洒到潜意识的土壤，在奋斗的过程中不断进行自我暗示，不仅可增强信心，还可获得勇气与力量。

女性要战胜男性的环境，就应不断地告诉自己，“我能行”，“我和他们没什么区别”。这时你会感到信心十足，往往变得更加能干。

建立积极的自我，还应对自己的努力有充分的了解。一般观点认为，女子只适合承担家务活动，而不适宜过于残酷的商战。其实这种观点现今已被打破了。事实证明，许多女性比男人更会赚钱，比男人有着更多的优势。

女性较之男人的优势，表现在以下几个方面：

(1)语言方面。女性天生具有表达的能力。女性在语言表达和词汇积累方面比男性强，这也是为什么女性喜欢聊天，女性总在说话。而一般女性比男性更伶牙俐齿，善于辩说，这可是做生意的好条件。

(2)女性在听觉、视觉方面都比男性的敏感度高。在竞争激烈、信息多元的商场上,迅速捕捉自己能感觉到的信息是非常有利的。女性的感性让她们大占优势。

(3)女性善于“精打细算”。俗话说,生意是高水平的数字游戏,对数字能“精打细算”的女性,在这方面要比男性强得多。

(4)女性更具韧性。相同的一件事情,男人很容易半途而废或改变自己的观点、方向。女性则不然。她们容易执着坚持,她们百折不挠。

(5)女性的发散性思维能力要胜于男性。她们由某事情,很容易联想到其它相关的,或有相似点的事物,往往可由一点,撒开一个大网,往往为公司或企业提供更丰富多彩的创意、设计。而男性多为逻辑性思维。

(6)女性的直觉要比男人准确。曾有人说,女性是第六感官动物,这话不假。女性很多时候都是靠直觉——第六感官行事。她们对某些事,某个人往往不用逻辑推理,而是单凭自己的直观感受,而现代社会越来越证明,往往越是直觉的东西,其正确率越高,判断越准确,但男性在这方面就望尘莫及了。

(7)女性比男性更会忍耐。同样的问题,男性可能难以忍受而脾气暴躁,做事毛躁。但女性却能耐心等候,不懈努力。

(8)女性的协调性比男性强。女性更善于协调各方面的冲突、关系,她们是天生的“和平”动物。

认识到这些优势,女性们就不用担心你的男性竞争者了。相信运用自己的优势,利用对方的弱势,就一定能获取主动。

3.应对男性主管

你如果是一位雄心勃勃,想干出一番事业的女性。乐意把每分钟都花在工作上,并愿意接受任何挑战,你就不可能有时间在办公室里大耍权术。此时,你就面临如何对付自己的男性主管问题。

其实男性大多是坦诚、正直的，爱耍阴谋诡计的人并不多。他们爽直、诚实，在做生意方面招法很多，变化莫测，但在私人交往方面，一般不会太卑劣。大多数男性自信心强，喜欢别人的称赞，办事公平，做事比较稳重周密。

了解了男性的特征，相信女性朋友们不用再犹豫，尽可以信心百倍，大踏步地向男性主宰的世界中前进。

与男性主管相处，并没有什么困难，只要你掌握一些基本的技巧就行了。

“认真工作，与人为善”是基本前提。在工作时，对每一位上司都尊敬，对自己的本职工作认真负责。只要你这么干下去，肯定会得到升迁。即使你离开公司，也会得到合理的对待的。

有些男主管，面无笑容，性情顽固，不喜欢自己的下属多讲话，只愿意看到他们在拼命地工作，在办公室绝对不许解决私人问题，不许聊天。

如果遇到这样的男主管，其实也好对付，你只要性情随和、努力工作，尽量少犯错误，他就不会挑你毛病。

有一位女士，她碰到一位男主管，最厌烦别人说话转弯抹角，浪费时间，只喜欢下属们说“是”或“不是”。他喜欢简单、扼要、服从，而不是一大堆的解释与理由。

在摸透这位男士的脾气后，这位女士就有了信心，办公室里的气氛也有所缓和了，她尽量少说话、少迟到、少请假、多办事、多跑腿，只求完成任务，不问为什么、怎么办。

还有种男主管，虽然坐在主管的位置上，观念却没有主管那么“高”。也许他会轻视女性，认为女性就是办不好事情。他也不理睬女性职员，不想和她们交流，碰到这种男主管，的确让女性朋友们伤脑筋。

在还没有办法离开这种人的时候，你要处处尊敬他，服从他，不要意气用事，同时认真工作，完成任务。然后悄悄寻找机会，跳槽，离开这种老板或主管。因为在这种人手下干事，你永远得不到升迁的机会。

还有种主管，过于“浪漫”，也善于讨好女性，也许他本性如此，也许他只是针对某位女性。这种主管，避的越远越好，最好别和他接触。

二、完美的女老板

企业家最忌讳的是失去自信，如果身为老板的你在出席某些重大场合时因自己的装扮而困窘，很难想象你会正常体现个人的自信和企业的自信。你的外在形象既是你个人内在能力的广告，也是你所率领企业的形象的聚焦点。因此在这个越来越注重形象的时代里，人们开始要求内在能力与外在形象等值，“以貌取人”正在成为人们判断第一印象的基准。

1. 完美的女老板形象应该是通过女性化、个性化、老板风度和时尚品位来体现的。只有这样才能征服男性下属。

妩媚有加——女性化特征。从把事业定位在商圈那一刻起，女老板们就被义无返顾地抛向了市场，开始了和男人们一样的竞争。这种竞争常会使人忘记性别，以为自己不让须眉的业绩足以笼罩自己作为女性的形象。岂不知，在别人眼里，你其实永远是先作为女性，后作为老板被认知的，人们可以容许男老板们一成不变的西装领带打扮，却不喜欢女老板们一副男人相！

出类拔萃——个性化特征。个性化是女老板形象的点睛之笔。它与个人的阅历、文化修养、知识结构有很大关系，是用服饰来体现你和他人差别化的部分，别人只可羡慕你的形象，却无法企及，无法效仿。

超凡脱俗——老板风度。老板风度是你以职业形象示人的一面，也应该说是你的公众形象。无论发型、妆容、服饰都要突出成竹在胸、稳操胜券、驾驭市场的大家风范。

永站潮头——时尚品位。遨游于商海，在流行信息中徜徉，时尚潮流应该多少左右一些自己的形象。如果你置身时尚社会其中，却全然没有感受，或是因自我的偏执，甘愿留在潮流之外，人们就会说，你的社会角色不称职，继而对你的企业发展产生怀疑。时尚感是随着社会脉搏跳动的，它会让人联想到你的企业发展脚步是否在跟随着时代的节拍。因此，越是老板，越应该通过形象向人们展示——你和你的企业将永远站在时代的潮头！

2.已做上主管的女性，依然面临着激烈的竞争，要保持自己的位置，并得到每项成功的机会，就应该记住下列原则：

(1)当公司每逢周年纪念时，应把你的下属人员请到饭店去聚餐，以示庆祝。

(2)当某位职员过生日时，要送他一份礼物。

(3)当公司赚了大笔钱时，应让每个职员分享一下。

(4)对公司有功的人，应在公共场合给予赞扬与奖励。

(5)无论是新职员的到来，还是老职员的离去，都应举行一次小型的聚会，以示欢迎或欢送，让人感觉温暖。

(6)如果职员为公司办了一件大事。要毫不吝惜你的感激之情，给红包或提升。

(7)适当地给员工一定的假期。如孩子出生、父母病重等。

(8)公司职员有娶妻生子之类的事情，不忘祝贺并送上薄礼。

(9)给职员发展的机会，让他们看到上升的机会，才会更具主动性。可以适当的时候提拔那些优秀人才。

(10)促进职工之间的团结，让他们团结如一家庭。

(11)经常表扬自己的员工，表示自己对他的赞赏。

(12)对职员心怀坦诚，以实告之。不要隐瞒公司的一些事情，让职员了解公司的运营，让他们发挥主人翁意识。

3.成功的女性主管在日常的工作中难免遇到一些意想不到的情况：

(1)被误作情侣时应即时更正。职业女性尤其女主管，免不了会有许多工作上的应酬，如与一名男士单独吃饭、跳舞什么的。不幸的是，在某些时候，尤其在晚饭时间，常会被人误作夫妻或情人。当侍者走过来。自作聪明地唤你一声“太太”时，你当然极不自在。礼貌上，应由男士作解释，但男人通常不会即时作出反应，而是听之任之，若无其事。一是懒得解释；二是有意戏弄。遇到这种情况便自己解释好了。

(2)对男性下属不得优礼有加。做一个成功的职业女性，面临着多方面的压力。除了因为性别歧视，还面临着男性下属不愿服从的麻烦。作为女主管，你要对他用软功，苦口婆心，他会看扁你。因此，对待这类男性下属，没有必要优礼有加，处处谦让，而应拿出上级的权威，让他感到你不是吃素的。当然，若能恩威并举，是最有效的，只不过这种恩要建立在威的基础上，对女性来说更应如此。

(3)重视自己的职业形象。在一般人的观念中，女性主管给人的印象是胆量不够，眼光短浅，依赖性强。第一件要做的事，就是叫男朋友不要在你上班时打电话，也不要男朋友到你公司来接你。更不要在众人面前，在电话里跟他撒娇发嗲，这样才能显示出自己的工作责任心及起码的独立能力。

(4)培养自己的独立性。如果说在私下交往中，你还可以得到男人的关心爱护的话，那么在工作中则根本不可能得到男同事的礼遇。要是你能干，男同事反而会有受威胁的感觉，否则他又会嗤之以鼻。因此，女性在工作场所里，尽管能得到男人口头上的诸多关照，但一到实际情形，则没有谁会真心帮助你，惟一能依靠的只有你自己。

(5)工作岗位上要公私分明。照章办事，公私分明，这本是做工作的基本常识。但要在工作上严格照章办事却并不容易。通常，有些人便会钻人情空子，不按常规办事。男人做这些勾当，往往会设下爱情或友情陷阱，诱骗女同事往里钻。当女性迷迷糊糊尚不清醒时，便在不知不觉中做了男人的工具。故女性有了办公室友情或恋情时，遇到涉及公事的事，也要理智对待，不违原则。

(6)不要伤害男人的自尊心。这并不是要你向男士拍马屁，但你一定要明白，男人总是自信天下第一、无所不知、无所不能。这种自尊心实际非常脆弱，一遇到女性威胁到他的存在，便会产生抗拒心理。所以你若想在一个现代的世界里站稳脚跟，就必须懂得在适当的时候维护一下他们的自尊，并夸奖他们一两句。但要记住：这种夸奖要有分寸，否则别人可能误会你对他有意，而令你们尴尬。

(7)在相处中寻求共同点。男人面对职业女性时，常常手足无措，因为他所面对的女性，既是同事，又是个女性。在这种情况下，你设法消除他们这种心理，努力寻求建立一个共同点，产生共鸣，使相处变得容易。

要想达到这个目的，先要知道这个人的喜好，方可对症下药。听音乐，那你们便有了一个共同的话题，大家也可以自然地谈公事以外的事了。另外男人同女性一样，对自己的家庭和儿女都非常关心，所以问候他的儿女情况，也会慢慢消除他对你的敌意和戒心。

(8)妥善地向下属布置工作。女性一得到提升，便觉得自己更应努力，很容易事无巨细都亲自接手而变得心力交瘁，精神不振。同时，如果事无巨细你统统包办代替，下属也会因此而事事依赖你，难以发挥整体的才能和配合。要改变这种被动状况，你必须学会妥善地向下属布置工作，明确哪些是该你亲手做的，哪些是该下属做的。要相信下属并给下属以锻炼的机会。不要身为主管仍做从前一般职员所做的工作，而应学习做领导，指导别人，从一个新的角度去展开工作。

(9)征求男人的意见。征求男人的意见也是一种赞赏。因为这表示你重视他的见解和经验，令他觉得他存在的重要性。但你在征求意见时，不要让他觉得你事无大小都要过问一番，这样会令他觉得你根本没有判断力，不懂得决策。

征求男人的意见时要注意：在公司，极不适宜和男人商量纯私人性的问题，如家庭、丈夫、男朋友的问题等等，除非你和他私交相当不错。

当然，诸如你想买汽车、投资股票或购买房子，又知道他在这方面有研究，就可以在轻松的情况下（如午饭、下班后）向他讨教，保准会令他觉得你有眼光而对你友善，以后也会自动向你提意见。对于纯属公事性的问题，则可能随时提出，用不着不好意思。

(10)多与同级或更高职位的主管交往。你若想保持女主管的形象，并要别人承认你这个地位，你应该与自己同级或更高职位的朋友来往，这并不是势利眼而是现实情况。商业社会阶层观念特别受到重视，职位和朋友都是身份的象征。你若留意的话，便会发觉别的主管都较多和主管级的人来往。

(11)不要同当主管前的下属朋友打得太火热。假如你做秘书时已和别的秘书成莫逆之交，之后，你脱颖而出，升了主管，便要避免与她们打得太火热。一方面不要让别人觉得你还是摆脱不了女秘书风格，另一方面，她们亦会在你面前有诸多顾忌。因为诉说上司的闲话是她们的生活情趣，你若在场，会使她感到尴尬。

(12)恰到好处地运用批评警告。作为一个女主管，当面临男性下属没做好工作而需要批评时，往往会觉得难以启齿，担心伤害男人的自尊心。但为了大局，你还是应该不顾情面，该批评的批评。在批评之前，最好先赞赏几句，然后再具体地提出建设性的批评意见，并提供改进的方法。同时不要在一班人面前批评下属，也不要在一个下属面前说另外一个下属不是。

一个公司，假如老板与聘员之间，员工与员工之间和睦相处，不仅会使自己的业务得到发展，而且也可免去许多麻烦。

4. 以上这些都是针对女主管而言，然而，未必人人都能成为主管，即使是主管也是从普通的员工开始的，再教你一些作为职员的技巧，能让你在男性中游刃有余：

(1)对别人的情绪反应要敏锐。作为一个出色的女职员，要想和对方建立一种良好的工作关系，就需要擅长观察别人的情绪，采取不同的办事方式。要是你的上司在早晨心情特别好，那你便要看准时间，和他商讨困难或提出升级的要求；若你知道他今天特别忙碌或刚开完会，非常疲倦，你要鉴貌辨色，千万不要打扰他。

(2)布置好你的办公室。办公室是自己可以控制的地方。装饰好你的办公室，不单代表你的职位和身份，更反映了你个人的风格气质。你可以适当地把你的房间重新布置一下，或花钱购买一些装饰品，这样不但可以创造一个理想的工作环境，有时还能无形中增加你的威势。

比如放一两盆植物，但切忌把房间布置得太花哨，一如女性的闺房。不要挂海报，因为看上去好像大学生宿舍。如要挂画，应选择高雅的版画或油画，而不要挂风景画。同时，要尽量减少把家人的照片放在房间四周或书架上。

(3)提防别人有意“忘记告诉你”。在公司竞争中，有的人会不择手段地拆你的台，一个能干的女主管也不能幸免。一种最常用的手段就是同事有意向你泄露假消费或提供假情报，令你在紧要关头措手不及。比如，你需要某些重要的资料方可完成一项决策，而拥有这些资料的同事却有意无意间把重要部分“忘记告诉你”，以致你的计划难以完成或因此而做出错误的决策；或者是定于后天召开的会议，防忌你的同事明知你赶不完计划，却突然不动声色地和上司商量提前到明天开会，使你的工作无法在开会前完成，给上司造成你懒散无能的印象。

(4)不要在别人面前流眼泪。女性很容易用哭来要求想要的东西。但在一个工作的环境里，这种女性化的情绪表现却是不能容忍的。虽然这一哭，可能会立刻得到同情，但这只是一刹那间的事。从长远的眼光来看，不但有损你的威严，也对你的事业形象有害。他们会鄙视动不动就哭的女性，并以此断定此人不能做大事。所以，你一定要学会控制自己的眼泪。

(5)学会客观地接受批评。女性做事，很容易主观化，别人一批评，容易不经考虑而立刻为自己所做的事情作出辩护，找借口说明自己是对的；有时还会丧失客观的判断力，而令人觉得不能接受建设性的批评。特别是受到上司的指责时，更会觉得难受。所以女性有必要不断提高自己客观的见解，学会接受批评。否则，你的同事和上司难以和你沟通，不能和气地倾谈，这对你是不利的。最好的方法是平心静气地听他人说完，分析之后，觉得是对的，便先承认过失，这样的态度才会受人尊敬。

三、针锋相对

既然女性不比男人弱，或者可以认为，女性甚至比男人更强，在竞争上，女性就不应该退缩，而应与男人针锋相对。

我们不需使用什么阴谋诡计和不光彩的手段，只要讲究策略。

彤小姐是一家公司的地区经理，有一番小成就。有一次，她想和一家庞大的连锁店达成一笔交易，这笔交易将为公司创汇不少。但她受到同事的挑战，当然是一名男子。他想破坏她的计划，给她的销售捣乱，于是这位先生也去找那家连锁店。

彤小姐不想对此视而不见，竞争是激烈的，也是残酷的，和大多数女性一样她不想就此容忍。

于是她打电话找这位先生，想让他放弃自己的阴谋，但他不愿就此罢休，他也想得到晋升的机会。于是彤小姐搜集了有关这位先生的营业资料，了解他的一些不利情况。在一切准备就绪后，她打算反击了。

一天，彤小姐走进了总裁办公室。她把自己那笔绝好的交易告诉了总裁，但又加上了一句："也许会和××先生发生冲突，他肯定会反对这笔交易的。"

"那他的情况如何？"总裁反问道。

"他会给你打电话，告诉他的交易情况的。但我只想让你知道全部实情。据我所知，他的交易好像不太顺利，但我这笔买卖对公司来说，是一个大好机会，我会尽力为公司抓住这个机会的。”

果然不出所料，××先生的电话打过来了，极力向总裁反对彤小姐的建议。

总裁心里有了一定底数，他又了解了一下这位先生的情况，最后决定让彤小姐负责这笔交易。

事实证明，彤小姐的决策大获全胜，公司从中得到不少好处。不出六个月，彤小姐就获得了晋升。

换一位传统女性，她也许会忍让一下，不想过于针锋相对。但这样也会失去很多机会。彤小姐并没有消极地自我防备，也不用什么迂回的方法，而是主动进攻，最终果然取胜。

四、稳定自信

以柔克刚很重要的一点，便是以静制动，以稳克躁。

珍妮刚到一个公司就职，对其他同事的脾气还不是很了解。一天，她想向另外一名同事要一份生产计划，于是便打电话给他。没想到，话还没说完，这位先生便已嚷嚷了：“你们自己的事总烦我，你以为我没事可做的？等我有时间再给你吧！”说完便挂了电话。

珍妮不了解这位先生，没想到他竟然如此态度。其它人都以为她会气势汹汹地把他叫出来，两人对质，说不定难逃一场唇枪舌战，大家彼此翻脸。但珍妮却没有这样做。她径直来到那个先生的办公室，站在他门口说：“我们谈一谈吧。”那个先生走了出来，满脸怒色。

珍妮纹丝不动，说到：“你对别人是否也这样，我不知道，但别人还没这样对我说话。现在，我就要那份生产计划。”那人一下子软了，向她解释了自己刚才情绪不太好，并向她道歉。后来，他再也没那么粗鲁地对待她了。

珍妮稳住了自己的脚跟，同时也没有迁就那位先生。她没有大吵大闹便让他明白他的态度错了。

如何站稳脚跟，关键是要坚定地申明你的需要，而又不产生破坏性的后果。

女性切忌在与男人的冲突中大吵大闹，会被人看成泼妇，只会让人更加讨厌，而不会向你道歉。过于柔弱，隐忍退让，又会让人觉得柔弱可欺，没有个性。最好的办法，既不轻易让步，也不大肆进攻，以柔克刚，以稳制胜。

◯经济独立——女性独立的前提

金钱不是万恶之源。其实我们的生活离不开金钱，女性更离不开金钱。金钱可让我们的生活更美好，让我们得到各种物质的享受：娱乐，接受高等教育、享受优质的服务，出外旅游等等。总之，金钱是生活的保障，也可以增强我们的自信心，让我们生活无忧；为我们更大的成功奠定基础。金钱是有益的，它能帮助人们从事许多有意义的活动，个人创造财富的同时也促进了社会的进步，为他人和社会做出贡献。

随着现代社会的不断发展，人们对生活水平的要求不断提高。每个人都承认，金钱不是万能的，但没有金钱却是万万不能的。我们每个人都需要拥有一定的财产：流行的手提包、新潮发型、豪华公寓、现代化的家用电器、时髦而又华丽的家具，这些都需要金钱来购买。而作为女性，则更需要金钱：名贵的大衣，高级化妆品，还要上美容院、上健身房，都需要钱的铺垫。

女性不仅需要金钱满足自己的欲望，更需要金钱维护自己的自尊和独立。女性要有自己的权力，要有自己的社会地位，就应当承担起相应的经济责任，和男人一起分担经济上的负担。

一、金钱与自我价值

金钱，一直是个敏感的话题。有些具有高薪的女性管理人员甚至对这个问题避而不谈，一提到“钱”就恐慌失措。有位女士甚至不透露她的薪水，因为她担心她的朋友或家人知道后会用不同的眼光看她。还有位女士承认，她的高薪给她带来不少的麻烦。“我赚了很多钱，但却发现自己并不快乐，各种各样的观点、说法，让我感到极其尴尬。许多人都怀疑，执行官或管理者们应不应该获得如此之高的薪水。然而，和我一块工作的其他女性朋友提醒我，我的薪水对其它女性朋友是一种标志，是一种激动。使公司里的其它女士有希望自己有朝一日，也能获得和我一样高的薪水，这对她们来说很有意义。但是对我来说，赚钱却给我带来了焦虑，让我不得不小心从事，让自己做的更好。你也许会觉得它实在是太奇妙了，但它也能成为你的负担。我这么说也许让你觉得奇怪。但事实的确如此，当然，金钱的确帮助我们解决了许多问题。它让我更具有弹性，而且让我有能力帮助别人，从这一点上看，金钱的确是太奇妙了，是个好东西。但它并不是你生活的驾驶员——真的不是。”

另一方面，也有些女士的确能从容自如地解决这一问题。她们喜欢赚钱，并不觉得谈钱是什么恶心的事情，并用金钱来判断自己成功与否。但是这些女性并不用回报来作为成功的尺度。对大多数女性来说，报酬只是成功的一方面因素，怎样来看待它，则根据女性的不同经历而有所不同。

离婚改变了林小姐对金钱的看法。离婚后，她面临着经济的压力，现已有幸由一名家庭主妇摇身而变为 CEO 的她，像大多数女性一样渴望成功。但当被问及金钱在激励她走向成功的路上担任着什么样的角色时，她非常坦率地承认，她很喜欢赚钱。

“成功，就是对自己感到非常满意。成功就是当你每天早上起床后，看到镜子里的你正是你所想象中的自己。成功，就是拥有那些让你的生活舒适、让你的生命充实的东西。成功，也意味着拥有一个可爱的家庭。如果你的事业很成功，却有一个失败的家庭，我就不敢确定你是否是一个成功的女士。但是，金钱的确对我有一种激励。对我来说，这是一种衡量方式。金钱会告诉你：这就是你在市场上应值的东西。我喜欢赚钱，我并不知道这对我意味着什么。也许是因为在离婚那时，我一点钱也没有，尝尽了没钱的烦恼。我相信，我能证明我会拥有它的。有时我也想这会不会是促进我不断进步的原因？也许我正像《飘》中的斯佳丽那样：我将再也不会饿肚子！”。

另一位女士张小姐也承认，她也使金钱作为一种衡量手段。她与第一位丈夫离了婚,后来又嫁了另一个人。

张小姐是公司销售部经理。她的公司是家高科技的信息产业公司,分公司遍布各地。她是个很活跃的女性,非常热衷于讲故事。她谈话的主题广泛,无所不涉及。

她不是那种能轻易被吓倒的人。她说:"当我想要什么东西时,我从不让它只存在梦想中。即使其他人不赞同或不在乎。他人的观点算什么,谁在乎呢。我又不会死去。但至少我明白,我应该试一试。如果别人对我说不,下一个问题我会问她为什么,如果我希望得到一个职位,而当时不可以,那我会问:我怎样做才能得到那个职位?你希望看到一个怎样的我,才会觉得我适合那个职位?"

"赢得游戏"是激励张小姐的动力之源。她说:"如果我对女士们有什么建议的话,那就是:喜欢你所进行的游戏。然后,你才会喜欢赢得这场游戏。"她说她喜欢挑战,喜欢掌握权力,她评价自己是个"激烈的竞争者",也是个"自然的领导"。张小姐认为,她的成功,有一部分也是来自于顾客关系,能和其它人推心置腹。一点也不夸张,她大胆地保证:"我是你所能找到的最好的销售部经理。"

她说:"我确实理解我的顾客。我非常了解他们。我知道,什么能打动他,让他们行动。如果我告诉我的顾客,这个周末他们会得到一种新的产品,他们就一定会得到的。我会督促公司按时完成承诺。即使自己彻夜不眠,我甚至会自己去做,如果迫不得已的话。如果出了什么问题,我一定会告知自己的顾客,让他们知道我们碰到了点问题,并告诉他们问题出在什么地方。我会让他们知道发生了什么事情。而顾客们也喜欢这种诚实的态度。"

当有人问她,金钱是否也具有一定的力量,在她前进的路上扮演着一定的角色?她毫不犹豫而泰然自若地说,的确如此。但金钱并不是唯一的因素。她也喜欢自己的家,自己的生活方式,也喜欢自己现在所在的城市环境。最近她就辞掉一份邀请:让她就职的另外一个公司,会获得比现在多一倍的薪水,但她却拒绝了,原因只是这个工作让她不得不搬到另一个城市，而她不喜欢这样。

她说，“我算了一下自己的成功。在现在的公司，我的薪水还不错。在要求自己薪水的时候，绝不只是随便说个数字。你应该做一下调查。看看你周围和你相同职位的人的薪水状况，了解本地的一般收入水平。在我接手这个工作的时候，我就是这么做的。我调查了一下其它公司销售部经理的薪水状况，然后了解一下自己的公司状况，最后才接受这个工作。”

金钱，有时也很重要，成为我们衡量自己成功的标准之一。自我价值，很大部分也是通过自己的金钱来证明的。成功的女性，一般懂得如何正确处理金钱。她们重视钱、赚钱，但不会被金钱驾驭。金钱，只是她们获得权利、获得认可的一种手段。

二、经济独立的好处

有钱，让人感觉踏实。

有钱，让人感觉有希望。

有钱，让人有自己的选择自由。

虽然我们有时也厌恶“金钱”的铜臭味，它使有的人堕落、腐化，让人为之疯狂而丧失自我，可钱也给我们带来许多好处。

对女性来说，一定要有自己的存款。有一部分资金，是成功的基本条件之一。

存款其实是个人习惯问题。有的女性拿到钱便到处挥霍，最后所剩无几，只好求助于夫君或朋友。有的女性也善于储蓄，因为她们懂得有一部分钱，会有助于她的独立。毕竟，经济独立是精神独立的基础。

存钱，不会限制你的赚钱能力。有的女性觉得，不会花钱就不会赚钱，其实这句话并不完全正确。花钱如流水的女性，不一定就会挣钱。相反，如果你依靠自己的丈夫或家人，你也很难培养自己自尊与独立的人格。如果你有自己的钱，自己的存款，就不用担心会突遭什么不测。

目前，在大部分女士中流行这样一种说法：汉子不如房子。

曾经有人早就说过：女性需要自己的一间屋。如今的这句话，已经被单身女子奉为圣经。一间物质的房子，在心理层面等同于自尊、独立、安全感；在现实层面，则等同于投资意向、经济收益。而无论从哪种角度，房子似乎都成了她们生活中的最坚挺的本钱。让我们先看看下面这些个案调查：

杨小姐，女，北京人，2000 年大学毕业，公司职员，月收入 3000 元左右。在樱花园买下自己的小家。“我有一所房子，面朝大海，春暖花开”，这句杨最喜欢的诗，正好用来描绘她对自己的“蜗居”的浪漫意境。在北京临近机场的郊区，一幢 6 层楼的 5 层，30 多平方米的小屋，虽然没有“面朝大海”，但不远处是大片的玉米地，“春暖花开”的时候推窗远望，天空地阔，阳光灿烂，也着实让人陶醉呢。

杨是在陪朋友看房时，意外地发现了这个少见的袖珍户型，一套房子下来才 7 万块，还能贷款，一下子就打动了一直没离开过父母的杨。因为刚刚工作，尚无积蓄，首付是跟朋友借的，5 年按揭，月供 1000 元。由于工作原因大多时候杨还是住在城里父母家，只有周末才能“回家”放松享受。她说，面对着这个真正属于自己的空间，有一种自己承担责任、把握人生的踏实感。

秦小姐，女，29 岁，报社编辑，月收入 5000 至 6000 元，刚刚搬进东风家园的新居。

与杨小姐感性的买房比起来，在秦小姐身上，你可以综合地看到一个商品社会里的独立女孩在城市里与房子所能发生的若干种关系。秦是外地留京的大学生，与男友分手，从共同租的房子里搬出来，索性直接买了房子，因为“反正租房子也要那么多钱”。

房子在四环附近，离单位不远，90 多平方米，装修却完全率性而为，纯粹的单身风格。因为房子并不是为结婚而买。至于买房子的初衷，用秦自己的话来说就是：买房子就是一次购物行为，跟天冷了需要添置羽绒服一样，只不过房子看起来更实在些。她说现在更喜欢把收入变成实在的东西。房子毕竟是不动资产，不升值也至少保值。再说有了房子，自己在这城市才算有了根。以后结婚，或者看中更合意的房子，就把旧房租出去，刚好拿租金抵按揭，又是一个经济增长点呢。秦一脸得意。

不妨让我们为这群独立购房的女性们大概勾勒个模样：年龄约在25至35岁之间；有高学历背景，知识层次高；个性突出，思想开放，有主见；其中一部分人还可能曾有过不止一次的感情经历。她们将是这城市里最活跃、最有力、最生动的一群，或许还代表着未来女性主流的发展方向。

对她们而言，买房子都是单纯为了满足自己的需要，都在实践着“经济独立使女性不再依赖任何人”，买房与婚姻无关，与男人的责任无关。她们的单身不再是一个过程，而是一种态度，可能暂时，也可能永恒。于是，买房成了必修课。

某网站曾咨询了北京、上海、广州等地8个大的房地产代理商，提供的资料表明，2001年上半年以自己个人名义购买房子的女性，比2000年同期平均增加了52%。其中，“如果我有钱，第一件事是买房子”，63.2%的女性表达了这种愿望。具体说来，北京很多楼盘的女性业主都要比往年大幅提高，尤其是一些有小户型的楼盘。来自今典花园空间蒙太奇销售部门的数字显示，女业主占4成多，男女业主的数量几乎打了平手。这其实是女性在社会中经济地位提升后的必然。

以前只把男性作为购房主要人群的地产公司似乎也开始在销售策略上有意地向女性人群侧重，比如推出小户型等，还有一些针对女性买房的优惠政策，而时尚杂志则不约而同把《白领购房计划》列入了选题。最后我们还要感谢银行的金融信贷制度，使买房对于现代女性而言，只需要一些勇气便能实现。

因此有人戏说：房子好过男人有十个理由：

1.房子比男人单纯——它就是一套房子，不是别的什么，从不自命不凡地证明它和别的房子有什么不同。

2. 房子比男人诚实——它从来不会花言巧语，不会伪装，对它不用像对男人，必须从其言行中分析他究竟是头狼还是头羊。

3. 房子比男人忠心——打开门的一刹那，它永远是你早上离开的样子，不会像男人，早上还情意绵绵，夜晚眼神就盯上了别的漂亮美眉。

4. 房子比男人好对付——爱怎么打扮它就怎么打扮，天天新花样也没意见，五天不打扫也随便，从头到脚给它挂满 hello kitty 也不声不响。

5. 房子比男人坚强——你爱上别人、丢了工作、亏了股票、倒了霉，房子照旧淡定，男人难保不暴跳如雷，他们会嫉妒，会猜疑，会恐惧，会溜走。

6. 房子比男人痴情——它是你的就是你的，不必担心背叛，倒是你哪天厌倦了卖掉它，它也无怨无悔，真是俗话说的“被卖了还替人数票子”。

7. 房子比男人开朗——哪怕你迷失自己，不愿归家，它仍旧耐心等待，永远敞开怀抱欢迎你的归来。就算甩了它，也一点不用担心它会纠缠不清。

8. 房子比男人有安全感——只要你愿意，它就永永远远属于你一个，任何人也抢不走。它永远像你等待男人那样深情地等待着你，而且不用提心吊胆被它占了便宜！

9. 房子比男人保值——只要你买它的时候够年轻，就可以用足 70 年，而且九成九会增值，尤为可爱的是身价提高了也不会嫌弃你，更加不需要担心它包二奶。

10. 最后一点，女性喜欢男人高高大大，毋庸置疑，房子在这一点上又百分百符合条件，任何一栋房子都是男人两倍以上！

上述的情况表明：女性消费主义的来临。不知道男人们会不会失落，连房子这样的“大件”都被女性们亲自搞掂，这 21 世纪莫非真要成了“她”的世纪?! 在美国方言学会举行的一次有趣的“世纪之字”评选活动中,结果出人意料:“她”以绝对优势战胜“科学”等候选字,成为“21世纪最重要的一个字”。细思量,真是意味深长。

“荷包掌握在她手中”,这个上世纪的家庭经济模式,已经在本世纪演变成职场经济模式,成了影响商人策略的根本点。在“她世纪”,“以男性为主的消费主义正在转变为以女性为中心的消费主义。”大量女性杂志、女性畅销书、女性网站,乃至女性电视频道已经或将要大张旗鼓地占据市场,这是谁也不能忽略的事实。“为她服务”已成为西方服务行业目前流行的经营策略。

据一份市场调查显示,到2002年,女性商务旅客已占到客源的50%,而在1979年,女性商务旅客仅为1%。英国酒店行业的一项市场调查表明:如果不针对女性服务,就会失去大约40%的客源。德国汽车商发现商界女强人喜欢开敞篷车,于是便委托研究机构在市场调查的基础上,建立了“敞篷车——女性”类型学,开发出“保时捷911——女企业家”、“美洲豹XK8——女经纪人”、“奔驰SLX——成功的管理者”等系列。女性正在成为消费主体。

当女性消费主义时代已经到来,我们似乎已经不太计较,究竟有哪些是真的为女性着想,哪些只是把女性当作卖点。什么也挡不住我们的前卫女性们锋芒毕露意气风发。记得撒切尔夫人在英国当政时,曾经流传这样一个笑话——一个女孩问男孩:“你长大以后想做什么?”男孩说:“当首相。”女孩很吃惊:“男人也能当首相吗?”我们好像已经听到了哪个男子在轻声叹息:哎,世界终究是“她”的,是“她们”的。

三、经济独立的死敌——负债

看完上面的内容,想必每个希望如此生活的女性会明白一件事:不能负债。债务是个无情的东西。

债务也会使人沉重无依。任何顶着债务干事的女性,都很难把事情完美地解决。因为心理的沉重,使她无法自由发挥自我。

很多年轻人在结婚之初就担负了不必要的债务。而且,后来也想方设法摆脱这笔债务款。可是,在婚姻的新鲜味道开始消退以后,小夫妻便会开始感受到物质匮乏的压力了。这种压力感越来越强,导致夫妻之间相互指责,相互埋怨,甚至最终走上法庭,以摆脱这种沉重感。

一个被债务缠身的女性,哪有时间享受生活,去创造自己理想的生活。每天忙于奔波,担心负担,这种日子谁也难以忍受。结果,随着时间的流逝,理想也化为了泡影。

没有债务的后顾之忧,你将可改变自己的意识习惯,你将更加自主、积极地投入生活,把自己努力的路线重新引向成功之路,养成把你多余的钱存起来的习惯,即使只有一点点。只要你持之以恒,成功就能如期而至。

经济独立,就是摆脱金钱的奴役,让自己成为金钱的主人。经济独立就是摆脱债务危机感,不要让自己被债务拖住了脚步。经济独立,需要建立自己的“小金库”,成为自己的后方支柱,以备不测。经济独立,才会有人格的独立,才能让自己不被他人所轻视、忽略。

◯爱护自己——女性成功之要诀

听“灵魂的声音”，并以此建立自己的价值系统，在自己灵魂的指引下生活。

一、倾听心灵的声音

很多女性都强调，要重视自己的价值。纵观一个女性的职业生涯，她将面临各种各样的决定，让她不得不根据自己的价值评估，来选择对自己有益的方案。如果一个女性还没有一套自己的价值系统，还不知她想要的是什么，甚至不知道她是谁，这个女性将很难驾驭自己的生活之舟，也不可能做出正确的选择。

当44岁的丹尼尔·贝尔，HP公司业务经理，开始她的职业生涯时，她的技术背景使她想在信息技术领域找到一份职业。拥有自己独特价值观的丹尼尔，向我们解释了她是如何注重个人特长，根据自己的内心需要来择业的。

“暑假实习的时候，我就已熟悉了HP公司的文化价值。”

完成MBA课程，又参加了几个公司的面试，她根据自己的直觉，选择了HP公司。因为“我总是跟着自己的内心直觉行事。”“你必须选择对你重要的东西。我曾在我们竞争者的公司参加过几次面试：刚大学毕业时一次，硕士毕业时一次，在我考虑离开HP时又去了一次。但每次面试通过后，我都没有去那个竞争者公司就职。我只是觉得那儿不适合我。”

“当你有这种直觉的时候，请相信它。”

“不要根据名气来判断，认为哪个公司名声蜚然，就为哪个公司工作。”

“确定它是否适合你的个性，这样工作起来才会如鱼得水，事半功倍。否则，你的选择就如同说：‘我要做一名工程师，因为这个职业很赚钱，可是我恨数学。’这是自相矛盾，只会毁了你的前程。”

“先明白‘是什么让我快乐舒适?’再去掌握让你快乐的技巧。”

“如果你身处一个个人价值与文化环境相谋合的公司里,你的公司恰好需要你独特的技能,那么你已经接近成功的边缘了。下一步只是获得你所需要的支持而已。”

丹尼尔很爱交谈,她个子高挑、优雅,性格开朗,谈吐真诚而坦然。她毫不隐讳地承认,当公司开始缩小规模,自己的分部失去优势的时候,她曾怀疑过,“自己的价值系统是否还与公司的相吻合?”碰到这样的疑惑,她就会探讨自己的灵魂深处,然后再决定去留的问题。

每个女性都有自己独特的“灵魂工作”,女性对成功的定义——不管是目标、平衡、和谐还是贡献,都是根据自己灵魂的声音来确定的。要善待自己,释放自己,享受自我,就该问问自己“我需要的是什么?”“什么才是适合我的?”,不要违背本能行事。

二、忠于自己的价值

忠于自己的价值并不是很容易。简有一套开放的管理方式。但是当她接手加拿大一保险公司的时候,人们却不适应她的领导方式。

“我喜欢大家一块工作,可我们最后却不得不坐下来,心平气和地“检查”我的管理方式。员工们说他们已习惯了按吩咐办事。我向他们解释,并不是我不喜欢决定,我只是觉得,让人们自己决策,要比命令他们更有效。谁不希望自己是主人翁呢?”

“我们花了些时间来解决这一矛盾,最终达成一致。后来我也收到一些反馈,其中有个员工说,刚开始的时候,他还真不习惯这种转变。但是,当发现我对他的看法真的很感兴趣时,他的自信心增加了,并发挥出前所未有的创造性。”

“作为公司领导人,你必须坚持舒适的方式。如果你改变自己以往的风格,用另一种陌生的方式去决策、办事,办事效率会大打折扣。因为按自己的行为方式,才能驾轻就熟,生搬硬套陌生的方式，只会让人自身感觉不自然。”

企业发展的一个显著特征就是，逐渐意识到这种不同管理风格的重要性，并能运用它。这种进步，对女性来说是得天独厚的有利条件，为她们的成功铺平了道路。

正如简所说，一旦你觉得自己不自在，你与自己团队就会产生距离，如果你无法按照自己的价值标准衡量，无法发挥自己的管理风格，其感觉就像被捆住了手脚，再好的手艺也施展不开，更不用说去享受指点江山、挥洒自如的乐趣。工作都做不好，又如何成功呢？

但是，听自己灵魂的声音，按自己的风格办事并非易事，不是一块拿来就能吃的蛋糕。有时甚至不得不走一步险棋。

简成功地说服了公司的员工，让事实证明了自己的管理风格，并获得了员工的支持，她是比较幸运的。但蒂的变化就没那么幸运了。在她的职业生涯中，曾两次与公司产生矛盾，其原因就在于她的管理风格不适合公司。每次矛盾的结果，都是离开公司。

“如果我不想委屈自己，就只能采取这种方式，对我来说，这是最好的也是唯一的解决之道。“

蒂刚开始进入银行业的时候，真可谓风风火火，青云直上，不到三年，就已是银行经理了。但是后来，公司经历了一系列变化，环境也“物是人非”了，公司的价值与文化开始慢慢转变。

“我们银行是一个分支银行。由于我们的业绩突出，进展迅速，总部开始更多的控制、干涉我们。由于银行业的一些变化，总部决定把我们这个分部纳入中央控制。”

“这样做毫无道理，因为他们跟本不了解顾客，不知道顾客习惯，自然也招揽不了顾客。在这种管理方式下，我们无法有效工作。真太让人受挫了。”蒂说起来，依然愤愤不平。

“当时我是分部的经理，但员工毫不支持他们的做法。我相信自己的判断，肯定无误，于是理所当然的，我受到了公司的排挤。”

由于自己的领导风格不再吻合公司的模式，蒂的职位也受到了影响。其实她的一套是很有效的，但事与愿违。其实面临这种冲突，蒂也极其痛苦，甚至心灰意冷。最后，她不得不提出了辞职。

离开银行，蒂又进入一家房地产开发公司，结果再次受挫——自己的价值观与风格依然不适应。这次她是这家公司开发商的代理。

“我和他共事了一年半，开始我们相处还比较融洽，一切顺利。但后来矛盾就产生了。我和他的做事风格简直是水火不相容，完全相反的。他独裁专断，而我却喜欢共同决策。如果他隔段时间下来看看，然后就走，这我还能接受。要每天和他打交道，我可受不了。”

“有了这个经验，我发现自己实在是个有个性的员工。我希望自己能经管公司，这样就可以按自己的方式做决定了。”

“我和他关系恶化，因为他觉得公司是他的，他付给我薪水，我只是他的雇员而已，无权干涉他。所以我们互相憎恶、反感。”

现已40岁的蒂，正面临再一次换职业。问她还想回以前的银行吗？她摇摇头：“现在还觉得心里不是个滋味。”她是那种不愿委屈自己，不会委屈求全的女性。

“人生在世，就要自己活得舒畅、自由。如果你不坚持自己的价值，压抑自己的个性，生活将犹如一架机器，没有灵气，没有活力，一切是按部就班，听从指挥。”

让人欣慰的是，在一个朋友的帮助下，蒂终于找到了适合自己的一方天空。

“在朋友的介绍下，我去找那个银行的总裁谈话。他的确是与众不同，这让我钦佩异常。我决定留下来了。刚开始的时候任市场管理部主任。两年后，我就升职为一分部的总经理了。”

不苟且，不妥协，寻找适合自己口味的蛋糕，才能获得真正的支持，成功的机会才会光临。

爱护自己的关键是找到适合自己价值的公司文化，不要硬把方钉子塞进圆孔里。如果你觉得不自在，不合适，别犹豫，跳出牢笼，外面的选择还很多。

“第一家银行让我难以发展，我离开了；第二次工作又和自己的价值相抵触，我又离开了，直到第三次，我找到了这份工作，并且真心热爱这份工作。因为它使我满足了自我的需要，让我在更大的空间发挥自我。我感到很满足。就好像找到了一套合身的衣服，穿起来熨贴自然，当然就更有魅力了。”

成功其实是自我实现的过程。放弃自己的价值标准，违心地去适应别人的价值，其结果不仅与成功背道而驰，自己也难得到工作的乐趣；自我的要求，也会在抑郁中被扼杀。哪个女性不希望按照自己的方式生活？哪个女性不希望通过自己的方式成功？

三、寻找最佳环境

有人曾说：“女性就是一部关系学。”此话并非空穴来风。女性喜欢生活在众多的关系中，与伴侣的，与孩子的，与父母的，与朋友的，一旦她们离开了这些关系，就如鱼儿离开了水，鸟儿失去了天空，再也找不到生命的活力。所以环境对女性至关重要。在一个充满温情、舒适的关系网中，女性才能获得心灵的安慰；也只有在一个默契、友好的环境中，女性才能找到事业的平衡点，才能做得更出色。否则，她将难以展现精彩的自我，也找不到自己所定义的成功。

在职业早期的时候，丝小姐和可小姐觉得异常孤独，因为在她们所处的环境中，她们找不到自己所信任、所依靠的关系网。

丝小姐早年曾接受过一家汽车制造厂办的工程技术培训。培训结束后，她开始就职于这个企业的一个生产部。但是，当她慢慢意识到这个部门的生产环境时，她都吓呆了。因为她发现自己与这儿的环境——格格不入。即使一些细微的表面文化，也让她觉得自己犹如一个陌生人。

“所有的一切都让我无所适从，找不到倾诉，找不到安慰，感觉竟像生活在孤岛上。他们——那些男人们，是体会不到你的感觉的。他们简直就是一部工作机器。”

在大学同学的帮助下，丝小姐找到了一家复印公司。她一送去简历，公司就接纳她到人力资源部。经过一段时期的培训，丝小姐找到了她所需要的支持与帮助：人们热情地和她打招呼，关心她的个人生活，询问她的工作发展状况。总之，丝小姐说，一切都让人满意，感觉如同温暖的大家庭。这种环境给予她充分的自信，让她感觉自己不是孤立的。

“只有在充分自信的时候，我才会积极工作，而且发挥超常。虽然每个公司都有她的弊病，但在那个汽车车间里，我从未想到我会高兴起来。”

这家复印公司不仅手把手地教她，帮她发展专业技能，而且专门派人指引她、提醒她。这样，丝小姐一进入公司，就有幸结识了一群良师益友。因为这个公司非常注重人与人之间联系，从而建立了良好的人文环境。选择了这样的公司是丝小姐的幸运。若不是找到这样合适的环境，六年后，丝小姐也不会荣登公司经理的位置。

36 岁的可女士和丝小姐有着相似的经历。她也是曾在一家汽车制造厂任职。在这个制造厂里，“我一点也不适应汽车制造的环境，那儿简直让我窒息。虽然我的工作经验在那儿很有价值，可我太孤独了，我感觉自己像生活在充满敌意的世界中，我不得不离开它。”

离开厌恶的环境，可选择了到哈佛大学继续深造，取得 MBA 学位后，重返江湖的可选择了电脑公司。

“我发现那是种截然不同的环境。公司内干净整洁，清静无忧，简直像图书馆。和那个脏、乱、杂的汽车厂相比，犹如天堂了。在汽车厂待一天，我的衣服就污秽不堪了。”

“而且公司的员工年轻、有活力。工作在年轻的公司中，身边是一群活力四射的年轻人，没有陈规陋习的束缚，这种感觉真是妙不可言。”

“员工们八仙过海，各显神通。人人都勇于尝新，抛弃旧观念。而以前那个汽车厂的人总爱说：‘你不能这么做，因为你以前没做过。’或是说：‘你刚到，还不知道怎么做呢。’”

女性是对环境很敏感的动物。只有当她们感觉到自由，感到轻松自如，能够建立和谐的关系，受到足够的支持的时候，她们才会发展得更快，爬得更高，从而更易于成功。

一个有明确的价值观，有清晰的生活目标的女性，知道“水可载舟、亦可覆舟”的道理。选择好的环境，如同选择一辆好车，它能载着你更快地驶向目标，且安全可靠。

四、选择合适职业

随着企业的发展，女性的机会也越来越多，女性也比以往任何时候更幸运——更多的机会体现自我，由自己的价值取向选工作，有自己的游戏规则。

机会越多，往往越容易让人迷失。面对形形色色，亦真亦幻的机会，聪慧的女性不会盲目而上。选择合适的职业，是享受生活的重要游戏规则。

飞速发展变化的市场，带来了日益普遍的无性别歧视，社会对女性逐渐敞开了曾经异常吝啬的怀抱。欢迎女性的一些职业主要是健康卫生事业和公益事业。而在那些男人一统天下的职业中，如制药业、生物工程行业、化学工程行业，女性也变得越来越受欢迎。甚至以前从未涉足的电脑软件业、信息工程业、多媒体或娱乐业，都变得炙手可热。男人的职业堡垒开始坍陷，女性开始重建社会的新职业结构。

1983 年至 1993 年 10 年间，女执行官的总人数具有戏剧化的变化，特别是在那些男人一手遮天的行业，电脑、汽车、钢铁等制造业，可谓“行行有巾帼，业业出女英”。想乘风破浪，关键的一点，是选择自己“玩”起来最顺手那个。

莫尼卡·波黎丝，麦当劳总裁助理，曾为女性朋友们指点迷津：餐饮业是女性理想的就业选择，过去30年里，这一领域成功的女性不可思议地飞增。

当麦当劳刚刚问世的时候，女性还只是小心翼翼地走出家门，做一些零碎工作，到了七十年代，麦当劳发现，身为家庭主妇的女性们，每天都会为丈夫们光顾一下快餐店。于是，公司开始热切地欢迎女性服务与自身的经销，以扩大公司的影响力。

“麦当劳就像女性的好朋友，为我们提供了一个有力的施展空间。”

“难以像男人那样露面的女性，终于有了更宽畅的呼吸空间。”

一个组织的员工与文化，是女性胜负成败的关键。选择了对口的职业，有和谐的文化环境，能提高成功的比例。

何为对口的职业呢？不一定是餐饮业，不一定得去麦当劳，也不一定就是那些“女性”味十足的行业，如纺织、教育等职业。哪一业做得顺手，哪一业“玩得开心”，就是你的对口职业。自己的口味，这才是择业的依据。

◯善于表达——女性成功必备

一个成功的女性，总要与方方面面的人、关系、机构打交道。而在这些交往中，通常会遇到一些困难和问题，导致双方的误解甚至不信任。这对事业有百弊而无一利。因此，我们应当学会怎样表达，怎样让对方明白自己，怎样让对方同意自己的同时还不感到丢脸或难堪。也就是说，怎样让对方心悦诚服地同意自己的观点。这也是一种人际交往的艺术，一门说话的艺术。

想来大家都有这样的经历，自己明明是为对方着想而说的话，却惹得对方满腹牢骚，一脸的不领情。因为有时候，即使双方都出自善意，却因表达的不妥或理解的误差而闹得不欢而散。这种芥蒂既影响你的友情，厉害处甚至会让你前功尽弃，事业受挫。因此，一个成功的女性就应该是一个善于表达自己、能说会道的女性。

一、平等的交流

首先，需要了解一下几种常见的交流语气及其会产生的心理效应。

1. 权威型

俗话说："人微言轻，人贵言重。"指如说话人的威望高，有地位，受到别人尊重，这种人说的话容易引起别人的注意，容易具有权威。

但是，要记住，你并不是柏拉图或是爱因斯坦，你也不是居里夫人或是海勒。即使你获得了事业成功，你依然是千千万万女性中的一个，成功并不会给你带来特权，并不意味着你就可以凌驾于他人之上，对他人发号施令。因为大家都是平等的。

作为一名当代女性，你应该意识到自由、平等、民主被越来越广泛的人群所认同。任何想使自己超乎他人之上的想法都是可笑的，其结果只会让自己被大家所抛弃。

所以，带着权威型语气与别人谈话的女性，必是时代的滞后者，或是自己本身的信心就不足，而摆出的一种大张旗鼓的架势。而这种架势就像只热气球，一根针轻轻一捅，它就马上泄气瘪了。所以权威的语气只会带来听话者的不适，让对方如坐针毡，只想马上逃开，甚至在内心冷笑你的狂妄无知。

2.平等型

平等型的谈话方式，让人感觉大家好像自己人。你有你的难处，我也有我的不适。大家互通彼此，不分上下。这种谈话使自己的话更容易被接受。因为这种谈话既不会让人把你看成权威，可望不可及，又不至于对你不屑一顾。

一般说来，索取与给予是互补的，双方都要有所付出，有所舍弃，才能“两相无恙”，互利互惠。平等的谈话，也意味着你必须克制自己的一些想法与冲动，与对方达到和谐。

人都是有点孤独感的。如果你以自己人的平等姿态与之倾心相谈，很容易获得对方的信任，而且会在做出让步的情况下，同意你的观点。因为她想和你进一步拉近距离，成为你的朋友。

所以，要谈话成功，要使自己能说会道，首先应以平等的姿态，使自己的语气步入谈话领域。

二、坦诚的交流

虚伪是谈话的天敌。如果以虚伪的方式去交流，还不如不交流。隐瞒自己的感情，对自己的方式遮遮掩掩，这些都是不坦诚的行为，是社交原则所不容许的。所谓的坦诚，是指真心为他人好，真心帮助他人，而不是在交往中以谋利而蒙骗他人。这一点是谈话能够顺利进行的基本原则，有时适当克制自己的情绪并不与此相悖。因为可能是为了让对方好受，也可能是为了让正常的交谈得以维持和继续，或者只是为了自己免受嘲讽。虽有人不坦诚，很会掩饰自己的真实面目，也不会让自己轻易流露出真性情，但克制自己的感情并非是不真诚。

谈话的时候，大家各有各的观点，对方不可能方方面面都与你态度一致。在这种情况下，你能让自己流露出不满的情绪吗？你能与他争执甚至大吵大闹吗？当然不行。这样只会让谈话戛然而止，且没有结果。

在与人谈话的时候，一定要保持良好的姿态，养成良好的习惯。比如多看一下对方的眼睛，多点一点头。眼睛是心灵之窗。只有当你坦诚地看着对方时，对方才会感觉到，你是真心与他或她交流，你是真心想知道他或她的想法。如果你的眼睛躲躲闪闪，左顾右盼，会让对方觉得尴尬万分，以为你没有心思听他讲，或者对他不耐烦。适当点头给对方以信心，让对方能大胆地把谈话进行下去。否则，呆若木鸡似的对对方的话置若罔闻或是自顾自的陷入沉思，都会让对方觉得你没有认真听他的话。这些都会影响别人对你的信任度。

以坦诚的方式，认真倾听对方的意见，然后再陈述自己的意见，这时别人会“投之以桃，报之以李”，也会认真考虑你的想法、要求，从而满足你谈话的目的。

三、多变的交流

人与人是不同的，不同的人不仅有着不同的五官外貌，不同的梳妆打扮，还有着不同的性格特点，不同的看问题的角度，不同的思维方式，甚至不同的文化程度，不同的身份，不同的利益。而你要学会这些各式各样的交流，那你最好学会各种各样的谈话方式，各种各样的语言风格。

要做到这样多变化的交流，你得先仔细观察，然后分析、归纳，得出一般性的结论，再根据这一结论去训练自己交流的灵活性。

对于一个文化程度较低的人，你却满嘴的“之乎者也”，只会吓着对方，让人对你谈话望而却步，更何谈相互交流？又如何让别人认识你的想法？反之，对一个有较高文化修养的人，你却如山村野姑般来一番“拉家常”也会让人不快。别人表面上不动声色，心里可能已瞧不起你了，又如何认真考虑你的观念，你的想法呢？所以，谈话要讲究“看人说话”，并不是说让你看见地位高的人就阿谀奉承，看见不如自己的人就颐指气使，而是说要“对症下药”，“量体裁衣”，否则闹笑话的是你自己。

同时，对于那些年事较高、年龄较大的人，应该用一种尊敬的语气与之交谈；对小孩子就用谆谆善诱的方式劝服他；对性格活泼的人，不可进行死气沉沉的闷鱼似的谈话，而应多用一些俏皮可爱的字眼；对一个文静安详的人，你就不能“活蹦乱跳”，而应彬彬有礼，善解人意；对男性，你的话不可过于轻浮；对女性，你不可过于拘谨。总之，不同的人，要用不同的谈话方式，你应当在分析对方的情况下，“投其所好”，选择一种有利的交谈方式，从而才能获己所需。

同时，分析他人与评判自己是相辅相成的。一个人，通过分析他人来认识自我，寻找自己所需。在认识自己的过程中，又可通过比较来认识他人。

四、实事求是的交流

俗话说：“事实胜于雄辩”。即事实最具说服力，事实最能打动人心，让对方同意你的观点。

所以，我们在与人交流的时候，应多采用一些具体例证来为自己“助威”，让听者意识到，你所说的并不是你的“一厢情愿”，而是事实就是如此，因而对方不会置事实而不顾。人都是理性的动物，只要你能摆出事实，再晓之以理，相信别人不会“无理取闹”的。

当然，在引用例证的时候，作为谈话者中的一方，你也必须尊重事实真相，否则，只会适得其反，而且失去的不仅仅是一次机会，还有你的信誉、你的人格魅力，这是事业成功的大忌。任何成功的女性，她必然首先具有完美的人格与很高的信誉度。

同时，要获得倾听者的共鸣，若能采用一些听者所熟悉的事、人或他(她)亲身经历的事。这样即使大摆教条，大肆说理，对方也能很快理解你，同意你。而且这样的交谈也可以让倾听者放松警惕，向你展现真实的自我，有利于进一步的沟通，拉近心灵的距离。

五、欲抑先扬的交流

虽说“忠言逆耳利于行”，可在日常生活中，谁不喜欢别人的赞扬，谁不希望得到别人的认同呢？

两个小孩同时做某件事。其中一个小孩的妈妈想也没想就劈头盖脑的大声喝斥：

“你看你做的什么东西？真是太不象话了，真没出息！”

孩子委屈极了，心里不满地嘀咕着：

“哼，我就这么做了，又怎么啦。我才没错呢！”

另一个小孩的妈妈却相反，她先找出孩子做这件事的有利因素，然后表扬孩子，让孩子欢呼雀跃。然后，这位聪明的妈妈转过话题说：

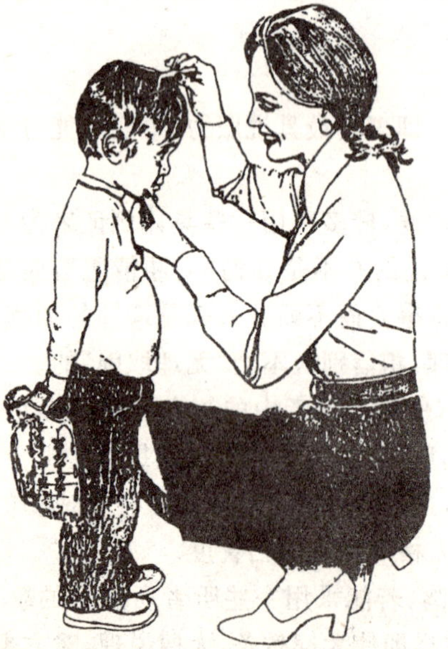

“就是有那么一点不大理想。你要能……”

孩子高兴地满口应到：

“妈妈，我马上就去把它做好！”

聪明的妈妈之所以聪明，就在于她懂得如何在不伤害孩子的情况下，去指出孩子的缺点，说服他让他改正，也就是欲抑先扬的说话技巧。同样是为孩子好，同样是希望自己的孩子能做得更好，但采取不同的方式，却导致了两种不同的结果。

赞扬别人并不是不切实际的吹捧，而是在事实的基础上，做出由衷的表达。赞扬的目的是为了让对方能接受意见，是为了对方的利益，而不是为了让对方沉浸在自我陶醉中而忘乎所以。

肯定、赞扬对方能获得对方的信任和好感，从而在尊重他人的基础上获得他人的尊重。每个女性都希望受到别人的尊重、得到别人的赏识。当你对她做出肯定的评论时，她会感到自我价值的体现，表明自己的努力没有白费，因此会感到心情愉快。这种愉快的心情非常利于交流的进行，因为她会认真地倾听你的谈话。高山流水，如遇知音的她更不会因为一点点不同的意见而大发其火，翻脸不认人了。相反，她还会仔细考虑你说的是否有理，从而做出决定。

玫瑰有刺，依然人见人爱，因为刺的上面，有娇艳欲滴、香气扑鼻的花朵。要想让别人接受你谈话中的“刺”，就得先捧上一束“鲜花”，这就是欲抑先扬的技巧。

六、训练口才

能说会道，不仅要懂得谈话中的各种技巧，采取合适的态度，还应该训练自己的口才，使自己成为一个能言善辩的女性。

在当代社会，口才已经成为人们关系是否和谐、事业上是否成功的重要因素。虽然人们鄙夷那种能把稻草吹成金条的“三寸不烂之舌”，但有理有据、合乎逻辑的口才，却让我们惊叹不已。

人与人之间交流是以语言为媒介的。语言是心灵高速公路的直通车。语言表达得体、合适、有逻辑性，你的直通车才能畅通无阻地驶向目的地。反之，语言含糊不清，前后倒置、罗里罗嗦，嗑嗑巴巴，你的直通车一定会遇上堵车、红灯，甚至开错了道，绕远了路，兜了一大圈子，还可能被罚下路。

一个有知识却没有口才的人，在谈话的时候往往会“茶壶里煮饺子——有货倒不出”。这种女性往往会显得不知所措，仓惶应对，甚至拘谨窘迫，最后甚至放弃说话的权力，只做个洗耳旁听者。这在无形中会损坏你的形象，不了解你的人，还会以为你无知呢。这样会让你失去许多机会。

也有的女性，说话像个长舌妇，结果不但没能引起别人的共鸣，反让人顿生厌恶鄙夷之情。这种女性只会让人觉得没有修养。

一个口若悬河、滔滔不绝的演讲者，他的话之所以具有煽动性，能打动人的心弦，引起听众的共鸣，就在于他那优美动听的语言、摄人心魄的逻辑说理，让人一下子就沉浸其中，让自己的思维跟着说话者了。

说话流利的女性，一定受人欢迎，讨人喜欢，能够一下子吸引住周围的人，让他们成为自己的倾听者，并成为自己的朋友。出色的口才能消除人与人之间的猜忌与隔阂，能替人排忧解难，甚至为自己带来成功的机遇。一个能说会道的女性，不仅自身得到了快乐，也能把这种快乐传染给周围的人；而那些口笨舌拙的女性，她们往往会感到种种不便，甚至遭遇尴尬场面。

不难发现，在我们周围，那些口才差的女性很容易被别人遗忘和冷落。而谈笑风声，收发自如，有板有眼的女性，往往使自己身价倍抬，成为众星捧月的中心人物。即使是大字不识的女性，也会因自己的能说会道，巧言善辩而赢得不少人的信赖和欢迎。

总之，优秀的口才使女性成为周围人眼中的聚焦点，成为男人瞩目的对象，受到老板的青睐和重视。所以，在当代社会，要做一个成功的女性，别忘了“磨磨”嘴皮子。

◯聪明干练——成功的加速器

“关键是明白，什么样的方式适合你——你需要得到什么？你有哪些选择？不要让别人帮你找答案。问自己的内心，这样才能凿出自己的路，做自己该做的事。”

一、保持女性本色

刚进入商界的女性，难免会忐忑不安，缺乏自信，这样就很难释放自己，发挥特色。许多人告诉她们，在商界打拼，就得模仿男人，像他们一样强硬，压抑自己的个性，摆脱与生俱来的女性的气质。这在今天看来是完全错误的。

如今，女性占据了越来越多的高级职位，女性的领导技巧——影响雇员的能力，建立良好人际关系的能力，适应变化的能力以及交流、计划、做决策的能力，进步明显，发展飞速，并越来越受到男性的尊敬。

事实是，女性的领导风格更受市场的青睐。因为这种女性重视团队精神及和谐的人际关系。即使一些非女性的领导者，也逐渐认识并采取这种“女性”策略。许多管理者都参加这种培训，学习“怎样提问”、“怎么听他人讲话”、“怎样吩咐员工”、“怎样沟通理解并激励下属”。

有位作家，指出了管理层的这种“女性”倾向。

“直觉、敏感和时机是做一个领导者的关键。这样的领导者懂得说服比命令更有效。建立在和谐、相互信任、互相沟通、顺其自然的基础上的领导系统将更有力。而这种策略又往往和女性联系在一起，不管我们自己是男是女。但是很多公司却极少鼓励她们的女性去发展自己本身的特质，而有的女性甚至没有也不愿意使用自己的女性特质。作为新时代的管理者，这种想法不可避免地将被抛弃。”

其实管理风格这个话题很让人感兴趣：这些管理现象中出现的“女性”性格特征，是否意味着女性能比男性更有效地管理企业？许多女性并不这么认为。很多人都很聪明地意识到多种风格的重要性，既有“女性”柔软作风，也应有“男性”的强硬作风。但是，很多女性都具有优秀的管理才华：直觉使她们能更好地激励、领导员工，而且女性轻松自然，更倾向于“人性化”。

“女性明白，生活是首先考虑的问题。因此她们尽力帮助雇员获得舒适的个人生活，这样在工作中，员工就能全身心地投入，贡献自己的最大值。男人却只在乎员工们能付出多少，其它一概不闻不问。”

“我观察了许多女管理者，发现她们都先注重为员工创造一个舒适的环境，为员工安排好他们的个人生活，能使他们为自己的目标而克服困难，不惜代价。”

二、建立团队精神

苏小姐的成功，很大部分源于她那建立高效团体的天份，这一天份恰好迎合了顾客的需要。

苏小姐是一家机械公司的副总裁。那儿很重视团队工作精神。在她还是个项目经理的时候，她就巧妙地把那些对公司不满的顾客转化成了公司的热情支持者。秘诀很简单，只不过转变了她接手的这个组织的团体工作方式。亲自导演这场转变的苏小姐强调，没有其它人的帮助，她很难获得这样的成功。她谦虚地说：“我只是很幸运地改变了我们的结构而已，其它的什么都没做。”

当时，公司正在生产一批设备，苏小姐手下大概有45个员工。这个团体组织非常传统：工程师设计图稿，材料科负责订购各零部件，机工就负责组装这些设备。但是这一方式并不是很有效。正如苏小姐所指出的：部分问题在于那些机工，他们花了大部分的时间和顾客交谈，知道哪些设计是实际有效的，可是却没有一个有效的反馈系统，让那些设计者能够改进自己的方案。虽然机工们能查出问题所在，并修复机器，但却耗费了时间，浪费了资本。最终导致入不敷出。

苏小姐觉得必须采取措施，改变团体的工作方式了。

“我最终找到了一条解决方式：把大伙全召集到一块，看设计究竟合不合理。刚开始，也有人对这种方式难以接受，甚至有所抵制，但过了段时间，大家终于发现它的效果了：顾客们非常满意。现在，每个人都愿意放弃以前的陈见，而成为这个成功的团体的一部分。”

最后，顾客对公司的陈见也戏剧般地变了。“这是我们二十年来所共事的最好的公司。”他们声称。苏小姐对员工的成功影响以及她创造团队精神的出色能力，使她在公司内得到了迅速升迁。

工作在一个网状的团体中能“提供更多的成功机会”，苏小姐说：“因为能分享更多的主意与解决方案，能更有效地交流，从而让员工感受到一种和谐的氛围；能积极地发挥能动性，从而做得更好。”

三、勇于改革

人们常听说“变则通”、“变则灵”、“树挪死，人挪活”。在今天这个瞬息万变的信息时代，没有一成不变的成功秘诀，没有一劳永逸的解决方案。只有不断改革，适应环境，创造新的方式，才能在竞争中永立不败之地。

从古到今，许多改革都是极其艰难险涩，甚至改革者会为此而付出代价。“枪打出头鸟”便是古话。作为女性，肩挑改革更是难上加难。

贝小姐，意大利一家电讯公司主管。这家电讯公司规模庞大，领导层几乎是男人的“王国”，特别是电讯这种技术行业，更是男人的“世袭领地”，极少能让女性立足。

但贝小姐却挤了进去，不仅站住了脚跟，还以自己非凡的魄力导演了一场改革，让人对她的聪明才智刮目相看。

贝小姐刚到公司的时候，这公司与其他“国营”公司一样，官僚作风严重，管理机构臃肿，人浮于事，公司经营已开始不景气。虽然居电讯行业数一数二的位置，公司却已经债台高筑了。等贝小姐接手的时候，公司似乎都穷途末路了。

“情况非常糟糕，公司亏损竟高达几亿美元。”至今说起，贝小姐还心有余悸。

“我不得不那样做，因为改革已是迫在眉睫，无法避免了。很多人也提醒过我，其间的确很危险，但我决定试一试，‘不入虎穴，焉得虎子’？我做好了最坏的打算。”

于是贝小姐开始走马上任，推行改革了。

刚上任那天，一身牛仔裤的贝小姐让人大吃一惊，那些西装革履的高级职员议论纷纷，这女人能行吗？公司上下都用怀疑的眼光看着她。但贝小姐胸有成竹，大刀阔斧地进行了一连串改革。

“我首先要解决那些错综复杂的人事关系，决定重建领导层。这样使一部分人失去了利益，我也受到一些暗示停止改革，但再不改革，公司就无法运转了。”

贝小姐快刀斩乱麻，迅速清理了“剪不断，理还乱”的人事关系，清除管理层里的无能之辈，又从外界“挖”来各种人才。于是，最高领导层有了生气，人事关系网也不再羁绊决策的进行，公司的发展前景一下明朗起来。

改革的第二步是裁员，“这会引起很多员工的不满。但经过前一阶段的改革，不仅我自己，许多员工也增强了信心。而且我一直在考虑，怎样安排好那些被裁员工的生活，尽量使自己的改革人性化，而不至于让人觉得冷酷无情。”

贝小姐先与员工们会谈，开诚布公，让员工们明白裁员的必要性。然后告诉他们自己的方案，使其具有可行性。最后她精心制定了解雇员工的福利保障方案。在与员工的会议中，贝小姐尽量让自己心平气和，站在员工的角度，把所有各个方面、各个角色都考虑进去，这样最终打消了员工的疑虑，公司职员裁减了近1/4，且没有发生任何劳资方面的冲突。

贝小姐在自己的管理风格上，也进行了一系列的改革。如每日繁忙，但处事果断。开会简单明了，说话言简意赅，一改前任那些经理们整日“泡”在会场的作风，也没有国营企业那套提出问题，研究研究再研究，再统一意见的通病。

改革使公司上下一新，充满了活力与信心，正如微笑的贝小姐一样，蕴藏着无限生机与机会。

“这个事实说明，我一开始就是男人班里的领头。”贝小姐毫不掩饰自己的自信与豪情。的确，能冲破重围、勇于改革的女性，其魄力让男人都不得不甘拜下风。

四、善于接纳

我们发现，那些成功的女性都以最谦虚的态度来接纳别人，而这并不影响她们保持自己的独立人格。

“我觉得自己知识还远远不够。我总是站在他们的立场来详细讨论各种方案。我就这样——尽量接受别人的意见。”

公司的副总裁、身居高位的她，依然不改那种谦虚的作风，而这反让她显得更加老练与成熟。

“无论你感觉好坏，要紧的是求得真理。你可以找那些觉得可靠的人，去寻求你所需要的帮助。要知道，丢掉使你觉得舒服的意见，虽有一时的不快，但终究是值得的。”

“要养成对别人的意见无成见的态度，即使你的判断与别人的建议完全不相符。”

下面有10道题，帮你测测接纳能力。每题4个备选答案。请根据自己的情况，选择每题答案，每题只能选择一个答案。

1.你与同事由于某些问题产生了矛盾，关系紧张起来，这时你会：

A、他不理我，我也不理他；他主动和我打招呼，我才会回应。

B、找另外一个人来劝解协调一下。

C、不理了，有机会还要报复。

D、主动找他谈话，消除误会，重新建立关系。

2.别人认定你干了一件坏事，而你并没有，你会：

A、找他们对质，表明自己清白。

B、一笑置之，时间证明一切。

C、要求组织调查清楚，以弄清事实。

D、伺机报复，也捏造莫须有的罪名加在对方身上。

3.如果两个上级发生了矛盾，你会：

A、随风倒，见风使舵。

B、态度明确，支持正确的一方。

C、不介入，明哲保身，事不关己，高高挂起。

D、做调解人，缓和两者的矛盾。

4.父母总为小事争吵不休，你会：

A、根据判断，支持正确的一方。

B、眼不见为净，装着不知道。

C、规劝两老，缓和关系。

D、威胁他们停止争吵。

5.好朋友和你的意见发生严重分歧，你会：

A、求同存异，暂时不提。

B、找我们熟悉的第三者判决孰是孰非。

C、迁就迁就，保存友谊最重要，放弃自己的观点算了。

D、中断关系，从此不相识。

6. 同事妒嫉你的成绩，你会：

A、棒打出头鸟，以后再也不冒尖了。

B、一如既往，看看自己是否有些不对的地方导致别人的闲言碎语。

C、走自己的路，管别人怎么说。

D、同他们争论，瞧不起他们。

7. 朋友和你假日活动安排冲突，你会：

A、两人都放弃安排，采取第三种方式，这样两者都不反对。

B、自己去，不和朋友一起渡假。

C、委屈一下自己，接受朋友的安排。

D、争论，谁赢了就按谁的方式。

8. 你的一条方案被领导否定了，你会：

A、消极怠工，发泄不满，坚信自己正确。

B、继续向上级建议，说服领导支持自己。

C、像往常一样认真工作，遇到好的方案再向领导建议。

D、同领导争论，一气之下跳槽。

9. 你朋友虚荣心强，你会：

A、经常劝劝她。

B、听之任之，保持好关系就行。

C、检查自己的行为。

D、和他争吵，非要他改变。

10. 在处理一件事时，你不得不得罪 A 和 B 两人当中的一个，而她们又都是你好友，你会：

A、向她俩讲明白，争取她们的谅解。

B、瞒着她俩悄悄把这事处理了。

C、为了谁也不得罪不做这件事了，管他什么后果。

D、先不告诉她们，办完事再向得罪的一方解释。

做完题后，计分如下：

	A	B	C	D
1，	1	2	0	3
2，	1	3	2	0
3，	0	2	1	3
4，	1	0	3	2
5，	3	2	1	0
6，	0	3	2	1
7，	3	0	1	2
8，	3	2	0	1
9，	1	3	2	0
10，	2	3	1	0

根据你选择的答案，计算一下自己的得分，然后看看下表，你就会发现自己在“接纳”方面的能力了。

总分	“接纳”能力
0至6	很弱
7至12	较弱
13至18	一般
19至24	较强
25至30	很强

如果你的得分偏低，那么你需加强自己的修养，多检查自己的缺点，以提高“接纳”能力。以下有些建议可供参考：

1.防止以自我为中心。以自我为中心的人，常常坚信自己的正确而从不考虑他人的建议，这难免会导致你判断的主观与片面性，使决策失衡，最终成为你成功路上的绊脚石。我们必须承认，虽然女性思考问题比较细密，但“三个臭皮匠抵一个诸葛亮”，多看看别人的思维，了解不同的思路，接纳他人，是成功之路的润滑剂，极大地减少摩擦与阻碍。

2.顾全大局，在坚持原则的条件下做出必要的让步。可以从以下方面着手。

(1)先接纳别人的意见,尽可能让别人不感到尴尬。

(2)再融合双方意见,开诚布公,各取优点,形成更完善的新的方案。

(3)双方都退一步,海阔天空,大家都能接受。

(4)让不同的意见并存,等时间来检查孰是孰非。

总之,一个聪明的女性决不会当场拒绝别人的建议,一个成功的女主管也不会置他人的提议而不顾。“接纳”别人才能让自己被“接纳”;“接纳”别人,才能避免不必要的争吵与摩擦,才能让自己的事业之轨畅通无阻,从而更顺利地接近目标。

5

成功的女性应内外兼修

有了女性,人类才得以繁衍,生活才缤纷多彩,美轮美奂。美的事物能激发人的感情,引起人的喜悦与激动。对美的热爱与追求是人类所共有的。女性对美具有特殊的敏感性。成功的女性离不开自己对美的培养和修炼,需要内外兼修,不断去铸就一个高尚的心灵和高品位的人生。这不仅是她们自身的需要,也是事业的需要、人类社会生活的需要。

◯美是需要被发现的

审美就是通过观察、感受、联想等形象思维活动，来辨别什么是美，什么是丑，来提高自己的品味。但审美又是受限制的。任何时代，任何国家、民族，其审美的标准会有所不同。但唯一相同的，就是它们都能激发人们美的感思，培养人们美的情操。

女性对美，具有特殊的敏感性。她们的品味，很容易受到周围环境的感染而改变。一曲《月光曲》也许就能让她们如痴如醉，一幅《拾穗者》也许会让她们感叹万千，她们需要美，需要提高自己的品味。女性更喜欢细腻而高品质的生活。她们敏感的本性，使她们的品味能迅速随着实践的提高而提高。

一、外在美

1. 体态美

美，首先有她的表现形态。对女性朋友来说，体态美，是给人的第一印象，虽然并不是决定因素，但却也有重要作用。

女性的体态美，应该是健、力、美的完美结合。“没有健康的身体，就不可能有人体之美。发掘自己的美丽，首先从一个健康的身体入手。

女性的体态美，主要表现在优美匀称的曲线，亮丽富有弹性的皮肤，高雅灵活的姿态，蓬勃向上的朝气。这些美，并不是天生就能拥有的，而需要后天的不断努力。只有加强锻炼，注意保养，才能获得这样的美丽。一个终日多病缠身，以药为伴的女性，难以拥有健康饱满的体态。

体态美也有各个不同的标准。“燕瘦环肥”便体现了不同时代，人们对体态美的不同诠释。汉朝爱瘦，赵飞燕能作掌上舞，体态轻盈无比，结果饿死了许多汉朝宫女；唐朝爱胖，杨玉环体态丰腴，极受宠爱。我国以细腰苗条为美，而阿拉伯女性则喜欢腴肥，轻视柳腰。但无论在什么时候，什么国家，健康总是最重要的。

2.容貌美

女性谈美，就离不开容貌。端庄生动的面部，也是一种美的体现。五官秀丽，目光多彩，面部生动，精神焕发，是容貌美的体现。

对于女性的容貌，有许多错误的观点。古人一句“红颜祸水”、“红颜薄命”使人们对女性的容貌有一种贬斥。殷商灭之，归罪于妲己；唐朝后期的战乱，也归罪为唐明皇的沉溺于杨贵妃的美色，而不理朝政；吴三桂引清兵入关，也只因为陈圆圆“冲冠一怒为红颜”。似乎女性貌美之后，总会引起矛盾，引起冲突、战乱。把美貌和灾难联系起来。其实这种观点应抛弃了。在当代社会，容貌的俊丑，往往会影响女性的职位升迁。美国一位40多岁的营业员惊诧地发现，自己营业额较之年轻而又美丽的小姐的营业额，要低几乎一半。各行各业的女性都希望自己年轻、漂亮。初出茅庐的姑娘，会发现外貌丑陋很难找到一份理想的职业。女大学生们希望自己能具有优雅的气质和俊美外貌，人人都重视着自己的容貌，因为它关系着自身的幸福和事业。

在当今社会，办公室小姐工作在有电梯、中央空调，有专人打扫卫生间的写字楼里，看上去真是幸福。

但是，当你脸上的皮肤被中央空调调理得越来越干燥，当深藏不露的黑色素因化学涂料、电脑辐射等等不良物质的刺激而“浮出水面”的时候，你会觉得坐写字楼实在是一种不幸。怎么办？难道真的无法可想了吗？其实，办公室小姐的皮肤最大的敌人是干燥和污染，只要你采取相应的防护措施，注意皮肤的清洁、补水和修护，便可以令肌肤保持在最佳状态。

另外，你不妨自己配制一些特别的美肤饮料，在补水的同时调理气色，护理肌肤。下面就是特别推荐的几款“办公茶”，这些“茶”的原料都不贵，在中药材店、副食店都可买到，上班时往自己的茶杯里一放就OK了，方便又有效。

桃花茶。干桃花(在干花店和出售香蕉的商店均可买到,如能自己采集到农历三月初三东南方枝头的桃花,效果更好)4 克,冬瓜仁 5 克,白杨树皮 3 克。每日将这三样物品置于杯中,用沸水冲泡,加盖,10 分钟后饮用,每日可反复冲泡 3～4 次。这种茶能祛除黑斑,白嫩肌肤,但孕妇及月经量过大者忌用。

红花茶。红花、檀香各 5 克,绿茶 2 克,红糖 30 克,沸水冲泡后,加盖泡 5 分钟即可饮用。每日一剂,会让你的皮肤变得干净透亮,粗糙的皮肤也会恢复光泽。

柠檬茶。将柠檬去皮以后切成片(一定记得要去皮,因为柠檬皮汁会令黑色素沉淀),依个人口味添加冰糖,泡水饮用。柠檬里含丰富的维生素 C,此外还含有钙、磷、铁和 B 族维生素等,常饮柠檬茶,会让你的肌肤恢复光泽与弹性。

二、心理美

虽然娇健的身姿,健康的体态,较好的容貌非常重要,但这毕竟只是外在的东西,更重要的,在于自己的心理。

女性不必为容貌而忧愁,更不应为容貌不如意而烦恼,因为女性的美不只是追求体态美,容貌美,更重要的在于挖掘自己身上更深层次的东西。女性的容貌神情,不只是脸蛋长得漂亮而言,更重要的是要体现其深刻的内在特征。

一个容貌美丽的女性,如果神情散漫、反应迟钝、目光呆滞,即使第一眼会感觉不错,但却不会让人被深深吸引。

人的容貌神情美其实是根源于丰富的内心世界。容貌,有时也是内心世界的反映。如果大自然没有把西施之貌赋予给你,不必叹息,不必埋怨,不必羡慕他人,赶快挖掘自己内在的美。

1. 保持良好的心态

心理状态与美有很大的关系。如果女性有良好的心理状态,精神焕发,神采奕奕,满面春风,热情如火,那么,她也是迷人的。她用自己鲜活的生命力去吸引他人,让周围的人感受阳光般温暖与快乐。反之，心胸狭窄，疑心重重，嫉妒猜忌，整日愁眉不展、唉声叹气，年刚二十却已如花甲之态，这种女性，即使美颜如玉，也会很快衰老，而且让周围的人逃之夭夭，不愿和她接触交往。

人总是要慢慢走向衰老的，这是不可抗拒的客观规律。但人的精神却不可随着年龄的衰老而慢慢萎靡起来。倘若精神垮下来，体型也不注意了，衣服也拖沓起来，给人的外表感觉便是衰老的形象。要打起精神，保持积极的心态，才能留住青春。可见，拥有积极的心理态度，是女性获得美的重要的一点。许戈辉就是这样的人。

典型的人马座女性是向往自由、积极乐观、永不停歇的。香港凤凰卫视"当家花旦"之一的许戈辉就是这样一个忙碌的职业女性。作为《名人面对面》的主持人，许戈辉经常穿梭各地，在水银灯下访问各行各业的精英。让我们与她一同分享美丽心得。

许戈辉崇尚简约自然，她不烫发、不染发，甚至从不在不做节目的时候化妆。不过到了镜头前可就万般留意形象，因为在镜头前，她所面对的是万千观众。化妆、发型、服装她都细细关注，决不允许有丝毫疏忽，特别是头发。许戈辉认为，头发代表一个人的心情，头发有神采，人的心情也会显得向上。为了配合自己忙碌的生活节奏，许戈辉喜欢用飘柔二合一的洗发露。她说，二合一洗发露在清洁头发的同时，还能给予秀发呵护，快捷省时，特别适合像她这样忙碌的职业女性。

在忙碌中寻找平衡，漂亮的许戈辉深深懂得这个道理。在干燥的机舱里，她会敷上面膜，抓紧时间休息。在不用出镜的日子里，她会彻底洗净头发，让秀发保持自然柔顺的状态。在阳光充裕的网球场，她挥拍应对，补充活力。住在异国他乡的酒店，她也会抽空出去散散步，给亲友买点礼物……面对侃侃而谈护养之道和亲情、友情的许戈辉，用三个词来形容亲情、友情、爱情：亲情像水，生活中不能缺少它；友情像咖啡，它时常给你精神，让你为之一振；爱情像酒，它让女性容光焕发，陶然心醉。

许戈辉给人的感觉即自信又谦和、乐观。自信使她懂得工作之道，谦和使她懂得为人之道，而乐观使她懂得生活之道。因此，不管身在何处，是生活、是工作，许戈辉都会尽力去寻找身心的平衡。

身心平衡的女性又怎会不美丽？

2.正确对待美容，保持自然美

美，贵在自然，只有和谐协调，才能产生真正的美感。女性应根据自己各方面的特点，在原有容貌、体型的基础之上，适度地稍加修饰，做做美容，化化妆。但要注意保持自己的自然本色，给人以清新的感觉。故意的雕琢粉饰，浓装艳抹，弄得矫揉造作、假里假气，只会让人厌恶，而产生不了丝毫的美感。其实靠人为的修饰获得美，付出的代价却是很大的。

现在越来越多的化妆品、美容术充斥着市场的每一个角落，似乎能一劳永逸地将女性带入美的殿堂。这样想是错误的。有的女士为追求外貌的改善，而乱用化妆品，在自己脸上乱涂一气，过多的脂粉、美容反把自己的自然光泽盖住了，有时甚至会阻塞毛孔的呼吸，引起皮肤过敏，严重者甚至会毁容。还有些美容手术，其遗留的后果，往往让人后悔不及。所以这些都对女性朋友们提出了警告，不要乱用化妆品，乱动美容手术，保持自己的自然本色，才是最重要的。

3.挖掘自己的风度

风度，是相对于容貌而言的。女性的美丽，最重要的是风度。

风度是人们长期的社会生活习性的表现。它并不是光指人们某一个动作或某一次谈吐，而是这些动作、谈话所折射出的她的全部生活姿态，是留给人的深刻的印象，是容貌的影子已慢慢淡化后其举手投足的韵味仍然深刻在脑海的特征。

风度美是人的精神美的外观。如果一个人的容貌美、体型美是她的外表美的反映语言，那么，风度美则是一个人精神状态、个人气质、品德情趣、文化素养、生活习惯的心灵美的外在表现，是在长期的社会磨炼与生活中形成的良好的气质与性格的外在流露。它比外表美更含蓄,也更丰富。它显现出一个人内心的精神世界。

在当今社会,随着文明的发展与意识的提高,人们更加普遍地重视风度美。它意味着人们在认识和完善自我方面,向着更高的层次进步。风度,不是一种虚伪的礼仪体面,而是人类自尊的表现。

当代女性,特别是职业女性们,要拥有美好人生、塑造美的心灵,培养良好的礼仪形象,永葆自己独特的魅力与风姿,就必须努力追求风度,挖掘自己的风度与气质。

风度美有以下几个方面:

(1)气质美。气质是“发于内,形于外”的东西,是一个人本质的体现,反映了一个人的内涵。它与人的性格有关,但又不是生来就有的,也需我们的培养。一位有文化修养、有理想、有抱负、有感情、有个性的女子,就能显示出自己独特的“气质”。这是一种精神的体现。女性气质类型有很多,常见的有:

- 温柔、善解人意型
- 成熟、洒脱型
- 热情、开朗型
- 睿智型
- 高雅型
- 豪爽型
- 忧郁型

女性应根据自己性格特点,培养自己的气质。在社交场合的女子,待人接物切忌粗暴、撒泼,否则会让人敬而远之,不愿与之接触。女性应展现女性独特的风姿与魅力。热情,往往使女性在人际交往中大获全胜。因为热情的女子会谈笑风声,以自己的热情感染周围的人,使周围的人感到愉快,受到鼓舞与激励。当他人遇到困难时,热情的女性伸手相助,让人感觉可敬可亲。热情的女孩待人诚恳,以情动人,同时又不失稳重,落落大方,谈吐自如,举止适度。

睿智，是女性智慧的集中体现，是女性生活经验的结晶。睿智的女性，具有细致和透彻的观察与分析能力，让周围的人为之倾倒。

(2)行为美。行为是风度的重要组成部分，一个人的言行举止是她思想观念与内心世界的反映，受其思想的支配。女性应特别注意保持良好的行为习惯。在公共场合，女性要仪态端庄，还要文明、礼貌，热心维护公共秩序。讲究社会公德，如不随地吐痰，不乱扔果皮，不乱踩公物，不大声喧哗，不拥挤，不起哄。行为高雅的女性，总是比较容易让人接受。

(3)语言美。语言是教育的体现。气质，也可以从语言中“脱口而出”。俗话说，什么样的人，说什么样的话。从一个人的语言中，我们就可以窥视她的背景，她所受的教育，她的文化涵养，她的意识水平。语言也可反映一个人的性格、年龄、情趣。快言快语的人，大多热情、开朗，而“慢声细气”的女性，大多温柔、持重。挖掘语言美，就是要说话文雅，用字恰当，口气和蔼热情、委婉肯切，态度诚恳谦逊。出言不逊，满口脏话，只会让人鄙夷，瞧不起。

挖掘自己的风度美，就应注意自己的言行举止、气质涵养。女性朋友应注意锻炼自己美好的心灵。一个人潜藏在心灵深处的灵魂境界，直接影响到她的风度。人格的高低、情操的高低，品味的高低，都是风度高低的决定因素。因此，女性应培养自己健全的人格，为人正直、诚实，表里如一，恪守信用。要培养自己的责任感、集体感、荣誉感。《红楼梦》里的王熙凤，体态优美，容貌秀丽，衣着靓丽，但她却“嘴甜心苦，两面三刀”、“明里一盆水，暗里一把刀”，阴险毒辣的她，始终是读者厌恶的对象，而最终也落得个草席裹身的悲惨结局。所以，女性要拥有持久的美丽，必须有一颗美好的心灵。

拥有风度、培养风度还要认清自己的个性。总的来说，女性一般是文雅娴静的，但也有爽朗、豪放的女性。温文尔雅、不落俗套、娴静端庄使人倍感亲切，容易接触。但具体到每个女性，由于性格的不同，不可能都是温柔、善解人意的。个性不同，风度迥异。任何一种个性，也都有其优劣点。一个人的性格是比较稳定的，很难去改变，因而培养风度，不要悖逆自己的性格。每位女性，应根据自己的性格，去塑造不同的风度。

三、修饰美

现代社会，强调保持自然本色的同时，也应注意适当的修饰。

外在的修饰，表现了一个人的社会地位、民族习惯、风土人情及个人的爱好、情趣、修养等。俗话说："佛要金装，人要衣装"，"人凭衣裳马靠鞍"。修饰美在女性美中占有重要地位。

在社交生活中，服饰往往占据了人体面积的十分之九，几乎是人们视觉感受的全部对象。服饰，有时也能体现人的气质，塑造人的风度，是美的一部分。

在选择服饰的时候，要懂得一点美学方面的知识。人瘦不要穿黑衣裳，人胖不要穿白衣裳；脚大的女性要穿黑鞋，脚小的女性应穿白鞋。胖人不要穿方格子的衣服，最忌横格子的竖条子的，这样显得把人拉大拉胖了。

装饰，应与自己的年龄相和谐。处于青春妙龄的少女，身材优美，体态轻盈，全身洋溢着勃勃生机，这是人生绝不可多得的青春美。这样的女孩，应穿着活泼明丽、宽松利落的运动装或休闲服，以表现自己天然美、自然美的特色。而青年女性，多选择明朗色彩的服装，如红、黄、蓝等，色彩强烈、跳跃，给人以热情、振奋的感觉。而那些柔和的色彩与线条，如淡蓝、鹅黄等，色彩跳跃不大，流动性强，线条不多，柔和自然，显得安静宁和，给人典雅、沉静之感，比较适合中年女性。而那些色调疑重、稳定的服装，如黑、灰、褐色，则比较适合老年女性。

装饰当与自己的性格协调，每个人都有自己独特的个性，反映到装饰上，不尽相同。女性应根据自己的个性选择服装、手饰；追求外在装扮与内在感觉的统一。模仿不是美，拼凑也不是美，时髦也不一定是美，只有当外在的装饰与内在性格和谐时，美才能得到最充分的体现。一套服装,穿在她身上自然高贵,穿在你身上也许就没有这种感觉,这是因为个人性格气质的不同。旗袍让人感到文静秀丽,但穿在一位“假小子”式的女孩身上,只会让人滑稽可笑。

四、举止优雅美

现代女性的社交活动越来越频繁,如能拥有端庄的举止、优美的仪态、高雅的气质,将更有助于你在事业上的成功。掌握社交场合的各种举止礼仪,是你成为一个成功女性的必备条件。

举止,主要包括三个方面:

· 坐姿

坐在谈判席上或坐在贵宾满座的宴会厅里,你的坐姿将影响别人对你的评价。

最常见的错误坐姿是,随意将双腿往前伸,这样会使腿部看起来既粗又丑;还有一种是朝椅子的正前方走去,一边确定位置,一边提着椅子,然后翘起臀部,一屁股坐下,这样的动作非常不雅观。

正确的坐姿是:

(1)膝盖以下腿部直立,正确的坐法会使双腿看起来好象相连在一起。

(2)不要浑身蜷缩成一团,应该从容不迫坐下,上身保持直挺。坐下后,可稍稍放松,略微倾斜上身,但不可太厉害,不要趴在自己的膝盖上。

(3)可适当将双腿叠起,但切忌幅度太大。而且,不要将上面的腿晃来晃去。更不要把脚尖朝着别人。

(4)切忌平伸两腿。

(5)坐在椅子上,不可叉开双腿,应两膝并拢,双脚分平。分开的两脚,又要两脚尖相对。

(6)双手可叠放膝上,也可手指交叉,两肘轻靠椅把上。不可将双手环抱于胸,或交叉抱着后脑勺。

· 站姿

优美的站姿，更能显示女性的曲线美，增其自信。

(1)脚部：不可两脚叉开而站，不要像男人那样站着，也不要像军人的站姿那般呆板，两脚并拢。应将右脚脚踝轻轻靠在左脚的右侧上方，右脚成45度叉开，重心放在左脚。

(2)膝盖：不可弯曲，也不要晃来晃去。

(3)臀部：紧紧并拢，稍稍上提。

(4)腰部：挺直，有力，不可弯腰驼背，像个小老太婆。

(5)上身：挺胸收腹，伸颈，不要扎着头，耷拉着双肩，两眼平视，头微抬，自然而轻松地看着前方。

(6)手：很多女士站着不知手该放何处，而慌张失措。不要像泼妇一样双手叉腰，也不要像领导般双手背后，也不要像男人般双臂环绕，手托下巴。可以将两臂稍稍弯曲，两手交叉，叠放于身体前面，也可将两臂微微抬起，两边手指相扣，抬放于胸前。

(7)肩部：两肩挺起，自然笔直，保持水平一线，不要左耸右垂，成双肩倾斜。

·走姿

女性走路，也应注意自己形象，给人以轻盈柔美的感受。而且，走姿很能反映一个人的气质与风度。

(1)脚形挺直的人，走路时，应将置于后面的脚先跨出去，并保持一条平行的直线。

(2)我们不要求女性朋友们要像在"T"型台上一样，走猫步，那样也过于矫揉造作。走路应以自然为准，不要逼自己去走那些模特步。

(3)内"八"字的女性，走路尽量将两脚尖外拔，使其和脚后跟保持水平。外"八"字的女性，多沿着一条直线走路，把脚型纠正过来。

(4)"O"型腿的人，可尽量走"一"字步，就是如同模特一样的步伐，这样可削弱两腿弯曲的视觉感觉。

(5)稳重。走路不要像孩子,疯疯颠颠,左倒右晃。应尽量保持自己的步伐频率,每步的长短距离接近,不可忽大忽小,忽快忽慢。

(6)走路时也应昂首挺胸,目视前方,不要扎着头,一路往前钻。

◯生活助你超凡脱俗

一个成功、漂亮的女性不应该事事都跟随别人的脚步，那样，她会永无出头之日。在这个白热化的竞争时代，一切不可能都在成为可能，职业场合的竞争也从未如此激烈过，无论身在何处，都有被能人团团包围的危机感。当我们为适应快节奏的生活而奔忙时，都市中却有一些过着与常人不同生活的魅力女性，她们不落俗套的生活方式，给现代的都市生活增添了新的亮点。

一、都市 SOHO 族

“SOHO”一词为英文的缩写，意为家中办公。随着电脑、电话等现代办公通讯设备的普及，都市中的一部分上班族把办公室引入家中。SOHO 精神很快深入年轻一代，特别是出生于 20 世纪 70 年代的一群女性。她们大多拥有了一定的工作阅历，同时具备了一定的经济实力和选择人生的能力，她们不像父辈们那般患得患失，也不会像刚毕业的学生那样抱着太多的华而不实的幻想。

她们通常是一觉醒来穿着便服开始工作，相比之下，吃饭倒是正式起来，成为人与人接触交往的媒介，这种倒着过的生活，成为国内外知识经济时代的一种时尚。

悦就是一个典型的SOHO一族，她做的工作是在网上给客户制作站点或主页，比如一个fashion站点从最初的策划、设计到制作、维护都由她一个人完成。这种工作方式不受拘束，还可以更好地安排自己的工作时间，只要高兴就随时可以工作，提不起兴趣就放心地玩。她一般用3天时间做完一个月要做的东西，剩下的20多天或玩或干些别的。

萍做的是既古老又现代的SOHO职业——自由撰稿人。她曾经在一家事业单位工作，但领导并不赏识她写的"很不错"的报告和计划，从没被采纳过。无法发挥自己的才华，于是她就炒了头儿的鱿鱼。她先后做过报社的编辑，音乐台的DJ等，同时还担任着几家时尚杂志的特邀撰稿人，但是这个从小就非常热爱文学和艺术的姑娘，最终还是操起了老本行——爬格子，彻底做起了自由自在的SOHO一族。现代网络技术也给她的职业予以现代阐释，她已离不开网络，在电脑上写稿，直接发到编辑的电子信箱里，还经常上网逛街，不仅开阔视野，也从网上得到不少写作素材和灵感。

在SOHO族中自由女作家是不容忽视的。在1994、1995年左右出现的"小女性散文"无论在写作手法上，还是关注对象上都与传统有明显的差别，也与男性作家的作品截然不同。"小女性散文"往往以个人生活感受为基础，也往往局限在自己的情感花圈中。而70年代出生的这批自由女作家不再以纯粹的文学创作为唯一的手段，她们既给生活类杂志写情感小说，也给一些报纸做话题策划、采访，有时还给时尚类杂志做专栏主持。她们思维活跃、出笔快、感觉新锐，文学不再是她们昭世的宣言，而是她们述说心中感觉、谋生的方式。

有些SOHO女作家并没有完全摆脱自己的正式工作，只是由于职业本身管理松散，相对自由的缘故，她们常常可以在体制内外从容进出、轻松选择适合自己的方式。

SOHO族的生活方式是具有相当大的吸引力的。他们可以自由地选择工作任务，避开讨厌的老板，远离官僚制度下的苦差。现在，随着经济的发展，各种各样的公司如雨后春笋般出现在激烈的竞争行列当中，面对资金雄厚、资源丰富的公司企业，SOHO 人就无异于散兵游勇，不堪一击。这样一来能在一家可靠的公司稳定地领取薪水似乎更具有吸引力，因此，一位坚定不移 SOHO 人是否考虑作别的选择呢？

梅是一个独立咨询顾问，她已经多次面对这样的抉择了。一些她服务过的公司不仅提供全职工作，而且还附送股票期权、奖金分红以及公司能提供的所有额外津贴。然而，她还是保持现在的生活状态，她说现在经营着自己的咨询公司，自己所掌握的知识技能就是一个很好的生活保障，因此，没什么好担心的，也不需要考虑重新作选择。目前，她为不同的雇主做不同的项目，能使她广泛地接触到最新的科技。此外，她还能直观地了解到各家公司的运作情况，看到他们如何作出管理决策——这是一种无法以价值衡量的学习工具。当你为不止一位雇主服务时，你将可以接触到更多的决策者、极具影响力的人士以及学习的榜样。

她有过许多回归正统公司生活的机会，但都放弃了。她说她所做过的工作只是“各项技能的积累”而非一项职业。她的履历表中包括了各种角色：从某公司培训中心的电脑部主管到一家小公司的主任编辑，乃至一个网络公司的策划与设计。

至今，她可以说已获得了许多大大小小的成功。但她和许多同行和朋友的情况相同，只做自己想做的事，不管是为了爱情还是金钱。目前，她是一名兼写作、咨询和编程于一身的 SOHO 族。

她说如果要让她选择到公司上班，那得有真正令人兴奋的事或者能在公司里有个很好的使人融入其中的团队。这是她的性格决定的。否则她是不会离开自由自在的 SOHO 生活的。SOHO 族的身影出现在服装设计、广告制作等很多行业。在家中办公有着许多优点，如工作效率高，与客户交往简单透明，可自由支配时间等。

但是这种高科技、现代化的工作方式未必适合每一个人，尤其是它较少与人相处交流，会使人的生活减少了一份与人相处的乐趣。记得一则笑话中说道：未来的人们将失去说话的能力，因为网络的发展和 SOHO 族的出现，根本就用不着说话了，一切只要有一台电脑就行了。当然这只是个夸张的说法了，毕竟 SOHO 一族没有忘记以吃饭等形式为媒介还必须与人交往。

二、散发茶香的女性

一壶香茶，几位朋友，在音乐流溢的世界中寻找一份宁静。

茶自古就是中国文人铭志言情的最佳象征物，三五个朋友一把壶，临风畅谈离别趣、漫话人生苦与乐。现代人们虽然在网上传递信息，但是人与人之间的隔膜、差异越来越大，茶馆的古韵正是在这种夹缝中创造出来的现代时尚。

茶馆的风格以欧式为主，也有中式和日式。无论是哪种风格的装饰，都采用了国际上流行的通透式设计，整体风格清新自然。古朴的家俱陈设、悠远的中国古典音乐，优雅的服务程式，都是一种浓浓的怀旧情绪。走进装饰简朴自然的茶坊，要一壶香茶，柔和的音乐代替了卡拉 OK 里惯有的喧闹，独具匠心的设计给都市一种回归自然的感觉。除去了都市生活带来的烦燥，全然沉静在这片清幽之中，心灵也在不知不觉中获得了涤荡。正是这份独特的魅力使大批的白领阶层越来越热衷于茶文化，成为一种另类的时尚。

一位在外企工作的王小姐，每周总要花两三个晚上去茶馆。一个人静静地坐着，品着一杯香浓醇的珍珠奶茶，理一理当天工作的头绪。“平时的工作压力挺大，所以下班后就喜欢一个人到茶馆坐坐，让这里安静的环境平和一下自己的心情，放松放松。”她理了一下头发说道：“卡拉 OK 太吵了，一天的工作已经够烦了，而茶馆安静的环境才是我最需要的。也许这就是茶馆走俏的原因吧。”

张爱玲说：“虽然人生的戏剧化是不健康的，但我们这样生长在都市文化中的人，总是先看到海的画，后看到海，先读到爱情小说，后知道爱。我们对于生活的体验往往是第二轮的，总是借助于人为的戏剧。”茶馆就是一种人生的戏剧化和宗教化的场所，它的空间氛围和整体情调，就是创造一种给予人们精神皈依、涤荡人们心灵的场所。借助于这种第二轮的体验，茶馆在“天涯若比邻”电子时代的复兴别有一番意味。

以前商场上谈论商务多在饭局上，而今，商务也可在茶馆里完成，尤其是与外商做生意时。外商对中国的茶文化早有所闻，在那种真诚祥和的气氛中，彼此那种相互防范的心理没有了，共同的利益，使双方很顺利就能达成合作意见，因此，一些明眼的职业女性的业务洽谈就转移到了茶馆……

另外，她们最喜欢约几个要好的朋友到茶馆聚，谈谈近期各自的发展状况，交换一下信息。这是因为吃饭太俗气，而且花销又大，茶馆就不同了，不仅是花销少，说累了可以喝喝茶，更在于彼此交流的信息对各自的竞争社会的发展都很有启发。

茶馆，无论是起名还是内部装潢，都刻意追求文化气息，使茶馆的壳有了文化的外包装，而白领丽人在此创造的心灵和谐，提升了这种文化的内涵，渲染着一种贵族式的讲求精神生活的生活理念，创造了都市魅力女性的特有的休闲方式。

三、“戏”迷女性

都说游戏是男孩的领地，可是现在女性同样也可以享受到游戏的乐趣，游戏里的各种数学题，迷宫、音乐机关等等，让你在玩游戏的同时，也可以练练脑筋，使得电子游戏成为越来越多女性的喜爱。

如果你仔细观察周围的同事，你会有不少发现。不少女性都是铁杆的游戏迷，有的竟然声称没有她不会的游戏；有的竟独自将充满恐怖气氛的《夜曲》玩到了底；还有不少女性们热衷于策略类的游戏；而那些在公司里玩接龙、翻牌、挖地雷等小游戏的女孩是大有人在。从这些女玩家身上不难发现，她们纵观全局，把握机遇的能力绝不输给男性。可见爱游戏本来就是人的天性，女性也绝不例外的。

喜欢游戏的女性一般都有经常接触电脑和电脑玩的机会。现代职业女性，尤其是那些白领阶层的女性更易玩游戏，她们的工作环境中电脑是必不可少的，而且也非常熟悉电脑操作，因为真正限制女性玩游戏的就是女性对电脑的不熟悉。不然的话，女性一样能很快地喜欢网上游戏。只是在游戏的选择上女性和男性的区别较大。女性喜欢的游戏首先要操作简单明了，其次没有太多的血腥和压力，情节是很重要的，一定要波澜起伏的。比如言情类、养成类和大富翁是女性最爱玩的。《轩辕剑三》的场景和人物刻画很亲切漂亮，而《心跑回忆》的动画和音响效果方面是令人叫绝的。

职业女性的工作压力非常大，现实生活也比较单调，很难有机会体验另类人生，而这一愿望就可以在游戏中体验到。

四、机遇带来的艺术人生

她学的是酒店管理专业，毕业后被分配到一个大型服务业的餐饮部工作，可是正当她学以致用的时候，她生了一场大病，也因此失去了这份不错的工作。

她生病的时候常去图书馆借书看，一个偶然的机会她认识了一位画家，在与画家的交流中发现自己绘画方面的天赋极高，在这位忘年交的指导下，她开始学习绘画，也开始了她的另一种人生。

那段时间，她完全投入到绘画中，已完全忘记失去工作的遗憾和病痛的折磨，而且想在来年的时间里考取专业的艺术院校。她开始全力以赴准备考试，半年多的拼命努力，她如愿以偿地考上了那所院校。

这个新的学习生活，给她带来的是自信，在这里，她的艺术天赋充分地发挥出来了，作品连连获奖，得到了各方面的认可，又以优异的成绩结束了这里的学习。

毕业后，她开设了一个自己的工作室，完全沉浸在摄影与设计的乐趣中，忙得不亦乐乎。

一年以后，一个偶然的机会，她成为了某著名品牌的形象总监。

然而，摆在她面前的是一大堆的数字，她实在找不到感觉，她放下数据，开始冷静地思考这份工作。很快她有了决定。于是，她就想先做个调研，索性出去看看店面，从早到晚，转遍了所有该品牌的专卖店。并考察了其竞争对手的市场状况，这样她才算找回了一点感觉。

第二天，她召开了所有店长会议，听取了许多意见，并且对品牌形象的宣传和市场价格定位作了一个大的改革。她亲手绘了店面的 POP 稿，依样复制后，第二天就出现在了所有的店面内，而且在向财政部门做过调查后，又作了一个策略性打折的决定。事实证明了这一项决定的有效性。在短短一周内，专卖店的营业额创了历史记录，利润之高是以往的经营所不能比的。

这样，过了很长一段时间以后，她还是想自己干，重新开设了一个工作室。她从客户开发、提案、策划，到设计、制作、摄影都亲力亲为。对广告业的热爱，使她像拼命三朗地投入工作。渐渐地，她从一个创意人发展到成为一个管理者。

她不断地开发自身的潜能，她不仅是在工作，而且是在享受这份热爱的事业，用自己的方式痴迷美与执着。

◯女强人的法宝

不管是男性还是女性，都希望自己能出人头地，干一番事业，期望取得成功。成功，需要自觉地发挥自己所拥有的潜能，把自己的天分与后天努力都运用上，才有可能实现自己的目标。然而成功与否，关键是精神上的准备。这种精神，不是父母所赐或上天给予的，而是加强自身的心理品质锻炼的结果。

人生在世，面对人世间的各种问题，应该学会运用正确的思维方式，用正常的心态，使自己振作起来，去奋斗，直至成功，从而进入一个崭新的世界。女性，既有自己温柔的特质，又能在商海中挥戈，离不开成功的心理和精神。

一、自我察觉

自我察觉即认识自己的长处，挖掘自己的潜力，不为自己的缺陷而苦恼，不为自己的错误而懊悔。这是女性获得成功的重要心理素质。

大多数的女强人都表现出一种对自我的准确察觉。她们承认每个人都有着明显区别的个性，有不同的优缺点。她们能觉察到周围事物的细微变化，更能感觉到由于环境或遗传的因素给自己造成的缺陷，可以借助于镜子看到自己眼睛后面的东西，用别人的眼光去看待自己。

女强人，大多有着非凡的能力去认识她们自己与周围的环境，去认识每天影响着自己生活的人和事。她们懂得“适应”是精神上获得成功的钥匙。

自我察觉，能使我们了解自己是一个什么样的人，了解自己在生活中所扮演的角色及自己潜在的能力，了解自己将要去承担的角色及自己想达到的目标。她们从经验中或凭着自己的直觉，或凭借自己的判断能力和观察力去不断学习，加深对自己的了解。她们在生活中不是单靠力气做事，而是经常开动脑筋，避免发生错误。她们习惯以诚实的态度去鉴别一切，不欺骗别人，也不欺骗自己，不夸大自己，也不妄自菲薄。

成功的女强人说："我了解我自己。"我知道自己的条件和梦想，知道它们的关系。

二、自我尊重

自我尊重，即正确地估价自己，意识到自己的价值，尊重自己的价值。足够的自我尊重是通向成功的关键，是实现成功的基本条件之一。

成功的女强人，总是从心里确信自己存在的价值。她们的自我价值感和自我信心并不是生下来就有的，而是像别的习惯一样慢慢形成的。

自我尊重，就应该喜欢生活中的自己。

"我就是我，我喜欢我这个样子，没有比这更美好的了。"

"我为我而庆幸，无论我生长在什么时代，经历怎样的生活，我都不愿意羡慕别人，我只愿成为我自己，为自己而生活。"

成功者总是这样暗示。温柔的女性不应把自己的价值建立在他人（如父母、孩子、丈夫）之上，而应有自己独立的价值，为自己的价值而活着。

世界上的人各式各样，无奇不有，不会有任何两个人会在精神与肉体上完全相同。人不可能获得平等的天赋，但赢得成功、感受成功的兴奋与喜悦的权利却是平等的。成功的女性，深信自己的价值。即使遭遇挫折和不幸，也不肯放弃自己充满希望的梦。她们总对自己说："我一定能成功……""我正期待着……""我这次要干得更漂亮……"

这种自励，正是一种自我尊重。

三、自我控制

成为一名温柔女强人，还需学会自我控制。

所谓的自我控制，就是意味着对于思想、智慧、才能等自己所具有的天生素质，进行最大程度的发挥；自我控制就是懂得对自己的每个行动、每句话负责；对生活进行自我设计，利用生活中的多种机会，做出对自己有利的决定。

成功女性的自我控制，表现在她们的高度责任感。她们一生可能碰到各种各样的事情，但她们永不放弃或推卸自己的责任。决定你成功与否的不是你的星座，你的血型，你的生肖，你的容貌，而是你是否能担负起自己在社会、公司、家庭中的责任，能否以全部的责任心，去推动自己的进步。

主动控制自我，是需要一定毅力的。成功总是靠自己的力量，自己掌握自我的支配权，自己驾驶自己的航船，切切实实地对自己的人生负责，控制自己的航船，达到胜利的目标。

四、自我期盼

期盼，就是对未来的事物或人的前途有所希望和等待。成功者期望成功，女性期盼成功。女强人把生活看成一场真实的战争，不见硝烟的战争，而不是简简单单的冒险和尝试。她们期盼成功，拥有成功的梦想。她们也懂得成功是由自己创造的，要以成功的信念和自我控制为前提。

生活中的女性，一般都相信自己的预感，她们若怀有成功的期盼，就能努力保持向上的势头，期望一个好的工作，保持健康的身体，收入能有不断的增加，有热情的友谊和新的成功。成功的女性，总是把问题看作向能力和决心挑战的机会。

一种挚热的期盼，能让女性产生向上的力量，能让她赢得机运，成为幸运的宠儿。人生本来就应该永远保持着梦想，保持着希望。人们所获得的东西，都是先由期盼开始的。没有期盼，就没有奋斗。成功的女性总是满怀豪情——“我一定干得更好，我一定能得到我所想要的东西!”只要我们活着，就应该向往美好的事物，向往更高的生活，更满意的生活。我们在自己心里刻画着、想象着我们的梦中天堂，这样，才能保持一颗活跃跳动的心，才能为理想的实现而奋斗。

期盼，也是对自身的鼓舞和激发。期盼，让我们根据自己的想法、需要、感情，去主动促成自己的行动。没有期盼，就没有成功的行动。

女强人，总是自觉培育强烈而积极的盼头。她们选定自己的目标，向自己期盼的方向努力。在前进的路途中，满怀希望的信心，极少灰心丧气。即使偶尔会出现沮丧、失望，甚至犹豫的情绪，她们仍能从期盼中涌现出力量。稍稍的徘徊并不会阻挡她们前进的步伐，调整心态后，她们依然会继续向自我实现的目标前进。

有期盼，才有力量。

五、阴柔之美

许多成功的女性，在事业成功之后却又会犹豫，甚至后悔。因为她们担心，自己成为一个女强人后，会失去了自己女性的魅力，失去了温柔的特质。

有的女性在教育自己的女儿时甚至告诫她们，不要太强，对事业的追求，不要太过于自信，太成功。否则会引起男性对你的恐惧，对你敬而远之，甚至导致自己不讨男人喜欢，一辈子嫁不出去。她们让自己的女儿做一个乖巧、贤慧的淑女，似乎就能获得“贤妻良母”的美誉。

但是，按照我们今天的观念，这种想法过时了。成功的女性对男性更具吸引力。男人既需要女性的温柔，也需要她们的能干，能和自已共同承担责任，各担半边天。其实，女性成功，不一定会失去温柔的品质，不一定会失去别人的青睐，相反，会赢得更多的追求者。因为成功的女性更具信心，更有活力，比那些整日只知涂脂抹粉的女性要可靠得多，要真实得多。

卢梭说：“女性最主要的品质是‘温顺’。”所以女性之美就在于阴柔之美。但是，“柔”不是柔弱、柔软、柔顺，更不是“刚”的陪衬。温柔，并不是意味着放弃自己的独立人格，放弃自己的平等的自由，而是在公平的前提下，女性所展示的柔之韧，柔之媚，柔之刚。女强人也并不是就会心狠手辣，毫无人情味。

温柔的女强人，不专横，不跋扈，不为所欲为，不心狠手辣，她们只是运用自己女性的力量，以女性特有的温柔，以柔克刚，以弱制胜。她们获得事业的成功，她们依然保持自己女性的妩媚气质，刚柔相济，攻守自如。

六、角色多变

角色，指一个人在社会中的身份和地位以及他所处的位置。在社会这个超级大舞台上，每个人扮演的角色都不相同，每个人都有自己的角色位置。由于社会不是平面的、单一的，而是立体的、多方位的、复杂多变的，这就决定这个舞台上的角色，也是复杂多变的。

在不同的人生阶段，上演着不同的生活悲喜剧，人们也扮演着不同的角色。这些不同的角色，像一只网络，编织成一个立体的人，一个多侧面的自我。

女性，也难逃担任多角色的命运。父母亲的女儿，丈夫的妻子，儿女的妈妈，他人的朋友，别人的同事，还有一个自我。然而，在传统的社会关系中，女性的主要角色，都只是丈夫的妻子。丈夫在外奔波，养家糊口，妻子只能待在家里专心料理家务，照顾孩子，不用考虑其他方面的角色。

但是在现代婚姻中，男女双方在经济上都能独立，家庭支出由两人共同分担，丈夫有自己的事业，妻子也有自己的工作。这就意味女性的角色开始丰富起来，女性不得不在扮演妻子的同时，也要扮演好其他角色；怎样做上司赞赏的好员工？怎样成为职员拥戴的好主管？怎样获得同事们的信赖？怎样与竞争对手相处？这些都是当代女性不得不考虑的问题。

虽然女性的社会责任增加了，但她们的家庭责任却没有减少。95％以上的男性希望自己的妻子能同时尽到家庭和社会的责任。

他们希望自己的妻子既要如小鸟依人般的温柔体贴，又要具有高贵华丽的古典情调，还能在商场上叱咤风云，展现女强人的风采。总之，女性的角色，既富于变化，又任务沉重。要演好自己的角色，她们必须付出加倍的努力，既要温柔，又要强悍，既要体贴，又要果断。

七、新世纪女性

新的世纪的到来为女性朋友们带来了新的契机。许多人预测，在新世纪里，女性将极大地改变我们的生活。

美国一著名社会学家认为："随着女性越来越多地成为专业人员，女性的地位将会上升，她们将改变社会中两性之间的不佳关系和作用，她们将从更深的层次上反映两性之间的协作关系，从而形成新的组合。"

新的世纪将是女性更起作用的时代。因为今天的女性，其实还没有充分发挥她们在社会生活中的作用，女性的许多优势还只是一种潜能，还没有被社会和自我挖掘出来。

对于这些潜能，许多女性朋友可能还不了解。科学研究发现，人的大脑有 100 多亿个神经细胞，每天能记录人的生活中大约 8600 条信息。但由于种种原因，一般人只能使用她潜能的极小部分。有人认为只占总潜能的 40%，有的人甚至认为只占 4%。总之，我们还有巨大的潜能有待开发。

科学研究还发现，女性的大脑皮层比男性更厚一些，这就使得女性在思维过程中持久性强，更具韧性和耐心，女性应具有更强的意志力。

女性在领导方面也具有潜能与优势。女性很容易成为业务和技术的专家。她们善于体察人的内心世界，善于协调人际关系，她们温柔的性格使她们保持与上级、下属、同事之间的和谐关系，能与员工进行思想和感情交流，激发员工的积极性。在管理与领导方面，都显示出巨大的潜能与优势。由于女性思维的特点，使她们更有自知之明，善于听取各方面意见，集思广益。尽管她们的果断性或许不如男性，但她们的坚韧与隐忍却胜过男性许多。在集体决策的过程中，她们更善于发挥民主的特点，让决策更准确，可靠。

另外，女性在轻体力劳动和脑力劳动的某些领域具有优势。随着信息服务业的发展，女性将更多地施展自己的才能。

女性的“母爱”本质，使她们对社会更具有责任感和贡献感。女性参与社会大分工，发挥自己的角色，会让我们的社会更加和平与协调。

总之，随着社会的发展，职业女性，成功女性将越来越多，社会职业领域对女性将更加开放，女性的潜能开发也将迅速见效。美国目前有将近一半的小型企业属于女性，在过去的 10 年中，女性独资企业增加了 60.5%，而男性持有的企业却只增加了 30.4%。由于女性在各类企业中人数的增长，人们越来越感受到她们在整个企业界中的力量。女性总管、女性总裁、女领导屡见不鲜，层出不穷。

哈佛大学的劳动经济学家说：“女性走上高级经济的职位，将是今后二十年劳动女性的一 个主要发展。”越来越多的公司开始发挥女性独有的魅力与才干，也越来越重视女性，聘任或提拔女性。

在我国，随着改革开放的深入，人们思想观念的转变，许多女能人、女强人也脱颖而出，成为商海中的著名人士。

新世纪的发展为现代女性提供了更多施展才华的机遇和条件。越来越多的女性意识到：依附丈夫或靠别人的照顾是没有出路的，女性必须勇敢地参与竞争，发挥自己的潜能，创造自己的前途。

◯成功事业需要好心情

女性比男人更有自然性，女性，也比男人更要求一种幽雅随意的生活。即使一个事业成功的女性，也希望自己在繁忙的公务之余，能摆脱电话的蜂鸣声，员工的请示声，还有沉闷冗长的会议，还自己一片清新幽雅的天空，给自己一个休闲放松的心情。这样，才叫享受生活；这样，才叫懂得生活。

一、消除心理疾病

心理疾病一般都与压力有关，特别是在竞争异常激烈的今天。当今社会人的身心疾病不胜枚举，这也是最近几年来心理学逐渐走俏，心理医生的职业越来越看好的原因。

压力有时是一种动力，但得有个限度，过分的压力只会适得其反，使人产生心理疾病，甚至逐渐毁坏身体，影响情绪，造成身心不健康，最后还会导致心理崩溃。

压力是生活的附带品。任何朝气蓬勃、尽兴生活的人，都会感受到来自不同方面的压力。在一定限度下，这种压力使我们感受到人生的重量，使我们明白人生的意义。一个没有压力的人恍如一只氢气球，飘飘摇摇，无依无靠，无线无帆；有了压力，我们才有冲破压力的渴望；有了压力，我们才会鞭策自己不断前进。压力是多种多样的。不同的人，不同的时期，不同的环境，都会遭遇不同的压力。作为一个成功的女性，她可能受到的压力是多方面的。

一方面是公司方面。事业上追求尽善尽美的她，与现实所具有的成绩可能会形成一定的距离。一般来说，人人都希望自己能够“长风破浪会有时，直取云帆济沧海”。然而现实常会带来一些或大或小的阻碍，让你无法青云直上，春风得意。这些阻碍甚至是挫折会造成心理的紧张，会带来悲观的意识。

另一方面是家庭方面。成功的女性希望拥有自己的事业，但又摆脱不了做为一个女性的本能。她希望有人爱、被人疼，有一个支持自己的老公，还有一个活泼可爱的孩子。她还希望自己能孝敬父母、能相夫教子。然而事业的进步往往会引出家庭的矛盾，她没有分身术，难以两极同顾，这时压力便会产生了。婆母大人可能会唠叨她的不忠于家庭，不安分守己；丈夫可能也会抱怨缺少家的温馨；孩子还可能大哭大闹着叫“妈妈”。所有这一切都让一个女性心烦意乱，倍感压力增加。

还有一方面是来自人事关系的。成功的女性不仅是舞台上的聚焦点，也是人们舞台下闲言碎语的焦点。众口烁金的伶牙俐齿，让你不得不对那些“长舌妇”、“长舌头”们小心翼翼，甚至胆颤心惊。稍有人事关系的不妥，就会引来谣言的泛滥，如洪水猛兽，让你逃之不及。所以，处理好各种人事关系，对自己谨言慎行，也是成功女性的压力来源之一。

现代心理医学的研究发现，在心理与社会的关系因素中，外来的压力一般不会直接导致心理疾病，但是社会变化会带来压力的变化，常常会袭击一个人的心理健康，造成情绪的变化与对环境的无所适从。因此，消除心理疾病，你就应学会正确地看待与应对各种突来的变化与袭击。能做到泰山崩于前而面不改色，水啸于后而不心惊，可能是心理素质好到极至了。女性难以做到这一点，因为女性对环境过于敏感。不过你可通过下面一些方式来增强自己的心理素质。

从身体方面入手。革命导师列宁说：“身体是革命的本钱。”一个良好的身体素质，是心理健康的物质基础。女性应针对自己生理较弱的特点，加强各种体育锻炼，以增强体质。比如游泳、慢跑、跳绳、爬山、骑车漫游等。持之以恒地做这种运动，不仅能保持自己曲线的优美，抗老防衰，而且还能带来一颗轻松愉快的心灵，把所有的烦恼、抑郁、压力都抛之九霄云外。从而放松自己，自由呼吸，享受生活。

从心灵方面入手。常有人说:“境由心造”。虽然很唯心,但对于我们的心灵的塑造却很重要。其实唯心的东西不一定都是坏的,看你怎么应用它了。有时用一种唯心的眼光来看待这个世界,也可给我们一些心理的安慰与平衡。“不以物喜,不以己悲”,“喜看庭前花开花落,静观窗外云卷云舒”。以一种清闲自得的心境去静观人世间的花谢花开,潮起潮落,让你在幽坐独思的同时,享受心灵的无忧与安宁。

从内涵方面入手。一个有丰富内涵的女性,已有一颗博大慷慨的心灵。任何压力都会让她一笑纳之。“弹指间灰飞烟灭”。懂得人生真义的女性是不会被那种琐屑的、鸡毛蒜皮的小事拖累得精疲力尽。因此,消除自己的心理疾病,你还应多看看一些哲学书,或一些性情小品文,让你休息的同时,学到许多真理,让你更坦然地面对各种压力,笑傲“江湖”。

二、身心健康测验

以下测验将勾勒出你的健康状况,请选择最适合你的答案:

1.你经常参加体育运动吗?

A、从不。

B、经常。

C、迫不得已时,做一下运动。

2.对于吸烟,你有什么看法?

A、我觉得吸烟能消除压力,赶走疲倦,所以,累了的时候吸吸烟没什么不好的。

B、吸烟是我日常生活中不可或缺的一部分。

C、吸烟有害健康,应尽量少吸或不吸烟。

3.你的饮食状况如何?经常会犯消化不良或闹肚子的毛病吗?

A、我每日按时吃饭养成了习惯,极少拉肚子或消化不良。

B、我饿了就吃,没什么规律,但也不让自己暴饮暴食。

C、我饮食极紊乱。有时三餐,有时两餐,有时甚至不吃。看我兴趣所至。高兴时多吃点，忙时也顾不上吃了。

4. 当你身边有点心、果仁等美味佳肴围绕着，你会怎么办？

A、放开肚量吃。撑着也不怕。

B、每样浅尝辄止，不想吃得太多。

C、没胃口。我对它们丝毫不感兴趣。

5. 你常常回想那些快乐的往事吗？

A、太忙了，没时间去想。

B、经常无意间回想起那些引人可笑的事情，至今还让人忍俊不止。

C、和朋友们聊天时，会提起那些往事。

6. 你每天的心情如何？

A、很好。我每天都觉得这是全新的一天应与昨天有所不同。

B、没感觉。顺着惯性过着每一天。

C、一想到又要碰到那些烦心的事或讨厌的人，我就打不起精神，觉得这种日子太难熬了。

7. 你经常自己做饭吗？

A、我喜欢自己做，所以经常做。这样既可以放松紧张的大脑，又能享受自己可口的饭菜。

B、有时间就做，没时间就算了。

C、我都在外面吃或是让其它人做，自己极少做。

8. 你经常考虑自己的经济状况吗？

A、我经常觉得自己手头拮据，所以不得不精打细算，常做财会。

B、极少。我懒得去算，够花就行了，不够再想办法，没必要每日算计。

C、想起来算算，看看自己腰包的钱适合什么样的消费。

9. 你怕自己患病吗？

A、我常觉得自己一定有什么毛病，可就是检查不出来。

B、病了就去就诊，没什么可怕的。

C、我担心自己的病会没法治或者恶化，所以一有不适，即刻就医，以不致耽误。

10. 你有多少知心朋友？

A、只有一两个。有心事就向她们说。

B、我根本没有知心朋友，大家只是泛泛之交，有事自己解决吧，谁顾得着你呀。

C、有很多知心朋友。她们都对我很好，因为我对她们也很关心。大家有事一块儿解决，从不让谁落单。

11. 你有什么其它的兴趣爱好吗？

A、很多，但就是无法持久，因而都是半途而废或是虎头蛇尾。

B、有一些，我经常会玩弄这些东西，消遣消遣，还可以学到其它的东西。

C、几乎没有。我不知道是自己太忙了，还是太懒了，还是其它什么原因，反正自己对那些东西不感兴趣。

12. 你是否爱生气或无缘无故耍小脾气？

A、是的。

B、不会。我向来不喜欢无理取闹，也不喜欢惹得别人不高兴，让大家都扫兴，面子上也过不去。

C、偶尔会耍耍小脾气，但还不至于到无理取闹的地步。

评分与分析：

	A	B	C
1，	1	5	3
2，	3	1	5
3，	5	3	1
4，	3	5	1
5，	1	5	3
6，	5	3	1

7，5 3 1

8，1 5 3

9，1 5 3

10，3 1 5

11，3 5 1

12，1 3 5

请计算你所得总分，与以下解释对应：

15至30分：你的生活离幽雅休闲的信条还很远。你很难享受生活的乐趣，因为你还没消除自己的压力。处于这个分数段的女性，应仔细研究一下这一节的内容，学会消除自己的紧张情绪，做一个享受生活的女性。

31至48分：处于这一分数段的女性，你的生活还马马虎虎，属于众多女性中的一个。有一定的压力，但还不至于被压力所压碎。适当的时候，你也会调剂一下自己的生活，要创造一个更完美的人生，还须一定努力。

49至60分：你是个非常成功的女性，你懂得如何引导自己的生活，如何让自己的生命不被世俗所淹没。对于这样的女性，你可以跳过这一节了。

三、远离忧虑

忧愁和压力一样，也是造成我们身心不健康，让我们远离幸福生活的阻碍。

也许公司今天来了个难缠的顾客，让你口干舌燥之后，他仍然不肯罢休；也许，在你刚刚出门后，天一下子转阴，还下起了大雨，让你一尝“落汤鸡”的味道；也许你的煤气没了，可打了几个电话，仍然没人给你送来一罐。

这样的不顺心的事情，像电视剧一样，每天都演个不停。对身心健康造成伤害的正是这种长期而重复的、永无尽日的忧虑。如果每日为这种事情而劳心伤神，唉声叹气，你一定难逃心理疾病的侵扰。

心理学家们通过一些研究，提出了一些解决忧虑的办法。

首先要自觉，尽早地发觉忧虑的产生。成功的女性应对此注意，因为成功的女性很少自觉意识到自己所处的忧虑处境。

然后寻找忧虑的根源。“我为什么而忧虑？是为了公司里同事们之间的不和吗？是为了公司的前途黯淡吗？是为了家里一团糟吗？是为了孩子的成绩一落千丈？还是因为自己与丈夫或其他家人产生了矛盾？”把这些原因写在一张纸上，你就能找出自己究竟为了什么而忧虑，自己的忧虑是否值得。

最后针对不同忧虑，找出不同的解决方案。光忧虑是解决不了问题的。女性应当学会使问题迎刃而解，而不应当让它处于继续的状态中，尽自己所能消除掉这些忧虑，给自己的生活清扫出一片空间。

适当学会调整情绪。对于那些让你束手无策的烦恼，应当调整一下自己的情绪，毕竟这些麻烦不会让天塌下来。人生不可能解决所有的困惑，所有的麻烦。做一个快乐的女性，享受生活的乐趣，你的情绪应该经常得到调整，不让它落入忧虑的深井。

四、平衡你的工作量

当你既是孩子的母亲，又是公司职员的时候，生活将被这两极拉扯得忙乱无章。这时就应适当考虑一下，我真需要工作那么多时间吗？我每天必须花10多个小时处理一大堆文件、电话、拜访、查视，然后再马不停蹄地拖地、洗碗、擦桌子、看孩子的功课、给孩子补习、帮丈夫算账、给家里人添置衣服吗？这不叫生活，这只是台机器，不停地转动着，永不知幽雅闲适的滋味。

当白小姐遭遇到这种情况时，她便考虑减少工作日程表上的内容。这是种很好的选择。当她渡完产假后重返岗位，开始全职工作的时候，她迅速感觉到了不适与压力。有两个孩子的负担，要比只有一个时重多了。

“当我在1986年结婚的时候，我就已经在公司工作了。虽然我们都想以事业为主要目标，但我们还是希望建立一个家庭。我的第一个孩子是1991年出生的，1992年又有了第二个。一天当中就没有多少时间用于休闲了。我感到自己有点力不从心，无法投入足够的时间在工作中。因为我必须为孩子抽出合理的时间。我希望自己能够负责孩子的成长，我希望能和他们一起度过许多美好的时光。同时，我还觉得，不管是个全职事业女性，还是个全职的家庭妈妈，都不适合我，都不是我想要的。这对我对孩子都不利。于是我决定找份兼职工作，做个自由自在的打工者。我开始制定计划，搜寻合适的职位，寻求公司的支持。”

“1993年来临的时候，我决定跳槽。我做好了最坏的打算，大不了被他们拒绝。1993年中旬的时候，终于有个公司接受了我，并考虑到我的请求，答应让我选择一个较短的工作日程。这样，我对事业、家庭两者兼顾了。”

◯梳妆打扮守则

人们常说:“三分长相,七分打扮”。天生丽质、容貌秀丽的人毕竟是少数。要让自己变得更美丽动人,就需注意一定的梳妆打扮。靠外表的修饰,通过改造自己的发型、着装佩饰、淡扫娥眉等方式和手段来弥补和掩盖容貌、形体等方面的不足之处,并把自己的个人爱好、优秀的部分具体地展现出来或加以衬托和加强,让优点更突出,更乍眼,使自身形象得以美化。梳妆打扮,讲求仪表,还能折射出你的精神状态和礼仪修养,更深层次地美化自我形象,塑造迷人的气质和风度,使人们认同你、尊敬你,愿意和你交往,从而得到别人的认可、爱情、快乐,甚至获得事业的帮助,从而使自己成功。所以,仪表在女性的社交活动中有着不可低估的作用。在梳妆打扮上,要谨记以下几个信条。

一、着装适体

在梳妆打扮上,首先要考虑的,便是适体的信条。适体就是你的仪表修饰要与你的年龄、容貌、肤色、体型、身材、气质甚至职业特点和地位身份等相适应、相谐调。

1. 年龄。不同年龄的人,在人生的不同阶段,参加社交活动,应体现自己不同的风格。年轻的女性,不妨大力展示自己的青春风采,活力四射的特点,着一些颜色稍亮,也较超于自然色的衣装。化妆时,不要过多的修饰,因为年轻即美,太浓的修饰;反掩盖了你青春亮丽的特色;在佩饰上,要体现自己的特色、性格,不必过多追求其质地或其名牌与否,只要是有特色、让自己动心的,就尽管拿来为我所用,在自自然然的装束中,透出清新活跃的气质,让周围的人不由得感叹:“年轻真好”。

对于中年女性,应注意自己面部修饰。适当化化妆,掩盖时隐时现的雀斑,消消鱼尾纹,做做眼影,会让自己显得精神些。但也不可过于浓妆艳抹，应力求突出自己成熟稳健的风韵。妆色要柔和，服饰素雅大方。不要像年轻小姑娘那样追逐时髦，但可适当考虑一下服饰和质地。中年女性切忌不修门面，素面朝天，认为这才是中年女性的本色。其实任何年龄段的人都需要适当修饰，中年女性只要不太夸张，不太张扬就行了。

老年女性，已从岁月如流中学到了许多人生哲理，当是智慧的化身，在梳妆打扮时，应创造出高雅持重、深沉理性的风格。

2. 容貌肤色。每个人的容貌肤色都不尽相同。五官的形状、分布、大小和比例不尽相同，着装或化妆时，应根据各自的特点，扬长避短。肤色不同的人，也应有不同的肤色与服装颜色。中国人的肤色一般为浅黄色、淡白色和浅褐色几种。白皮肤的人，应适当使自己的肤色浅得沉着些。浅褐色或淡黄色皮肤的女性，更应注意自己服装佩饰的颜色，不要大红大紫，衬得皮肤显黑，应穿着那些淡雅些，又不失色调的服饰。

3. 体型。女性的身材也各有不同，各有千秋，有的人高挑挺拔；有的人小巧玲珑；有的人身材适中；有的人精瘦，有骨感；有的人不胖不瘦，恰合标准；有的身材中等，曲线明显；也有的人略显臃肿，身材较肥胖。对此也应根据自己的特色，选择与长相适应的服装、图案、款式及服饰的色彩、质料，饰品的造型、大小，妆色的淡浓深浅，也要力求突出体型优点，淡化形体的弱点。身材精瘦的女子，不宜穿过于紧身的衣服，可多选择暖色调的衣服、佩饰，让自己“丰满”一点；身材较娇小的女性，不宜穿宽大中长的长服，应选择短小精致，裁剪简约的衣服；过于肥胖的女性，也不要穿紧身束腰的衣服，这样只会让自己的缺点暴露无疑，应选择冷色调的服装；肥胖的女性，也不要穿脚跟尖细的高跟鞋，选择厚实、宽跟的鞋子比较适宜。

下面针对几种具体的情况给您提供一些建议：

如果不是属于完美的模特身材，你多少会更接近于以下三种水果体形中的某一种。虽然你不可能完全改变自己的体形，但可以通过服饰来突出自己的优点，掩饰缺点。

(1)梨形身材。身材特点：肩膀较窄、脂肪多集中于臀部、大腿或双臂上端后部。

突出部位：纤细的腰部及上半身。

穿衣之道：总原则是上松下紧及上身浅亮下身深沉的色彩规则。最重要的是加重上身的分量，比如垫肩的衣服、醒目的衣领、胸前有两个贴袋的衬衣、西装，配紧身窄裙或紧身裤。要避免无袖长裙，紧身衣袖的紧身衣，过低的V形领，腰部有褶的圆裙及宽肥长裤。梨形身材比较适合典雅风格的打扮，如多花边装饰的上衣、加垫肩的直身裙配细腰带等，多数时候梨形身材并不难装扮出得体的美感来。

发型及饰品：头发以齐肩长度为宜，最好不要盘发，使颈更显纤细，以翘发、卷发为宜。化妆应鲜明，可多用些娇艳的颜色，强调唇及双眸光彩。饰品以靓丽为要诀，特别适合亮闪闪的胸饰，不要太长，以正处于胸前或刚好绕颈一周的项链为佳，还可配靓丽丝巾或披肩。

(2)香蕉形身材。身材特点：体形修长，缺乏肌肉块，少曲线感。

突出部位：腰身如柳枝一般。

穿衣之道：避免V字领的贴身或裸露上衣；窄裙，特别是窄身连衣裙、没有腰节线的裙子，黑色或暗素色套装；太长、太短或质地太单薄的裙子。你要穿的是能增加曲线美的衣饰，宜配长而合体的西裤、短背心、亮色衬衫，齐膝裙配短靴、翻领衬衫、V领毛衣，西装领外套加流线型的长裤等。注意服装的层次感与节奏感。特别是要强调腰线、有腰褶的裙子和裤子，应配有垫肩和饱满袖子的上衣，同时衣饰以亮为佳。

发型及饰品；发型以有质感的披肩卷发或短卷发为佳，要整理出蓬松效果。化妆应典雅。腰带、腰链是重要的饰品，短的珠链、宽沿礼帽及披搭于肩头的彩条毛衣，都会让你更富女性味。

(3)苹果形身材。身材特点：脂肪过多地集中在中间部位，如背胸及腹部。

突出部位：圆脸、胸腹处丰满而臂细。

穿衣之道：你身材特点是比较圆，有曲线美，不足之处是给人过于粗壮的感觉。建议选择简洁式样的衣服，不用过多的装饰与堆砌，避免层次过多的搭配。你可以穿素色的无领无袖的X型连衣裙，或是紧袖公主线型长裙。稍紧身一点的弹性衣饰会表现你的妩媚，如紧身恤配紧身牛仔裤加一件短马甲配一个方腰包，青春活泼。不要穿过于宽松的服装，那会给人胖的感觉。颜色以鲜艳或素净的单色组合优于大的印花图案。

发型及饰品：简单干练是基本原则。短发、长发或发髻均可，只是不要烫太大的波浪或把刘海做得硬硬的。化妆应配合衣装色彩，以黑色服装、大红唇线和强调颊骨、突出轮廓的彩妆方式为佳。项链以长形为主，但注意饰物不可太多，通常一件较典雅精致造型的项链或首饰即可。

4. 个人气质。每个女性都有自己独特的气质。有的人文雅、安静；有的人外向、活跃；有的人内向、拘谨；有的人急躁，大大咧咧；有的人忧郁；有的人爽朗豪放。总之人人都有特色。正是这些不同的气质，把你同他人区分开来。女性在梳妆打扮时，也应根据自己的气质入手，通过服装、发型、佩饰烘托个性，展示个性，突出自己独特的气质，使之溢于外表，而不与之相悖，以获得外在形象与内部精神世界的和谐完美。性格活泼开朗的女性，不妨大胆尝试独特的发型，颜色鲜明的服装；性格娴静的女孩，可着装淡雅、文静些；气质忧郁的女性，不要着装过于晦涩，适当让自己的形象鲜亮一点，不要给别人造成压抑感。

5. 职业身份。女性的梳妆打扮也要考虑到自己的职业特色与身份，以表现自己不同的内在素养和职业形象。自己的身份也限制着自己的梳妆打扮，不同身份的女士，着装打扮也不尽相同。

(1)下列着装、佩饰可为职业女性所通用，不妨考虑一下：

两件套。你首先应拥有颜色式样相同，配在一起穿的套头毛衫和长袖外套。羊毛衫要伸展自如。无袖套头衫可以单穿，又可套在毛线衫或夹克里，可谓一举多得。

黑色高跟鞋。不要过高(最多1—2英寸)或过于厚重。推荐你穿一双细高跟，前端稍尖的鞋。

三件套装。选择一件胸前简约的夹克，配一条前边平展的裤子，或配一条齐膝的一字裙，颜色以中性为佳。

配以精美的坤包。中等大小，便于携带又能装下文件，但一定要柔软漂亮，不要暗淡无光的。

长外套。选择一件身材的3/4长度的外套，坚持古典风格的颜色，如驼色、黑色、海军蓝或红色。

(2)作为职业女性，脚上的那双鞋绝对不容轻视。“好鞋子”一定要能保护你的脚，让你走起路来舒服又好看，并能和你的职业、角色相称，让你的整体造型无懈可击。

舒适度优先。职业女性在长时间的工作中，非常需要一双舒服的好鞋相伴，不受压力束缚才能发挥百分百的自信。建议你在下午选购鞋子，因为脚在下午时会略微膨胀，此时所选购的鞋穿起来会最舒服。试穿时，请相信“第一脚”的感觉，一定要舒适、无压迫感才行。另外，建议脚型比较特别的人，如果试到比较舒服的好鞋，不妨多买几双。

最好选择中性色的皮制包鞋。鞋子的颜色切忌是全身最鲜艳的，中性色的如黑色、咖啡色、土黄色、灰色、米色等，可以与大多数颜色的服装互相搭配，永远是上班族女性的最佳拍档。在国内，有许多女性会穿着凉鞋去上班，事实上，在严肃的工作场合中，露出脚趾会对公众形象造成负面的影响。

1－2cm左右高度的包鞋，才是职业女性的最佳选择。若想换换口味穿平底鞋，也请在穿长裤时才穿。就材质而言，皮面、皮内里、皮底的真“皮”鞋是职业妇女的上上之选。真皮鞋具有吸汗的功能，且曲张度好，可提供脚足够的呼吸空间，穿起来不但舒适自在，看起来也非常有质感，绝对优于布面、假皮的材质。

随时保持鞋子的最佳状态。在外忙碌了一天，皮鞋难免有污垢，回家之后要立即清理，用塞鞋档或报纸来保型，并且用鞋油擦拭保养。否则日积月累，鞋便很难恢复原貌。特殊材质的皮鞋更需要加倍呵护，如鹿皮皮鞋不能用湿布去擦，而必须用毛刷来清理。鞋子和人一样需要休息，不要每天都穿同一双鞋去上班，建议至少准备二三双鞋轮流替换。

如果鞋面、鞋跟已经磨损，请马上“送医急救”，设法修补或换新。千万不要以为穿条长裤或长裙，就可以遮掩住鞋子的缺陷。其实，看不见鞋子的污垢、磨损的人，只有你自己，别人可是“历历在目”，看得一清二楚。最后要提醒你，鞋子买回来后，可将塑胶鞋底换成皮底或橡胶底，不但可以防滑，还能延长鞋子的寿命。

职业女性要记住的是不管是哪种皮质的鞋子，都不能被水浸泡。被水浸泡，容易褪色，缝线易断，干后板硬与老化，所以雨天不宜穿。皮鞋被酸碱腐蚀，影响穿用，也不能同酸碱接触。要保持鞋面与鞋内清洁，需勤擦鞋面。

(3)职业女性年龄不同扮靓规则也不同。23岁的女孩子初出校门，稚气未脱，手头又比较拮据，在购买服装时当然要选那些时尚感强，又不是很贵重的形象配件。

配件：灰色方型背袋。选择尼龙的材质可正式可休闲，款式越简单越好，颜色以灰色或黑色为佳。

上装：七分袖西装外套。这样适合初入社会的新人，七分袖的剪裁青春又不失端庄。

下装：深灰色直筒长裤。灰色不会让你在搭配上花太多心思，款式以直筒裤或略宽；腰部不打褶的最为合适。

鞋品:白色休闲布鞋。在休闲布鞋中,白色最没有颜色上的搭配困扰,款式以素面无过多装饰为原则。圆头中长筒靴适合各种脚型,能搭配各种裙或裤,能从秋天穿到冬天,颜色以看起来不过于厚重的浅驼色、浅咖啡色为佳。

26岁左右的白领丽人已经在职业场合中打拼了二三年,收入也提高了不少,应该有能力购买一些质优价高的名牌服饰。

配件:附手机袋提包以其人性化的设计受到白领丽人的喜爱,颜色以深色系为佳,因深色较易搭配也较耐脏。

上装:高领针织衫。款式简单、质料轻薄的高领针织衫是职业女性的必备衣款,秋冬尤其以温暖柔软的纯羊毛人气最旺,可正式可休闲,更不会有过季的困扰。

鞋品:低跟黑皮靴、瘦窄的方头鞋给人中性的感觉,高度以3到5公分的粗跟最具活力,也能让腿部看起来较修长。

到了29岁,几年辛苦工作积累的经验应该让你跻身于主管级的行列当中,虽然仍属于打工一族,价位与品位俱佳的服饰会在下属面前树立你的威信。

配件:硬式方形提包,深红的颜色不会太沉暗,也颇具女性味。想要看起来质感佳,真皮或是具口碑的品牌是主管级的白领丽人必备投资。

服装:灰色西装套装。对于主管级女性,花2000到4000元购买一套优质西装是很有必要的。选择剪裁细致、单排扣并具品牌性的设计为佳。上装长度不超过腰下25公分,颜色以深灰色系或大地色系最好搭配。

鞋品:中高跟皮鞋,年轻主管绝对需要一双优质好鞋。这个钱绝对不能省,质材以小牛皮为佳,款式最好选择简单且鞋面较高的包头皮鞋,或具有英国男学生风格的学生鞋。

二、顾全整体

梳妆打扮,还应考虑整体的特色,不能只见点、线不见面、体。

不仅要注意细节，还应注意整体，使各个局部之间搭配和谐，浑然一体。

1. 妆饰。这是指以女性的面容、肤色和头发为基础，借助其它各种工具、化妆品进行修饰、塑造等。妆饰的整体效果要协调。首先是面部的眉、眼、鼻、唇、额、颜、身、颚、颈、手等各局部化妆色调、化妆线条、化妆质感及化妆的风格要统一和谐。再就是不同的化妆风格要选择相对应的发型风格，不能让它们看起来突出、刺眼。

2. 着装。是以人体为基础，通过服装的色彩、款式、质料的选择搭配和装饰的匹配塑造个人形象。着装注意整体协调，首先是在色彩、图案、款式、质料、风格上要统一和谐。同时服装和身体的体型也应和谐。过于丰满的女性就不要穿过于精致的服装；其次，服装各部位的配合要有整体感。上装和下装、袜子和裙子、鞋和帽子各部分要配合的完整和谐。上着严肃整齐的西装，脚下却蹬双运动鞋只会让人觉得滑稽可笑。总之各部分之间应相互照应、协调，如同我们文章要讲究前后呼应一样，这样才会对服装的整体显出 1＋1＞2 的效果来。

3. 颜色搭配。在这个花团锦簇、艳丽缤纷的社会，利用色彩来调剂工作心情、工作环境是很必然的，穿衣当然也不能例外。

每一位爱美女士都不会错过打扮自己的机会。在新装饰主义的影响下，除了合身的着装勾勒出纤细腰肢外，新一季的职业装被注入了更多的女性色彩，避免让人产生“生人勿近”的敬畏心理，更体现出 OFFICE 小姐的简约、活泼，为平淡而刻板的办公室生活添上盎然生机。

白色丝质衬衫是 OFFICE 一族的基本服装，无论潮流如何变化，它永远是白领的钟爱。

小马甲。春季的风顽皮地捉弄你，微风中带着些冷意，增置一件裁剪精致带着印花暗纹的小马甲，是十分必要的。

针织衫。最好是无袖针织衫，一紧一松，但又塑造出纵向线条的无限魅力，这就是针织衫和褶裙的谐调效果。无袖针织衫采用齐肩去袖的设计，充分展现双臂的柔美。

及膝裙。一身蓝色鱼尾及膝裙，令你婀娜多姿；若是对自己稍嫌肥胖的下身有些自卑，可改穿一条百褶裙，本季流行在裙腰处手工打褶。着一条粉红薄纱百褶开叉绒裙，上装为飘逸的丝质尖领白衬衫，端庄之余更显活泼俏丽。

4. 佩饰。女性都离不开佩饰，哪怕再繁忙，再拮据，也忘不了戴上一支发夹。佩饰是以身体的各部分为基础，借助饰品的烘托以扬长避短、点缀整体装束，塑造个人特色。使用饰品时，也应和自己的着装、发型相配合，不可自行其事。在饰品的光泽、色彩、大小、质地、形状及其意义上，都得和整体一致。穿什么颜色的衣服，配什么颜色的眼镜，戴什么样的帽子，配什么样的围巾，以及什么样的发型配什么样的头饰或耳坠，什么样的手提包配什么样的服饰，什么样的毛衣配什么样的胸花，这些都应考虑俱全，不可闹出笑话。

三、适度

在梳妆打扮时，还要讲求适度。适可而止，过犹不及，便是这个道理。太过于矫饰，反抹去了自己的天然风格。“清水出芙蓉，天然去雕饰”是美的极境。适度的信条，要求女性一定要在自己本身自然特色的基础上，加以略微的装饰，自然才是我们的本性，是你的仪表要体现最主要的东西，而不是各种化妆品或装饰品。

适当的着妆程度。化妆，是为了使自己的特色更趋于完美，它是一种辅助手段，而不是主要目的。化妆时，应以自然为本，突出优点和气氛，让别人对自己的外在美一目了然，同时掩饰缺陷。化妆不是让自己换张脸，而是让自己原来的脸面更加完美。不可本末倒置，只见浓妆，不见人面，这样还不如戴张面具算了。化妆，要注意深浅浓厚程度，以更清明、动人的形象出现，而不应过于注重粉脂、眼影的作用，否则让人觉得俗不可耐，甚至是矫揉造作的形象。

适当的佩饰数量。女性喜欢炫耀，恨不得把所有的东西都抖落给别人看，结果会造成梳妆打扮的误区。在佩戴饰品时，也应注意适度的原则。饰品的点缀，要恰到好处，增之则多，减之则少，如点睛之笔，如锦上添花，更烘托整体效果，让女性更加迷人动人。不要把自己所有的头饰都插在头上，把所有的项链都挂在脖子上，把所有的胸花都别在胸前，让人觉得累赘不堪，俗不可耐。有时可以戴上帽子，有时可以披条披巾，有时可插上一朵胸花，有时可戴上一个头箍，但不要同时把所有的东西都带上。

适度的修饰技巧。修饰贵在圆痕。修饰应当给人看起来没有突兀之感，没有矫饰的感觉。成功的修饰在于似乎漫不经心之间，增加了自己的整体效果，浑然天成。

四、环境协调

人总是在一定的时间，处于一定的场合，针对不同的事情。在不同的环境下，人的着装与修饰也应相应有所不同。总之，自己的梳妆打扮，应与环境的变化相呼应，随着环境的变化而变化。

1. 时间变化。时间变化有多种涵义：一天中的早上、中午、黄昏、深夜是时间的变化；一年中的春、夏、秋、冬四季是时间的变化；人生的童年、少年、青年、中年、老年也是一个时间变化的过程。要根据所有这些不同的时间决定发型、服装、佩饰。一天中的白天和晚上，可选择不同化妆品，晨有晨霜，晚有晚霜。一年中的四季，可选择不同的服装，不可夏装冬穿，冬装夏穿。不同时节的潮流与节奏也是不同的，不可在新世纪穿上个世纪的古装，不可在年老的时候，还戴着童年时期的帽子。

2. 地点变化。当你进入不同的地方，步入不同的环境时，你的梳妆打扮也应与当地的习俗相适应、和谐。不要在繁华的都市和边远的山村都穿同样的高跟鞋；在豪华宾馆不可穿上海滨沙滩上的泳装；在大街上行走不可套上家居时穿的便服。不管何种环境下，如果你想与环境保持和谐，就应根据其变化选择不同的着装打扮。否则，环境会对你形成排斥力，使你在这个环境中显得十分突兀，而且自己也会觉得不舒适，不自在。

3.场合变化。不同的场合有不同的气氛、不同的人群、不同的事件。在不同的场合下，其礼仪要求也不尽相同。女性在自己的着装与打扮上，也要求与一定的礼仪规则相呼应。上班与居家，喜庆与悲伤，严肃与活跃，气氛不同，仪表就不同，化妆也不同。在一场严肃的会议上，你穿着一身运动装站起来发言，绝对没有你一身西装的发言更让人注意；居家时，也不可能一身西装拿起锅、碗、瓢、盆；在喜庆的场合不要穿过于严肃的衣服；在悲伤的场合，不要穿的太花哨，太艳丽。

五、注重礼仪

在梳妆打扮上要注意礼仪。服饰、着装，都应符合各种礼仪要求。

1.整洁是最基本的礼仪要求。整洁不仅显示出女性的自尊自爱，也包含了你对他人的尊重，这是社交场合的基本礼貌。适度的化妆让自己容光焕发、富有活力，可以激活气氛；头发凌乱、衣着不整、满脸褐色不仅破坏了自己的形象，而且让别人也觉得扫兴。因此，梳妆打扮首先要达到的效果是整洁，让人觉得你是位有修养、懂分寸的女性。

2.不能在公共场合当众着妆。在众目睽睽之下化妆或补妆是非常失礼的，让自己的淑女形象尽失。需要补妆，可以托辞离开一会儿，去洗手间或其它地方补一下。补妆时间不可过长，让对方久等也是失礼。

3.妆色的淡浓视场合而定。在沉痛、哀伤的吊唁、丧礼场合，只可着淡妆，不可浓妆艳抹，而且不要涂抹口红，不要配带各种饰品，以素洁庄重的颜色为主体色彩。正式的场合不要穿背心、短裙、紧身衣裤等。在家庭接待宾客，也不可光着脚丫或只穿内衣、睡衣或披头散发。

4.参加社交活动，进入场内应摘帽，脱掉手套、风衣、雨衣等。

在室内不要戴着有色眼镜，当然近视眼镜除外。

5. 装饰佩物也应符合礼仪信条。戒指既是装饰品，又有着一定的特殊含意。中国人向来不太注重戒指的佩戴合礼，结果闹了不少笑话。国际上较通行不是把戒指戴在左手，而且拇指不佩戴戒指。戒指戴在食指上，表示无偶求爱；戴在中指上，表示已在谈恋爱，有了恋爱对象，但未结婚；戴在无名指上，表示已经订婚或结婚了；戴在小指上，则表示你奉行独身主义。在社交中应准确佩戴戒指，以向他人传递正确的信息，以免造成误会甚至闹出笑话来，让双方不好收场。

同时，不要戴各种造型奇特、风格迥异的饰物。在正式场合，应力求饰品之间的搭配。如果出外旅游，就不用这么严格了。同时，在不同的国家、民族，也应选择不同的饰物：要考虑到当地的风俗习惯、礼仪要求。

6. 在正式场合中，避免戴发亮、发光、发声的饰物。比如在会场上，你浑身叮叮当当声，只会影响会议的正常进行。

7. 在吊唁、丧礼中，只许佩戴结婚戒指和素色的饰品以显示对死者及其家属的尊敬。

六、着装禁忌

身为白领的你，在讲究“包装”的今天如果一味地追赶潮流，将所有的流行顶尖元素都带入办公空间，可能会给你的工作带来一些不必要的困扰。你不妨认真反思一下自己有没有犯以下着装禁忌，如果有，就要及时改正，以重建自己的形象。

禁忌一：发型太新潮。

尽管你很陶醉于发型师的建议，梳个最新潮的“龙珠头”，再配一身“彩色狂野装”。但若是将它带到办公室里，一定会使同事向你投来诧异的目光，甚至让人一见到你就眉头紧锁。

禁忌二：头发如乱草。

凌乱的长卷发垂在鬓边或是刘海遮了眼睛，别人会以为你起床后没有梳头就匆匆上班，更认为你披头散发会失尽仪态。想想你一边忙着拨弄头发，一边忙着整理桌上文件的狼狈相，会让人觉得你是一个不修边幅的人，对你的工作能力也会大打折扣。

禁忌三：化妆夸张。

女孩子喜欢涂脂抹粉、画眉、染唇，但如果把两颊涂得像中国大戏妆，就绝对不符合白领一族的要求。其实，女士若爱上浓妆厚粉，夸张眼线，除了表示她的年纪越来越大之外，更代表她对自己越来越没有信心。如果在大热天仍然这么浓妆，不仅妨碍皮肤呼吸，而且浓妆特别容易融化，稍有不慎就让你变成大花脸。

禁忌四：服装太前卫。

未必人人都了解眼下的潮流是什么，也并非人人都懂得欣赏前卫打扮，在办公室搞个人时装展览会，把最新潮的民族服装、东方服装和欧美服饰全部轮流披上身，会和严谨的办公环境格格不入的。

禁忌五：天天扮“女黑侠”。

黑色虽然是永恒的色彩，却不是万能的，一个星期有五天全黑打扮，未免缺乏生气。别以为黑色一定能显得你苗条，如果款式及裁剪不好，即使黑如墨的颜色，也对你的身材美化无济于事。假如碰上睡眠不足，黑色会让你显得更加憔悴。

禁忌六：脚踏“松糕鞋”。

近年来许多白领女性因赶时髦又贪方便，都穿露趾凉鞋上班，但那种超厚底“松糕鞋”或“大头仔鞋”实在难登大雅之堂，也不宜上班穿着。要知道，穿这类鞋走路时比穿高跟鞋容易失掉重心，在狭小的办公室“踏来踏去”，既危险又失态。

禁忌七：衣不称身。

不妨检查一下自己穿的外套或西装是否衫袖太长、领围太大或者裙子过长，即使你身材高挑喜欢穿较长的衣服，你也不要一味地穿又长又阔的服装，因为那样会令你显得既老套又累赘！

七、着装合适的保证——保健与饮食。

1. 保健。长时间坐在办公室努力奉献于工作的白领丽人，常常经过一上午的常务性工作，吃完午餐后暂时打个盹休息一下，就又马上投入辛勤的工作，往往一坐下就是两三小时不挪位置，顶多起身上个厕所、补个妆，再不就倒杯水。吃饱了就坐着，坐下不运动的工作形态使越来越多的美人形成下半身比上半身胖的形体，一开始的征兆大多都表现在小腹上，十有八九会小腹突出，如何通过简单的几个步骤就能维持窈窕的身材？

现在就来为各位丽人介绍一种简易办公室运动：

步骤一：坐在椅子上，两腿慢慢往上抬；

步骤二：两手轻轻放在小腹上，慢慢地吐气，吐气的同时小腹也渐渐收紧；

步骤三：吐气慢慢加快，小腹越收越紧，肩膀保持轻松；

步骤四：小腹已收到最紧的程度时，气也同时吐尽；

步骤五：肩膀与小腹都放松后，慢慢地开始吸气；

步骤六：尽量吸气，此时小腹不用刻意收缩，转而换成腹部向下压的方式用力。

这种体操主要的目的是为了消除小腹的赘肉。不过有句话说：没有丑女性，只有懒女性。只作个两三次是看不出什么效果的，至少得持之以恒地每天上下午各作两三次，每次至少作个八拍，持续三个月，一定能看出效果来，不但能维持美丽的身材，而且也能舒解紧张的上班压力！

2. 饮食。如果你无法抗拒零食对你的诱惑，可是还想保持较好的身材，你又担心零食会影响营养的吸收，于是吃零食就成了你的一种心理负担，该怎么办呢？

其实，你不用改变吃零食的习惯，关键在于挑选那些能让你的嘴忙碌而又不会增加体重的食品，并学会合理吃零食，这样，你甚至能够因此而补充正餐营养的不足。

广州地处南方，物产丰富，加工的零食品种繁多，不胜枚举。与北方人吃油炸、麻辣味的零食相比，广州人更爱吃诸如果冻、坚果、果脯、密饯、鱼干、肉干，特别是话梅等零食。如果你也是这些零食的拥趸，那么以下几个零食误区你可要注意了。

误区一：果冻是一种富含营养的零食。

多吃果冻不仅不能补充营养，甚至会妨碍某些营养素的吸收。目前，市场上销售的果冻基本成份是一种不能为人体吸收的碳水化合物——卡拉胶，并基本不含果汁，其甜味来自精制糖，而香味则来自人工香精。

不过，果冻中没有脂肪，并含有一些“水溶性膳食纤维”，少量吃些并没有坏处，也不会让你发胖，但是你不要指望用它来“增加营养”。

误区二：常吃果脯、蜜饯可以代替新鲜水果。

在这些食品加工过程中，新鲜水果所含的维生素 C 基本被破坏，而加工中所用的白砂糖纯度可达 99.9%以上，如此之纯的糖中除了大量热能之外，几乎没有其它营养，而食用这样多的糖，还会导致你产生维生素 B 和某些微量元素的缺乏。另外，有些果脯等食品中可能还含有防腐剂，经常食用会影响健康。

误区三：食用含盐较多的话梅等食品比蜜饯安全。

话梅等零食含盐量过高，如果长期摄入大量的盐分会诱发高血压，另外，嘴里不停地吃话梅也是不可取的。

误区四：坚果中营养丰富，可以多吃一些，用来补充营养。

坚果中的确含有非常丰富的营养，并且可以说是零食中的首选。但坚果中的脂肪含量过高，热能也较高。比如，50 克瓜子仁中所含的热量相当于一碗半大米饭！如果食用过量就会有发胖的危险。

误区五：鱼干和肉干中的脂肪含量会比鲜肉低，多吃也不用担心。

鱼干和肉干是经过干燥而成的食品，水分含量低，而其中的营养物质得到浓缩，是补充蛋白质的好食品。但同时肉干也是一种高热量的食物，大量食用和吃肉没什么分别，尤其是那种味道鲜美、质感较软多汁的肉干，其脂肪含量更高。大量食用肉干、鱼干除了对减肥不利之外，它们所含的蛋白质一旦超过了人体的利用能力，还可能导致形成致癌物质，威胁到你的健康。

那究竟怎样合理地吃零食呢？爱吃零食而又不想发胖的你，不妨采纳专家的意见，合理地吃零食。

首先，对零食不贪吃、不多吃、浅尝即止，不要以零食代替正餐。

其次，最好在进食正餐前 2 小时吃少量零食，这种“零食约会”可以避免你在饥肠辘辘、狼吞虎咽时，不能作出正确的、有利的选择。

最后，次零食食品（低脂肪、低热量的食品），一次随心所欲。

如果吃零食的时候，你能够把握这样的度，那么你就储备一大堆零食并放心地享用吧！

◯品位——女性的灵魂

品味，是一个人对生活的理解，对成功的理解；品味，是生活质量的体现，是女性内涵的体现。没有品味的人生，如同一杯无滋无味无色的温白水，让人难以下咽；如同无花无草无树无水的荒漠，找不到生命的迹象。而低品味下的人生，则如同糟粕，经不起玩味，经不起推敲。有品味的女性是一杯茶，清香萦绕，回味无穷，让你在品尝的同时，感到某种真谛，让你有怦然心动，欲言又忘的感觉。

成功的女性，不仅是事业上有所得，最重要的是通过成功，去追求一种更高品味的人生。人为什么要成功？仅仅是因为金钱吗？仅仅是因为享受吗？当然不是。离开品味的女性，让人难以想象。那么如何才能提高品位呢？

一、确立高尚的人生价值目标

人生没有目标，如同航船失去了方向。确立高尚的价值目标能引导女性向更高的境界发展，从而提高自己的品味。

有了高尚的价值目标，女性会更加珍惜生命、热爱生活，会尽自己的力量，去创造一个更美好的生活空间。一个有高尚人生价值目标的女性，一定是一位有志向、有理想的女性。在为自己的目标而奋斗的路上，她不断吸取人类智慧的精华，学习人类先进的实践经验，从而提高自己的素养，提高品味。

有了高尚的人生价值目标，女性才有高尚的成功的动机。一个动机低下的人，即使她获得了成功，仍然享受不了高雅的生活，她的品味仍然只是低俗的水平。

女性在为自己的崇高人生目标奋斗的时候，会不断提高自己的文化素养和科学知识，从而提高自己的人生品味。

二、创造高品味的生活

法国著名雕塑家罗丹说："生活中不是缺少美，而是缺少发现的眼睛。”的确，生活中充满了各种各样的美，充满了各种高品味的美感实体，它们千姿百态，丰富多彩，却被人们遗落在墙角。女性要提高自己的品味，应该去发现美，创造高品味的生活情趣。

在自己的创造性实践中，去发现高品味的生活情趣。实践，包括各种人类改造世界的活动，包括科学实验，劳动工作，艺术活动等。高品味的生活，只能在实践中才能实现。在实践中，你才能感受到丰富多彩，生机勃勃的生活，得到感情与心理的充实与愉悦。

平凡的事物也孕育着美。在实践中发现平凡事物的美，陶冶自己的情操。在屋里挂上几幅典雅的字画，在茶几上摆上一瓶插花，在窗台上摆几盆缤纷多姿的花草，创造一个优美、清静、清新的生活环境，是女性品味的表现。

自然界是美的最真实的体现。欣赏大自然的美，投入自然的怀抱，绝非只是一种闲情逸致，也是提高品味的好手段。在你烦闷、忧愁的时候，尽可以呼吸自然的清新空气，聆听自然的天籁之音，让你把一切世俗琐屑都抛在脑后，偶然间窥得人生的真谛。因此，自然，也是我们陶冶心灵、提高品味的好场所。一个懂得自然的人，才是真正懂得美的人。

提高品味的另一主要途径是，欣赏艺术美。在欣赏艺术作品的同时，我们的生活也因此而艺术化了。欣赏艺术不是一种消遣、娱乐，它是用一种美的东西，引起你心灵的震憾，产生心灵的共鸣。通过艺术的潜移默化的形式，感染人的灵魂，激发人的感情，培养人高尚的生活情趣。在欣赏美的同时，也领悟深藏其中的人生哲理。

拥有高品味的生活的女性，才拥有高品质的人生。

三、提高文化品味

文化，历来被认为是一个高雅的字眼。在古时，“女子无才便是德”，女性只要贤慧、体贴、善理家务、能养孩子就行了。那时女子有没有文化，并不重要。有的父母甚至不许自己的女儿吟诗读书，只要她每日做女红。这导致古时的女性大多没文化，只有好脾气。

现在，女性要和男人一样拼搏，和男人一样创业，不得不提高自己的文化涵养。女性要获得事业，获得经济的独立，要真正获得他人的尊重，就必须提高自己的文化品味。因为中国向来是以文化古国而闻名，在这样的国度，文化占据着极其重要的地位。

有一个例子，反映了有些成功女性的文化底蕴问题。有一个考察团，到某市采访了某位成功女性。三年后，考查团再次来到这个城市，要求和这位女性再聊一聊。然而结果却大失所望。三年之后，这位女士的谈吐与三年前那位女性，真是判若两人。除了三年前的话题，她谈不出其他任何新鲜的东西。

这个例子绝非偶然。在当今时代，的确有一些没有什么文化底蕴的女工，靠着自己的运气与投机，获得了一定的金钱。但要保持自己的事业，获得别人真正的尊重，还是多学些文化，提高自己的文化品位。

一个人的诸多品味，均受文化品味的影响，受其制约。其实其他品位均是由文化品位派生出来的，一个女性的文化品位，直接决定了一个成功女性能否继续她的进步，再次成功。

提高女性的文化品味，已成为社会关注的问题。我们的教育大力提倡女性接受教育，让女性与男性享有同等的教育机会。

当今时代日新月异，各种新事物、新知识、新产品层出不穷，我们要学的东西还很多，特别是在网络经济时代，知识的更新换代瞬息便可完成，谁也无法长久地吃自己的“老本”。不论是谁，不认真学习，提高文化水平，势必会丧失自己的品味，而落后于时代的脚步。

不断提高文化品味，加强自身修养，才能改变那以金钱掩盖的愚昧，改变以繁忙掩盖的空虚，以华丽涂刷的庸俗。有文化品位，我们才有资格、有权利发出自己的声音，有权利品头论足，有权利获得别人的尊重。

四、提高自己的服装品味

在交际的舞台上，如果不懂得打扮自己，很可能因为自己幼稚可笑的品味而失去一次成功的机会。尤其是那些不擅于用言语表达自己的人，无法通过交谈让别人认识到自己的内涵，便只有通过服装来显示自己的品味。

服装的品味，是个人内涵的外在显现。服装，也就代表着一个人。你的服装，是你独特的风格，它就代表着你的品味。如果你的品味低下，即便浑身贴金穿银，珠光宝气，仍然让人怀疑你的个人品位。

服装的品味，没有特定的格式。不同的人可穿不同的服装。不一定戴金就俗，不一定朴素就雅，关键在于你如何搭配，如何选择。

懂得穿着打扮的人，知道自己适合什么东西。无论是发型、眼镜、领带的颜色，衣服和袜子的搭配等，都用心安排，让人看起来恰到好处。即使你的服装很醒目，如果你其它方面不协调，就会给对方造成不自然的印象，即使你有一定的内涵，也无法让别人了解。

提高服装的品味，讲究最适合自己的打扮，让外表反映自己的内涵。这样才会让别人知道你的品味。

五、提高语言品味

如果你语不离低俗杂志、言情小说甚至麻将、酗酒，那么你的语言就已经告诉周围的人：你是个没有品味的女性。

人的思维是通过语言形式表现的，而语言作为思维的工具，又总是和一定的心理活动相联系。因此语言、谈吐、举止都是一个人内心感受的外在体现，它能调节你的心理平衡。

人的大脑是奇妙的，它让我们能听、说、看、写，让我们感受音乐的美妙，让我们欣赏艺术的高雅。它也是我们进行正常的人际交往的保障。在人际交往中，我们不由自主地会使用一定的话语和手势来表达自己。

交流双方的心理对表达与理解有着重大的影响。有时往往会造成说者无意、听者有心的局面，就是由于双方的心理理解不一致造成的。成功交际的女性，往往能做到表达者有意，即注意对方的心理变化而采取适当的表达方式。这是交际成功的秘诀之一。

当然，有时候也会出现说者有意，听者无心的情况。这就要求说者讲求谈话的内容、方式及场合。在一个严肃的追悼会上讲一个笑话，无论平时这个笑话多么让人捧腹，这时是没有人会笑的，因为场合不适宜。所以成功的女性在交流时，还应注意交谈的地点。私人的事不要在办公桌上讨论，公司的事也不应传至街头巷尾。

有时说者是一个意思，而听者理解成了另一个意思，这也是表达的误区，影响着人们的正常交流。在交流的时候，特别是公事谈判上，尽量避免语言、举止的模糊性。一就是一，二就是二，不要模棱两可，让人摸不着头脑，产生歧义。汉语特别具有模糊性，少一字，添一字，语气的轻重不同及哪个字说得重，哪个字说得轻，其表达的含意会大相径庭。所以在说话的时候一定要句句斟酌，字字慎重，以避免理解的差异。

言语不明，举止不当，不仅不会引起对方的共鸣，而且会让人乏味，使交流难以继续进行。只有言语高雅，谈吐清晰，这样的女性才会让人觉得有品味。

六、举止礼貌、友善和文雅

举止礼貌，指我们在待人接物的时候，要懂得各种礼节，并按这种礼节行事，对人要尊敬有礼。其实交流是双向的。大家一定还记得一个这样的寓言。

一个小孩向大山喊道："喊……"

大山回应道："喊……"

小孩生气了，大叫了一声："讨厌！"

大山也回敬了他一句："讨厌！"

后来小孩灵机一动，改变了自己的方式，礼貌地问道："您好吗？"

大山也礼貌地回道："您好吗？"

寓言非常简单，却告诉我们交流的双向性。当你以礼待人时，他人也必然以礼待你。反之，只会落得"以其人之道还治其人之身"的结果。懂得礼貌的人，不仅尊重了别人，而且也维持了自己的自尊。

举止友善，要求我们要以情动人，待人友善，与人和睦相处。友善的态度，让你更容易获得别人的信任，有利于创造融洽宽容的交流氛围，增进友谊。举止友善有时甚至能化干戈为玉帛，消除以往的矛盾，建立新的关系。

文雅则是更高的要求，它是一个人修养、教育的体现。只有举止文雅的女性才能风度翩翩，具有迷人的魅力。文雅的女性，举止从容不迫，服饰衣着得体，举手投足都流露出独特的风韵，让人为之一倾。

当然，举止礼貌、得体、文雅并不是生来就具有的，需要我们有意识的去培养，去形成有自己个性的举止。

做一个举止高雅的女性，应多模仿那些让你为之着迷的女性，同时多看一些有关方面的书籍，了解交流中的礼节忌讳。尽量避免让人感到不快的言语或不当的举止。

七、职业静电

在这里，我们将教您如何做个带电的职业女性：

"带职业静电"的女性是职业场合的抢手货，她们让手里握着权力和金钱的老板们魂牵梦绕，立于职业场合的不败之地。

触电外包装：吸引老板第一步。心理学家证实，外在形象最先吸引他人的注意力，并在 7 秒钟后变成对你的基本判断。老板对一个人没有基本好感，不可能雇她做事。你不妨按下列方法试试：

1. 看不出年龄。老态当然不行，公司里只有董事长、总裁可以是老太太，即使如此她们也还要洋溢着年轻。所有职业女性都不许有 40 开外的感官。不管你多大，让人觉得你 30 岁上下，而且不再长大，也不变小。

2.印象符合标准。老板都是些抓大放小的主，很少在乎女性的细枝末节。一位才华横溢的美院毕业生，个不高，一头飘逸长发。单个看挺有味，在一堆应聘者中却显得头脸不清爽，个子更矮。另一位静坐眉清目秀，一走路却含胸驼背。为什么因此痛失好职业？剪个与身高相称的发型，练练健美操就会结局两样。注意显著的方面不能丢分，它会让你不及格。

3.明眸易得，皓齿难求。皓齿能一下提升你的清洁、漂亮和亲和力，尤其是外企。办法很简单，去一趟牙科诊所，通过洗牙和脱色，很快就能改观。

4.拥有绝对数量和种类的职业装。在衣橱中，职业装数量最多，因为一周至少有5天要穿。不仅数量多，类别也多，有裙装、裤装、礼服正装、职业休闲装等。要知道裙装比裤装正式、裙装的精确长度、周三和周五用职业休闲装调剂、通过衬衣和发式变化改变同一套职业装的味道等等。有干洗、熨烫、收藏服装的好习惯。

5.从不穿短丝袜（配裙装）和露趾鞋上班。

6.定期修剪头发、眉毛、腋毛和体毛。每天洗头，衣肩上没有一根落发和头屑。

7.淡妆。一个浓妆艳抹的职员，会给人没受过正规教育的印象，老板很反胃。

8.昂首挺胸。这样不仅能立即变得自信，还可以调校胸罩是否系得松松垮垮失去作用。

只有职业装至多能做个低级职员。如果最初的言谈再让老板心动，那么高薪和要职已经在握。内部带电的女性具有巨大杀伤力，越坚强的老板越难幸免。怎样才能“内部带电”？

1.正规丰富的经历。老板非常喜欢名牌大学、大企业任职经历。他认为好的教育与阅历会带给公司正规和实力，因此老板会强调这些部分，包括与之相关的培训和进修。实在没有，考虑去报一个此类机构办的实用班。

2. 懂得承诺。不要只会谈计划和实施，要直接切入结果，承诺自己能做到什么，再谈及为此拟定的方案。

3. 为实现公司的（也是自己的）预定的目标百折不挠。包括：遇到紧急事件心理镇定、步骤清晰；具有成败参半时的风险选择、迎接挑战；挫折不能长时间阻止新的方案开始；不把挫折归因于自己或同事的缺点；心中期望的目标比预定的目标更高；怀着期望成功而不是害怕失败的情绪做事。

4. 繁文缛节可以被改变，公司的目标高于个人的判断。绝对忠诚于公司和老板。

5. 没有女性致命的优柔寡断、患得患失的缺点。有决断力，有热情，有点冒险精神，常常把事情看得更简单而不是更复杂。

6. 能干但从不跋扈。

7. 能够承认自己的错误，并向比自己资历低的人学习；能够顺利处理多方面的要求，随时按需要变化工作的重点。

8. 喜欢赞扬和自我赞扬。我们总是爱做批评与自我批评，在老板的鞭策和自己的不足中成长，没必要。谦卑可以放在学问和修行上，决不放在工作中。

9. 决不打算成为老板的情人。成为情人是彻头彻尾的职业场合的失败，你带的是另一种电。

触电标志：谈话时间超出预定设想，高薪和要职抛出，老板越来越随和，眼光暗含喜悦。

6

完美女性的修炼

现代职业女性向传统挑战，向命运挑战。她们用知识打造一片属于自己的天空；她们不再只是一部家庭机器，而是让自己的方式去主导自己的工作和生活，发挥个人的特长，去博得事业的成功，赢得理想的实现；她们照样离不开家庭、丈夫和孩子；在她们身上仍然折射出现代淑女讲究礼仪、懂得宽容、温文尔雅、善长理财、相夫教子的文化底蕴和生活品味，成为真正意义上的成功女性、贤妻良母。

◯知识女性的奋斗

读书多而不加思考，就自以为知道得很多；思考愈多时，就发现自己知道得很少。

说到知识女性，大家眼前浮现的一定是位戴着深度眼镜，穿着朴素的衣服，随意理着头发的柔软的女性。没有生气、没有活力却有着渊博知识的僵化的女性，这是长久以来人们形成的思维定式。“女子无才便是德”这种观念在人们脑海中存在多少年了，大家都认为女性读书多了，就会读傻，就会没有情趣。

其实对女性的这种认识早已过时了。现代职业女性大都是知识女性，她们有渊博的知识，她们并不满足于相夫教子，做个“无才”的女性，她们更想用自己的知识，打造一片属于自己的天空，她们要远离“古董”女性，要成为一个有思想、有生气的知识女性，看看下面这些知识女性是如何向命运挑战、享受人生的，你就会明白。

一、勇于创业

女性要有事业，要有家庭。失去家庭，会觉得很“浮”，没有根基；没有事业，又觉得很无聊，所以成功的知识女性应该是事业、家庭双丰收的。

她是个牙医，她辞职自己开诊所的消息曾让不少人感到惊讶。她的个性大大咧咧，很外露，也很大胆的，想要做的事，一定会去做，不管别人怎样说。何况开诊所在国外是常事，没什么可怕的。

当然赚钱是一个很大的因素，但也不全是。牙医这样的工作让她不愁吃，不愁穿，在大医院里工作，几乎没什么压力，做多做少与己无关，人很轻松，技术上也会提高。但医院体制有时压抑人的工作积极性，再说团队中人的关系复杂，人与人之间容易心存狭隘。

虽然创业时困难很多，但她在各方面都得到了提高和锻炼，包括社交能力，处理和病人的关系，还有技术能够更全面、更快地得到提高。

对她而言，现在是在享受自己的工作，尤其是当病人的牙齿全部都按计划矫正好后，就好像是做成了一件艺术品一样。以前在医院工作基本上是就事论事，矫正病人牙齿就是矫正牙齿，现在则是要为病人做整体设计，提供一个最佳的治疗方案。

而且，因为是自己的事业，她可以全方位地提供服务，比如自主地为社区做慈善性的事业，这些工作以前在医院往往不是自己可以做主的。

可是，开私人诊所也要承受很多压力。这一行中存在着很多竞争，除了国家办的大医院还有民营私营、外资合资的牙医诊所。要想与之竞争，就得使医疗水平很高，所以钱不是最重要的，要有好的硬件，但技术、知识和经验更重要。所以她每年都安排去国外学习。

像这种知识女性，就是这样今天做了一件事，就想着明天我还要做什么。就好比现在的诊所开张了，技术到位了，接下来还想引进更多更先进的设备以及扩大诊所规模等等。这个行业不仅和专业技术有关，还和设备材料有关，所以应该尽量选用先进的设备。她想要的不仅是一个好的诊所，还有一个引进设备、材料的“技术设备中心”，否则会很被动，这样将来形成自己的一体中心，就能使整个企业的定位提高。起点高一些对企业今后的发展有好处，她不想给人家一种子承父业、手工作坊的感觉。

她说：“女性可以创自己的事业？我不认为这样。一个女性要出来创业，除了要有坚定的理想和信念，还要有自己的专业知识作基础，当然肯定还要有家庭的支持。即使他们在一些具体的业务上帮不上忙，但在一些大的决策以及管理上会给自己很多的帮助。”

对一个女性来说，家庭、孩子是最重要的，在此前提下，再去追求事业上的成功才有意义。虽然事业与家庭有时会有矛盾，但处理好,是会互相促进的。

二、成功地策划人生

成功的人生始于策划,就像一盘美味的菜肴来自于精心地烹制,一件盛装来自精细的缝制。

娜毕业以后进入一个事业单位,干着在别人眼中等于金饭碗的工作。但她工作没多久就辞职了,凭着她对事物的思考和把握,她给自己策划了一条不同寻常的工作道路,她进入了人力资源行业。

由于工作的需要,她曾参加一个关于人才测评的培训,当时给她印象很深的是学习面相。原来,她发现面相真的能看出人的性格。

作为人力资源部的工作人员,你必须保证招进来的每个人都是公司所需要的人才。于是面相是否有灵气成了第一张通行证,这样必然在原来的工作中有成功的经验。所以,她的独具慧眼自然得到了公司的肯定和重视。

也许太投入自己的工作了,在工作之余,她也会不知不觉地用自己的那套相面理论,分析自己是一个什么样的人,她会适合怎样的环境、能在哪方面有所发展等等。

在工作中,她意识到一个管理日趋完美的组织中,如果人力资源部门的工作仍是停留在以人为本,人尽其才的传统口号下,那么,人员管理将成为一句空话。如果把大部分时间耗费在日常琐碎的事务协调和处理中,那么,人员管理将成为一句空话,她将无法看到员工的动态变化,无法了解人力资源的行情动向,人事部所做的将只能是纸上谈兵。

正因为她出色的策划能力才保证了她每一步走得都安稳和踏实。

三、销售快乐

悦笑得很单纯,就像她的名字一样是一个笑口常开的快乐的人。她在不断地用她的笑感染着别人。

她从小就非常喜欢卡通。常常抱着电视看动画片，所有与卡通有关的事务，都会使她快乐。所以她把兴趣和工作完美结合起来，开始向别人销售快乐——卡通。

她就是抱着这份快乐，仅拿着一本产品介绍开始了销售快乐之路。她去大的商场尽力地介绍着。也许是她的热情、快乐打动了他们，自己的产品可以进商场了。但接下来的事情之复杂、繁琐就不是她过去想象的那么回事。组织货源、招聘营业员、装修专柜、做报表、补货、退货、结帐、回款，过去不曾做过的，现在都得从头学起。那些日子悦从早忙到晚，几乎是什么事情都做。人手不够，补货、调货这类“运输工”活计她照样要去做。虽然不免“辛酸”，但正因为有这样的体验，才练就了今天临危不惧、总揽大局的信心和能力。

做百货销售除了相关的业务知识，更重要的是需要良好的网络和人际关系。现在的商业竞争既激烈又不讲章法，商家之间倾轧、排挤愈演愈烈，而供应商往往也成为不正当竞争的牺牲品。今天这家打折促销，明天那家又买一送一，大牌的商家不敢得罪，但也不能顾此失彼，于是，平衡、安抚十八般武艺都用得上。如此，时间一长，人会变得很油滑、世俗，这是她不愿意做的事。

她以心换心地交朋友，凡是和她打过交道的客户大都成了她的朋友。她总是用自己的快乐感染别人，做着一份快乐的事业。

“悦对工作太投入了”，这是公司员工和客户对她的一致评价。曾经，她丈夫不理解她为何如此投入，还时常抱怨她。但有一次无意中帮她做事情，谁知，这一帮却停不下手，自己也被吸引住了。现在他全心全意地帮助妻子了，对妻子的工作感受更真切，也更理解妻子了。

随着她业绩的增长，她开始做市场业务了，她又有了个全新的目标。她又该带着她的兴趣——卡通和快乐出发了。

四、置之死地而后生

她从小就喜欢舞蹈和绘画，成为一个服装设计师是她的梦想。

毕业后，她放弃了稳定的工作，开了一间属于自己的小服装店。开始，她店里出售的衣服只是她自己改制的，而且样式独特很受女孩子的青睐。就这样一点一滴的积累，慢慢地她的服装店由原来几平方米的小店扩大到了二三十平米。不久，她就把几万元的小店铺做成了一个有几十个员工，多家专卖店的品牌公司。

她渐渐引起了当地媒体的注意，在那个小小的城市也成了一个小名人。然而，她的抱负并不只是在这个小城市开个小公司来谋生，她希望能有更大的发展。

于是，她把店关了，去了上海。受一位很赏识她才华的服装公司老总的邀请，她去了他在上海总部的设计室工作。这是一个全国屈指可数的服装公司，上海又是她非常向往的中国时装之都。

她期望更多的挑战和机会，想要掌握更多的东西。所以，在别人都觉得自己很成功的时候，她选择了放弃现有的一切，开始重新打工。与开公司一样，她并没有把打工作为一种谋生手段，只是把这当作一个提高技能，拓展思路的途径，而上海是一个离梦想更近的地方。

她来上海的主要工作是负责每一季的时装发布会。虽然这不是她的最终目标，但她还是很珍惜这次机会。她明白，策划和举办服装发布会，这是作为一个合格的品牌设计师必须具备的能力。从一开始协助工作到独立操作，在短短一年时间里，她已经轻车熟路了。甚至到后来，每一季的发布会大部分的表演服装都是她设计的。但她并没有就此满足，她还没忘记想做服装设计师的梦想。

在完成手头工作之余，她还给自己定了一个任务：每季度做一份服装市场调查分析报告。因为她要为更适合自己的机会的到来做最充分的准备。

两年后，她去应聘一个品牌的首席设计师，她用两个星期的时间完成了一个月的企划，老板对她的表现很满意。她终于实现了自己的心愿。

五、走自己的路

萍是个从小就喜欢自作主张的女孩。毕业前，她就开始很冷静地剖析自己：平和、客观甚至无情，对自己将来何去何从作了一个全面的考虑。她没有服从分配，要自己找工作，可是一连三个月都没有着落，后来，她不得不放弃自己一直热爱的法律专业。

一年之后，她只身去了深圳。周围人群那种浓厚的商业意识和市场营销意识对萍的冲击很大，也给了她潜移默化的影响，这奠定了她将来从商的兴趣。

在深圳呆了几年之后，回到北京，她不得不又一次对自己的人生进行深刻的反思。一次偶然的机会，经人介绍进了某集团公司。积累了很多市场营销的经验，她开始作市场营销专员，从此她接触了 IT 业，了解产品的特点，了解客户群的需要，每一个环节都从头学起。在这个领域做了五年，至今，她仍然如履薄冰。IT 的市场营销是变化的，知识更新更快。挑战总是逼着自己随时随地学习，并随时应用到工作中去。

虽然做的是最前卫的 IT，但骨子里她是个非常传统的女性，家庭美满仍是她心中最大的愿望。

婚后，她丈夫在生活上的关怀，给了工作紧张的她很大的慰藉。由于工作需要，她经常在外奔波或出差。她在外面总是事无巨细地都要过问，不论面对客户，合作伙伴还是下属，她总表现出一种成竹在胸的从容镇定。但她也有女性都有的脆弱感情，她也需要抱怨、发泄、哭泣、安慰，而这些她丈夫都承受了。

工作重压之下，她举手投足间仍透着娴雅从容，很难让人联想到叱咤风云的商界女强人。她说 IT 行业工作压力太大，周围都是浮躁的气氛，她很渴望一种宁静，尤其是心灵上的宁静。如果下班回家老公还没回来，她最喜欢做的一件事是把房间收拾干净，放上一盘 CD，基本上是民乐曲目，把自己扔进沙发倾听音箱里传出的遥远透彻的乐曲。她只想静静地坐着，什么也不想，这时她总能感觉到灵魂被涤荡，变得透明清澈，从外表到内心，她都是个温柔的女性，喜欢水、喜欢黄昏和月光。

她的家庭和事业两者兼得。对女性来说，单纯的事业成功和单纯的家庭成功都是欠缺的，二者兼得才能在事业上踏踏实实地做好本职工作。此外，还要发自内心地把生活放在第一位，如果能有这样的心态，每个女性都能在事业和家庭的矛盾中找到一个平衡点、契合点，然后慢慢地享受生命。

◎如何做贤妻良母

在我国，由于传统的根深蒂固的观念，夫妻双方由媒人撮合，很难有自己的爱情选择。婚姻不是爱情的结果，而是家庭延续的需要。在这样的文化背景中，女性根本就没有自己的权力，只是一部家庭机器，整日围绕这个家转动。

当代社会，女性们有了很多展现自己的机会，可以发挥自己的特长，博得事业的成功，赢得理想的实现。然而对于生活必不可少的一部分——家庭，成功女性应当引起足够的注重，要学会做一个相夫教子的好妻子、好母亲。

一、选择理想的丈夫

要想获得一个美满的婚姻，首先你就必须寻找一个理想的婚姻伴侣，找一个适合你的丈夫。幸福的家庭，美满的婚姻是一种感觉，它意味着夫妻双方通过婚姻这一合法形式，获得相互的满足。少有争吵，没有什么纠纷与猜测，彼此相互理解，生活中互相照顾，事业上互相支持，就可算得上是比较理想的伴侣了。

有时候，表面上看来相敬如宾的一对夫妻，很可能已走到了婚姻的穷途末路。因为在相互尊敬的外表下，掩藏着相互的防范，掩藏着冷漠与距离。这种婚姻很不幸。也许他们刚开始还能竭力忍让，时间一长，彼此的怨恨与猜忌会越来越多，最终导致矛盾的总爆发而不可收拾。

当然，并不是争吵就不好。有时互相有了怨气，互相发泄一番，也是一种倾诉，是希望对方能够了解自己的表现。在争吵中，双方还可从对方的口中，得知自己的不足，发现自己做得不好的地方，从而有心改正。这是有利于婚姻稳固的。

人需要从婚姻中获得各种满足。性的满足，爱的满足，社会认可的满足，家庭感觉的满足。选择理想的丈夫，就是选择你的满足。

有的女性，虽然丈夫的经济条件、社会地位都让她心满意足，但却缺乏生活的情趣。也许有的男人风度优雅，谈吐不凡，但其金钱和地位都又让人倍感遗憾。

重要的是看你需要的是什么样的丈夫。是知识渊博的学究？是英俊洒脱的美男子？是叱咤政坛的野心家？还是商海奋斗的实业家？

人们常会抱怨，自己所喜爱的人婚前婚后都判若两人，自己好像受到了对方的愚弄和欺骗似的。其实，这是正常的爱情发展轨道。不要抱怨他不再对你体贴有加，不要埋怨他现在的粗枝大叶，谁也没有愚弄谁，谁也没欺骗谁，人们只是按照自然的发展规律去生活而已。

当一个女性对另一个人充满好感时，她会觉得对方什么都好，什么看着都顺眼，这就是所谓的“情人眼里出西施”。把对方理想化，是热恋中的人不可避免的一惯做法。但婚后，感情的炽焰慢慢熄灭，理想的思考开始慢慢抬头，我们会逐渐冷静下来，重新审视对方与自我，因而会发现，自己以前没发现或发现了也不在乎的缺点会暴露出来，此时便会产生“上当受骗”的感受，其实对方又何尝不是这样想呢？

那么怎样才是一个理想的丈夫呢？以下有几种选择，以供你参考。

1. 风度翩翩，有男人的魅力

男人的魅力很重要。很多成功女子首先看中的便是这种男子汉型的人。

这种男人的肩膀值得信赖。在风云变幻，波涛起伏的商海中，他能够做你的稳心舵，与你风雨同舟，相濡以沫。

男人的魅力是深沉而坚定的，他有丰富的内心世界，还有多彩的人生历程，无论对社会、对家庭，他们都有强烈的责任感。他们不会让自己的爱的女性轻易落泪。

2. 有良好的道德修养

道德修养也是关系婚姻幸福的重要准则。一个道德败坏，遭人唾弃的男人，无论他有多少金钱，无论他的社会地位有多高，无论他多么英俊讨人喜欢，只会让你的婚姻背上“黑锅”。

3. 性格慷慨，宽宏大量

鼠肚鸡肠的男性，是美满婚姻的蛀虫。没有任何一位女士希望自己的丈夫吹毛求疵，对一些小事情也“牵肠挂肚”。拿不起，放不下的男人，不值得依靠。

4. 善解人意，体贴入微

每个人都有被人理解、被人体贴的渴求，特别是女性，更需要伴侣的安慰与抚爱。只有善解人意的男人才会打动女性的心，只有对她体贴入微，才会让她感动入怀。

总之，世上男人何其多，在选择自己的人生伴侣时一定要慎之又慎，才不至于走错这步棋。

二、如何做个好妻子

1. 学会宽容

婚姻是建立在相互理解，互相宽容的基础上的。应当学会宽容他的缺点，他的坏脾气，他的不解风情……，宽容让你感到不尽人意的他其实是很可爱的，会使你的家庭生活更风和日丽，其乐融融。

世上没有完全相同的两片叶子，也不可能有完全相同的两个人。即使是孪生姐妹，也各有其让父母分辨的特点。很难遇到夫妻两人有同样的生活习惯：都喜欢酸辣食品，都爱早睡早起，都喜欢躺在床上看书，都有晚上梦呓或打呼噜的习惯。要协调这些事情，夫妻双方都必须极谦和、极宽容地为对方做出一定的牺牲。你若不想引发家庭的战争，不想让自己温暖的小巢支离破碎，就得用一种幽默的眼光来看待这些不和谐，用宽容的心态去容忍双方的不一致。

做为一名职业女性更应该学会宽容，它不仅是家庭和睦的保障，也是事业成功的保障。一个有雄心壮志的女性，不仅要懂得做生意的各种技能，还应具有良好的心态，既不能甘居人后，又不能压倒一切，要胸襟宽广、胸怀若谷，“斤斤计较”的女性只会让周围的人感到厌烦，让自己身心疲惫。

2.好妻子大忌

职业女性比较聪颖，加上所处的位置，大都视野开阔，这本是处理好自己婚姻生活的一大优势，使过去人们所说的“比翼双飞”在今天成为了可能。然而我们也常常会看到，一些职业女性会无形中步入婚姻的误区，错把优势当成了手中的利刃，使自己变成了先生的“敌人”，导致了夫妻感情的不和谐，甚至引发出婚变，让自己蒙受痛苦。在日常生活里有些女士容易产生的失误，登录如下，提醒你注意：

(1)恨铁不成钢。有这类失误的职业女性因为自身条件好，比如学历高、职业好，加上所接触到的男人都较优秀，就希望自己的先生也能出人头地。这本无可厚非，假如在你的促进下，先生能有更大的发展当然是件好事，可因种种条件的限制，他未必就按你所希望的那样做。假如你不考虑现实里的因素，一味恨铁不成钢，整日逼迫他、埋怨他，时间长了，也会在对方的心里留下深深的伤痕，把你看成他心里的“敌人”，长期的“拉锯战”也许会导致一场婚变，而这绝不是你的初衷。

(2)居高临下。作为一名职业女性，很可能你有一份高收入，而对方虽说是七尺男儿，却挣得不多，于是那些自我感觉特好的女性会因此看不起自己的先生，甚至认为他是无能的“窝囊废”；有的尽管没有公开表示出来，可内心的优越感常常会溢于言表，比如说“就凭你那几文工资”之类的。这些言行对先生的自尊心打击极大，久而久之，便影响了他对你的感情。要知道，收入并不是体现人的价值的唯一标准。夫君收入低，并不一定意味着他没有什么价值或是无能，何况随着社会的变迁，每个人的收入并不一定永远不变，假若有一天你的薪水比丈夫低了，你不变得很难堪吗？

(3)忘了自己的主妇身份。即使你是单位里握有大权的主管、领导，可在家庭里你还扮演着主妇的角色，不要误认为自己比夫君更有远见，或是无意间在家里继续扮演着领导者的角色，对自己的配偶发号施令。这不仅不会引起先生对你的敬重，反而会使他对你不满，甚至因最终承受不了这种压力而“突围”，离你而去。假如你能处理好这两个角色，则可对家庭的幸福添砖加瓦，也会使先生乐于多为你分担重担，且因你的成就而自豪。

(4)感情生活公事公办。在每天八个小时的工作环境里，有些女性会受其职业特点的影响，形成了程序化、公式化的心理定势，走进家门后如果不能摆脱这种心理或是习惯，在夫妻情感生活里还像在写字楼里一样公事公办，这无疑会使两个人的生活变得古板起来，没有什么情趣可言，先生看到你那副公事公办的面孔难免会失去了爱的激情。假如你像在单位里那样面对来访者说一不二，非按照自己的模式处理家庭事务，而不是多些变通，与配偶多些商量，日子久了，会使他对你望而生畏，甚至导致情感的裂变。

聪明的职业女性们，只要你有所留意，就不难走出婚姻的误区，发挥出自己的优势，演好自己的妻子角色，使自己的婚姻和事业两美满。

3. 成功理财

家庭是一个复杂的小社会，在这个小社会里，也是芸芸众生，无奇不有。不同的家庭有不同的模式、不同的观念、不同的地位、不同的经济状况。但有一点相同的是，每个家庭都离不开经济支柱。因此，每个家庭都得有自己的理财之道。

理财是家庭亘古不变的话题。不懂理财的女性，不能当家，无法协助好丈夫维系这个家庭。家庭财产管理好的，集腋成裘，小日子越过越有滋味；管理不当，则坐吃山空，日子越过越窘迫，闹得夫妻不睦，家无宁日。因此，学点理财之道是必要的。特别是成功的女性，拥有的资产也许比普通女性多出好几倍，更应小心翼翼，不可挥霍浪费，挥金如土。这样的做法，即使家有金山银山，也禁不住如此挥霍。

女性理财要把钱花在正点上。女性有购物的嗜好，手头有了钱就跑到商场狂买一通。大包小包抱回家后，才发现有的根本就用不上，有的可能就永远“压箱底”了。女性购物的时候一定要考虑什么是当前最需要的，什么是对家庭或对自己有用。买衣服也不要刻意追求高档、品牌，结果穿起来却不合身、不舒适。

家庭的开支应量入为出，切不可打肿脸充胖子。虽然现在提倡超前消费，也不可“超”过了度。应综合评析自己的每月每年收入，自己和丈夫的收入水平，自己的还债能力，再去超前消费，否则便会惹债上身。女性不可太过于攀比，看见别人的就喜欢，自己非弄到手不可，这是理财大忌。女性切莫钻进钱眼里面去，否则会酿成大错。许多男人不择手段地捞“黑”钱，甚至为此挺而走险，和他的妻子有很大关系。

花钱要慎重是说钱要用在正道上，并不是说就紧攥着钱不松手。太过于小气也不利于家庭的平稳发展，守财奴似的女性毫无生活的情趣。一个家庭就像一个社会，有各方面支出以维系它的存在。最基本的柴米油盐这类生存支出不可少，还有家庭的装饰、内部的更新等方面的支出。谁不希望自己的室内装潢跟上潮流？谁不希望自己的花园越来越繁茂美丽？总之，解决了基本的生存支出，还应有一笔适当的花费用在提高生活质量，提高品味方面。

一个幸福的家庭还离不开与其它家庭、其他人的和谐交往。作为“财会”的你，就应准备一笔人情投资。亲朋好友的，同事的，上司的，员工的，任何一方面都不可疏漏。在当代，人际交往倍受重视，因而在这方面的投资也越来越大。聪明的女性绝不会在这方面吝啬小气。因为她们懂得，自己的成功，很大部分也需要这些人的帮助。否则一个人是难以独打江山的。

总之，成功的女性在和丈夫一起建造自己的家庭的时候，一定要重视理财的重要性，用理性的眼光看待家庭财富，同时有感情、有眼光地来创造这个家庭，让自己的生活既不至于捉襟见肘，又不至于过于谨慎。

4. 支持丈夫的事业

男人都希望有自己的事业。有事业，才有地位；有事业，才有尊严；有事业，人生才有质量。不管你是一位职业女性，还是个家庭主妇，如果你的丈夫有事业心，有抱负，你就应该鼓励他，支持他的发展。

志同道合，同舟共济的生活让人羡慕。如果你和丈夫恰是同行，你了解他的业务，就多帮他出出主意，为他出谋划策。即使你对他的业务一窍不通，也可以了解一下，表示自己对他的事业的兴趣。当他遭遇不顺，事业受挫时，最重要的是你的理解与支持。你的鼓励能让他重拾信心，重振江湖，你的支持能让他如虎添翼。

支持丈夫的事业，也应懂得帮助他打理各种人际关系，处理好与他的朋友、同事、上司的关系。对他的亲朋好友，应主动地联系，适当的时候去探望问候，根据自己的经济状况，送一些合适的礼物。丈夫的同事或上司来访，以礼相待，尽主妇之谊。不要当着客人的面责骂丈夫，让他丢面子。要协调丈夫与他们的关系，提高自己的丈夫在他们心中的形象。

支持丈夫的事业，还应重视夫妻间经常的交流。不要以为婚后两个人不必像恋爱那样的“耳鬓厮磨”。其实经常的交流还是必须的，不管你的事业有多忙，不管你多么脱不开身，都应听听他的倾诉。告诉他你的想法，帮他出出主意，打打气。这样有助消除他的压力，让他在家庭的温馨中，找到奋斗的力量源泉。

5.让步妻子运动

一群美国南加州的职业妇女掀起了一场“让步妻子运动”。这些办公室里不让须眉的成功女性，却愿意在家里迁就丈夫，并通过这种“让步”使家庭更幸福和谐。她们也许是对的：半边天就是半边天，要是一手遮天，免不了会阴阳失调，琴瑟失和。

劳拉的丈夫约翰似乎没做对过一件事。他总是电视看得太多，衣服穿得乱七八糟，钱挣得不多。几年来，劳拉唠叨他做错的每一件事，但没能使他改变一分一毫。事实上，她的唠叨把事情变得更糟。

这是6年前的事了。现在劳拉把家里的决策大权全部交给了约翰。她把工资交给约翰，由他给她零花钱；他什么时候想做爱她就依他，哪怕自己不是很有情绪。没有了“妻管严”的约翰变得幸福无比，而劳拉呢竟然也同样心满意足。在美国南加州，有1000多名妇女参加了由劳拉发起的“让步妻子运动”，这些在办公室里叱咤风云的职业女性，开始在家中当起了现代贤妻良母。

金发碧眼的劳拉今年32岁，和约翰结婚已10年。今天这对夫妻是那么幸福和相爱，令人难以想象劳拉曾经控制丈夫的一举一动。那时的劳拉挑剔丈夫的任何穿戴，对他的工作指手画脚，让他用信用卡，花钱要向她报帐，甚至强使他同意买一套他不喜欢的公寓。在他们婚姻的头4年里，约翰总是逆来顺受，“我觉得自己什么都不是，”这个声音柔和，大劳拉11岁的高个子男人回忆当年的情形说，“我总以为她的主意比我的强，她什么都懂。”他把劳拉现在的转变称为奇迹。但这不是什么奇迹，而是美国恋爱婚姻心理治疗的一个成功案例，这种心理治疗第一次提出了“让步妻子”的概念。

结婚4年后的一天，在一起驱车去迪斯尼乐园的路上，劳拉和约翰都意识到，他们已经变得很生分了。劳拉感到十分孤独，夫妻几乎不说话，也很少做爱，约翰大部分时间都在看电视。于是他俩决定走进婚姻诊所。劳拉开始时想：医生准会告诉约翰该如何如何改变自己，这样才能使我们今后生活得幸福。没想到，医生却指出劳拉有许多控制人的问题。

医生开出的第一个处方是，让他们安排一次约会，由约翰来决定约会的一切——这是自他们第一次约会以来约翰从未做过的事情。由他告诉她穿什么，由他挑餐馆，由他点菜和买单。约翰感到从未有过的舒服，而劳拉却很不适应和不高兴。车刚上路，劳拉就习惯性地指挥起来，她已经想好了要去的地方，她开始给约翰指路。到地方后她又告诉他把车停在哪。进了餐馆，事情又回到了老样子：约翰被动地等着她来告诉他点什么菜，而劳拉自己已经兴味全无，她怏怏不乐地没等吃完就要回家。

这时，劳拉开始醒悟到自己要改一改了。当她意识到自己在冲约翰嚷嚷，骂他是饭桶时，马上停下来道歉；当他下班回来晚时，她不再像过去那样抱怨，而是对他说“我想你”；当他态度不好时，她也不再针锋相对地和他顶牛，而是说“都怪我，是我不对”；他问该用哪个锅炸薯条时，她就语调平和地答道“你想用哪个就用哪个”；他送她不喜欢的礼物时，她也谢着收下，而不像过去那样拒绝接受……

令劳拉惊讶的是，约翰对此没有什么反应。劳拉百思不得其解：“我已经改了这么多，他怎么还是无动于衷？”后来她终于明白了：尊重人是最起码的做人准则，就好象你不该指望自己准时上班，老板就会把这当突出表现来夸你一样。尊重对方，这是夫妻关系最起码的，对劳拉自己来说，既不是屈尊纡贵，也不是曲意逢迎。约翰当然也不必觉得受宠若惊或趾高气扬。慢慢地，劳拉发现，当她不再事事处处控制约翰后，约翰原来也是个很能干的男人，而且变得越来越关心和体贴她，夫妻关系变得从未有过的和谐。

劳拉认为，许多事业有成的职业妇女都有控制的倾向，这是她们取得职场上优越地位的副产品。当她们习惯在办公室发号施令时，回到家她们很难从管理者的角色转变过来。她们会对丈夫指手画脚："把它放一边"或"你在干什么？"或"你怎么穿成这样？"。回想自己的经历，劳拉说："要一个在办公室当领导的现代女性回到家里改改她的控制习气不是很容易。这不是因为我健忘也不是我把丈夫当成了雇员，而是我不知不觉地把办公室里的老板作风带回了家而已。"

33 岁的按摩治疗师琳娜·贝内特与劳拉有相似的经历。这个娇小而充满活力的红头发女性在爱上斯蒂文的那一刻起，就愿意为他做一切。她帮他打理生意，帮他从第一次婚姻失败的消沉中振作起来，帮他挑选衣服，甚至教他怎么向她求婚。直到他们的儿子扎克出世，琳娜发现自己再也受不了啦——家里家外全得靠她一人操心。

就在这时，由于工作关系琳娜结识了劳拉。她向劳拉诉说了自己的烦恼。劳拉建议她把所有的支票本和生意全交给斯蒂文。琳娜照计行事，但心里却难免捏着一把汗。果然不出所料，斯蒂文接手家庭财政没多久，就不停地有债主投诉他们没有及时支付帐单。电话公司曾因拖欠电话费而掐过她家的电话，而有 4 次，斯蒂文回家发现琳娜抱着儿子坐在黑洞洞的家中，因为他没有及时交电费。尽管有过动摇，尽管没少担心，琳娜坚持让丈夫做主处理家庭财政。现在，她终于可以松了一口气，斯蒂文把家庭财务和生意处理得井井有条。"让步"前，琳娜总是累得拒绝和丈夫做爱，而现在，他们随时都能享受性的快乐。

尝到给丈夫放权甜头的劳拉和琳娜一起在 1998 年夏发起了“让步妻子运动”。不过当时只是两个遇到同样问题的女性在一起聊聊天,互相出谋划策。渐渐地,越来越多和她们有相似问题的女性加入了进来。先是姐妹好友,后来是朋友的姐妹好友聚到劳拉的家来。当劳拉家的客厅装不下这越来越多的女性后,热心的劳拉开办了一个“让步妻子”工作站。她列了一份预约名单,每周一次五六个妇女自带一个拿手好菜到她家聚会。

在工作站,这些在职业场合上要风得风、要雨得雨的女性诉说和自己男人之间的烦恼,互相从别人的苦恼中照见自己的问题。劳拉教给大家一些做“让步妻子”的技巧或规则,比如每天列出三件要感谢丈夫的事情,比如不要拒绝自己丈夫的亲热要求等等。劳拉还建议她们在运用这些技巧时要做得自然而不动声色,不要让丈夫察觉,这样效果才能最好。

不过,劳拉的让步哲学也遭到了一些心理学家的批评。心理学家、《美满婚姻 7 守则》的作者约翰·高特曼就认为“让步妻子”的概念对个人而言是唐突的,就科学而言是没有根据的,他称劳拉为“恐龙”,说她的主张是一种倒退。他自己正是致力于让男人认识接受妻子影响的重要性,强调人与人的感情联系的重要性。劳拉则为自己辩护说,“让步”不是说对丈夫不加以任何影响,而是采取不同的方法影响而已。

两年过去了,不管有多少对她见智见仁的看法,劳拉的“让步妻子运动”居然成了气候。她还出了一本书,书名就叫《让步妻子》(SURRENDERED WIFE)。英国著名时尚杂志《玛丽嘉莲》以《悍妇学校》为题对她的故事作了报道。当然,劳拉不是在上演一出现代版的《驯悍记》,她只是想帮助那些和她一样投身职业生涯女性保持女性的本色,创造和谐的两性关系,享受家庭的幸福,免得事业得意,感情失意。毕竟,女性闯入传统上属于男人的外面世界只是最近几十年的事情，在逐渐锻炼得像男人一样果敢干练的同时，她们难免也不知不觉地染上了他们专制强悍的习气。劳拉让许多职业女性开始反省自己，别丢掉温柔贤淑这样一些仍然是女性宝贵的品质。不管怎么说，男女平等并不是要把女性变成男人。

三、如何做个合格的母亲

1. 初为人母

生完宝宝做完月子，有心想在职业场合上再发展的新妈妈们面临的是一堆的难题：是甘于在家做一名主妇呢？还是要再回社会拼杀呢？结婚生子后职场、家庭、生活都发生了巨大的变化，孩子是否要自己带？自己带孩子又会多多少少添些麻烦，哪有那么多的空余时间？公公婆婆和丈夫自然是希望你留在家里专心带孩子，但你不想因为家庭而牺牲自己的发展。此外，还可能会感觉自我与社会的距离加大，从而产生紧张、失落。重新找工作时遇到挫折。这该怎么办？

妈妈们既看重孩子的未来，也比较看重自身的发展。而对于一位妈妈而言，这两者往往难以兼顾。有的可以通过沟通、适应来解决，有的却是两难问题，很难找到一个通用的解决方法，只能因人而异，由妈妈们自己来权衡了。

(1)正视现实，调整自己的计划，避免力不从心或是急功近利。重新出来工作，落后的可能性非常大，但这是可以改变的，要给自己能够赶上别人的机会，做好相应的心理准备，如考虑到上司和同事的顾虑，提前对公司的情况做些了解；正确评价自己和能力，相信自己会找到一份满意的工作等。

(2)注意平衡自己的生活。越来越多的女性在兼顾事业和家庭时采取循序渐进的方式，她们并不要求自己立刻拥有一切，而是依序完成人生目标。如先完成教育，获取工作经验，而后在养育子女期间放弃全职工作，等子女长大后再重新开拓事业。平衡来源于为不同阶段设定不同的目标，但做好这一切的前提是要有一定的实力。

(3)做些实际的事情而不是过多忧虑。女性往往把过多的精力放在与自己的斗争上，只能与事无补。比如出去上班，孩子确实没人照顾，不得不做全职妈妈，家庭的经济收入就有可能降低，这时候，别总是愁眉苦脸，而应该适当调整消费。想得少一些，做得多一些，生活就会轻松许多。

(4)寻求丈夫与家人的支持。经常与他们沟通，孩子来了，不是妈妈一个人的事，而是夫妻双方乃至全家的事。妈妈没有必要把困难和压力都留给自己，亲人也许帮不上实际的忙，但他们可以安慰你，应该让别人了解自己，并对自己放心。

2.教育孩子

人人都希望自己的孩子能成龙成凤。夫妻双方都希望孩子能按自己的理想模式去发展。然而，在孩子的问题上，夫妻双方却常常会发生争执。

两人都爱自己的孩子，都想把孩子培养好，教育好，可这竟然会成为他们争执、磨擦的原因。孩子太调皮了，做妈妈的可能会认为缺少管教，因而对孩子严加呵斥，大讲道理；而做爸爸的，可能会认为这是小孩子的通性，管是管不了的，也用不着大惊小怪，大伤脑筋。于是矛盾便会引发了。她怨他不理家事，一切都靠一个女性承担，太不对孩子负责了；他却认为她没事找事，吓住了孩子，反不利于他的心身自然健康成长。于是，如何教育孩子问题上，两人有了纠纷。

其实夫妻双方都应该尊重对方的意见，把对方的意见，纳入自己的考虑范围之内。两人应协调一下双方的意见，对这个问题采取一个一致的的解决方案，而不能夫说夫有理，妻说妻有理。只要两人的出发点是一样的，都是为了孩子好，便没有什么分歧解决不了。

夫妻双方都应培养自己在孩子心目中的威望，不可一方贬另一方，让孩子无所适从，不知谁对谁错，谁有理谁无理。这样反可能会被孩子利用，在一方受了委屈，就到另一方去告状，寻求安慰。这会混淆孩子的是非观念，甚至会养成“见风使舵”的习惯。

成功的女性在教育孩子上所面临的困难，要比普通女子大得多。事业占去了大部分的时间，使她很难与孩子经常沟通，了解孩子的心态。而丈夫不一定能做到面面俱到。这时你应抽出点时间，和丈夫讨论一下孩子的教育问题，不要让他一个人承担。再和孩子交流交流，看他需要的是什么，对自己有什么要求。

3.关注孩子的成长

人进入社会，必定要经历多种教育，最后才能获得社会的认可，成为一名合格的社会参与者。而家庭教育则是人生所有教育的初始，也是贯穿整个人生的教育，因而它是最重要的教育。家庭教育对于孩子的成长，孩子性格的养成，人生观的形成，具有举足轻重的作用。

(1)作为孩子的母亲，其影响不可低估。因而在结婚后，你就应当做好当母亲的心理准备。不管是物质上，还是精神上，都应为自己设计好母亲的角色，为孩子创造舒适的摇蓝。

俗话说“上梁不正下梁歪”。父母没有一个正确的观点，没有良好的文化道德修养，孩子也很难处污泥而不染。毕竟孩子的判断能力较差，当他还没有接受其它正规教育之前，父母便是这个世界的代言人，是他做人的楷模。因而做父母的首先应提高自己的修养，才能为孩子做好榜样。

(2)注意教育孩子的金钱观念。有的女性过于溺爱自己的孩子，恨不能为孩子摘星摘月，对孩子有求必应。让孩子在蜜水罐中长大，将来他们很难面对曲曲折折、坡坡坎坎的人生旅途。适当的消费是必要的，提高孩子的营养，开发他的智能，这些都无可厚非。但不顾一切的为孩子大肆攀比，只会让金钱驾驭孩子。

科学文明的教育方法对孩子的健康成长极其重要。“棍棒下出孝子”的教育方法早已被人唾弃，家庭暴力更已是触犯了法律。教育孩子的时候应多学习一些孩子心理学、教育学、社会学的知识，了解孩子的心态及其成长规律，针对不同时期的孩子特点，采取不同的教育方式。

有一对夫妻，家庭比较富裕却缺少管理，夫妻俩的钱物到处乱放，有时就扔在梳妆台上。这给孩子养成了不好的习惯——偷父母的钱。其实有错就改也没什么，可这个女士脾气太暴躁。可能是工作太繁忙，可能是缺乏耐心，她发现了儿子偷钱的行径后，不管三七二十一就是一顿“高跟鞋大餐”，把孩子踢得嚎啕大哭。有用吗？事实证明毫无用处。由于这位粗暴的母亲的不良教育，孩子不但没有改邪归正，反愈演愈烈，逃课打架，无所不为，最后竟离家出走，害得一家人四处探寻，才在另一个城市找到了。现在孩子既没有文凭，也没有什么特长。

这实在是个失败的教育，不仅影响到孩子正常发展，还毁掉了他的未来。

另一位母亲却与此迥然不同。她为自己的孩子设计了一张“品行表”，一周一张，每张表都有一些有关这一周孩子品行的纪录，包括：礼节、勇敢、诚实、清洁卫生、学习、善行等。孩子做的好事、进步的表现都记录在案，以进行奖励。反之，不好的事情，也被“存档”，让孩子警醒。

从以上两个例子中，我们就可看出家庭教育对孩子的重要意义。

孩子是我们的希望，是我们的明天。要使孩子成为一个健康的人才，要付出千倍努力，万倍艰辛。每个做母亲的女性，都任重而道远，如果没有教育好孩子的决心与勇气，最好不要生孩子，否则只会造成家庭的阴影，社会上的心病。

◯领导并非男人的专利

公司心理学越来越注重强调，工作应当是每个人自己的事。其它的一切事情都不应当打扰它。这一点对女性来说尤其重要，因为人们希望她们在自己工作的质和量上，都能做到最好。

当女性跳出传统角色，有了自己的职业，自己的事业，她便有自身的含义，而不再是丈夫或家庭的附属。她们分担着家庭的一部分，是社会贡献的一分子。在付出自己汗水的同时，她们也收到家庭与社会的回报——女性的权利。女性有权利选择自己的职业，经商、从政、自由职业，她们随着喜好而选择自己的工作方式、管理理念。女性有权力选择自己的丈夫，建立自己勾勒的理想殿堂，有权力爱，有权力恨，有权力退缩，有权力激流勇进……女性在自己的事业中，充分利用这种自我领导的要求，为自己创造完美的生活。

一个希望获得事业与家庭的双丰收、渴望引导自我生活的女性，应当学会自我领导，不要被社会牵着鼻子走，不要被公司消磨掉自己的个性，不要被家庭把内心的渴求淹没。

一、自我领导工作方式

高女士，43 岁，她常说："我最想说的就是，这正是我想要的，而且棒极了。"

她的话，恰恰与当代的女性的内心需求所共鸣，正可谓道出了她们的心声，即用她们自己的方式创造成功，用她们自己的方式引导生活。

成功并不意味着女性必须是个全职的 CEO、一位副总裁或者成为总经理。成功也不意味着女性必须赚很多很多钱。这一节将告诉你，成功意味着摆脱传统的限制，在一种更轻松、自由、更富弹性的组成结构中工作。女性应当用自己的方式去做事。

高女士是最近刚被提升为行政主管的。早在八十年代，她在另一城市的新闻报社工作，然后却成长为一名兼职的行政主管。她用一种奇妙的方式，把自己的个人事业与家庭生活结合在一起，这使我们受到了启发，更进一步的去思考：对女性来说，成功意味着什么。

看看周围的女性朋友，做一个全职业女性的同时，还得做一个完美的家庭主妇，这对我们来说压力太大了，让人难堪重负。于是，像高女士，她就改变了自己的工作方式以满足自己的要求。很多女性也开始转换自己的工作结构来实现自己对成功的定义。她们创造了一种新的工作方式来构筑成功。

高女士决定改变工作方式，是在她快要怀孕的时候。时任部门经理的她，正处于公司的转型时刻——公司将被新的人接管，而她的职位在这种时候则倍受关注。她可以同那些高层管理人员多接触，并开始散发自己的影响与魅力，为将来的发展打算。但同时，她又得忙着家庭发展计划，为构筑一个美满的家庭而忙碌奔波。不幸的是，操劳过度的她竟染上疾病而不幸流产了。面对这种压力，像很多人一样，高女士开始下意识地询问自己，她应把自己的主要精力放在哪儿。公司的状况，要求一星期能工作 6 天甚至 7 天，每天都得工作 10 至 12 个小时。正向她所描述的那样，她的工作简直像是个“高压锅”。

“这实在是让人难受。我受不了了，大发雷霆。我知道能否有孩子，并不完全由我自己控制，但是我想生下这个孩子，更何况我本可以照顾好他，把他生下来的。没人告诉我，我应该减少自己的工作量，否则对孩子不利。后来，在一次谈话中，老板问我在未来的 5 年里，我想干些什么。我非常诚恳地告诉他，我不想再像以前一样玩命工作，我想做兼职，然后好好照顾自己的家庭。”

做为一个已有所成功的女性，做出这种抉择是艰难的。但这正是“我”心中所要的，又何必在乎那么多呢？

在当时，公司还没有兼职经理的先例，但是高女士的男老板，却对她的建议极为支持。在回应她的请求时，老板问道："我们怎样才能让你做一个兼职经理呢？"后来又帮助她创造一个更富弹性的方式。

"我的老板实在是太伟大了。我开始在不同的工作领域开始面试。我非常幸运，因为我得到了公司高层的帮助，人们考虑我的要求，愿意和我交谈。"

高女士和那些她所尊敬的人联系，告诉他们，她想找一个兼职的职位。在此期间，她的业务导师建议她找一个"你确定想做的工作"。因为她已经创造了一种新的工作方式——兼职管理。导师希望她能有意识、有目的地去找那些运用她经验的职务。试了好几个之后，高女士选择了一份稳定的基础工作，而且恰好是她所擅长的社团组织活动。而主管每星期只需她 3 天的帮助。1990 年，她开始成为主管代理，而且，她又怀孕了。第二年夏天，一个健康、漂亮的男婴出世，让她喜得合不拢嘴。

尔后，在 1996 年的春天，主管退休了，而这位主管让高女士学到了很多东西，成为她的楷模。主管退休，她接替了她的工作，成为新一任的行政主管。后来的发展一帆风顺，因为此时她的儿子已经足够大，可以上小学了，这恰恰给她腾出了空余的时间，可以更多地从事自己的工作，可以挑战新的时机。

尽管高女士现在每周只工作 4 天，似乎并没有尽全力去谋求职业的发展，然而，她却感觉自己"非常成功"。

"公司里的每个人都喜欢我，因为我放弃了金钱——选择了一个薪水不高的职务。我有时都半开玩笑地说自己：我如此受欢迎——因为人们都愿意回我的电话。虽然我很满意现在的状况，不过我也明白，我是个工作在'边缘'的人。我虽然不断前进、提升，但我不再像以前那样，是公司的中心，处于关键位置。有时看见别的女性取得辉煌的成绩，我在心里问自己需不需要，那不也是很兴奋的事情吗？不过，我已经感到自己很成功。我能兼顾自己、孩子与家庭；我可以看看朋友，和她们聊聊天；我还能把握自己的工作量，同时在家里做点儿家务。我觉得自己并没有放弃什么或是妥协什么。我的价值也没有因此而逊色。我相信这是我这段人生中最适合的工作。”

在做行政主管以前，高女士也考虑过向其它方向发展，但最终决定，她不想打破自己已经成功获取的平衡，不想打破事业与家庭的平衡。因此，现在她宁愿保持着基础工作，而不愿换成全职的、容易升迁的职位。

高女士常问自己：需要让自己再回到高速运转的职位上去吗？在过去几年中，她从自己的兼职工作中获益匪浅：做自己真的是很令人喜欢的事情，还能提高自己的管理能力。而由于她基础工作的特点，她还能结识许多的人，不管公司内部还是公司外部的，从而建立一个和谐的人际关系网。当考虑到将来她会不会采取其它的工作方式时，她自信地表示，在将来，什么都可能发生。

“对于将来，我觉得还没有什么我不能试一试的。以前我就有很多的机会，只不过自己放弃了而已。而我是能够胜任的。只要我不封闭自己，我不信会有什么大门能永远对我紧闭着。我是个实干家，很清楚自己的能力。只要告诉自己：‘你想往什么方面发展，你想干什么，你就能做到。’”

“我非常喜欢周围的人群。生活在一个友好的人际关系网中非常重要。我喜欢解决问题，不怕什么棘手的热点。人们说我善于表达，知道怎样把不好的消息传递给他们。我还是个不错的作家。一个出色的传播者。对我来说，生活中充满了可能性，只要我愿意引导自己，做自己想干的事情。”

自我领导就是做自己想干的事情，按自己的方式去做，不是为了金钱，也不是为了爬上高层，只为了自己不受委屈，为了自己活得更潇洒，更自在，让自己不至于顾此而失彼。

然而，自我领导，并不是以自我为中心，只顾自己，不顾他人。

女性朋友们应坦白自己的想法，向公司建议自己所喜欢的工作方式，建议减少工作时间，但同时也应该确定自己建议的可行性。如果只单方面考虑到自己的方便与否，而不顾公司的利益，这个建议肯定行不通。高女士提醒说，应顾及全公司与个人双方的利益。向公司展示这种新的工作结构的可行性及它所带来的有利因素，同时表明自己的价值付出，这将有利于你的提议被采纳。

她还鼓励女性应运用自己的权力，向公司反映自己的需要，寻求有弹性的工作方式：弹性工作方式听起来很合理，但并不会被立刻接受。

二、自我领导工作

由于文化与性格的原因，许多女性很难在工业企业中找到乐趣，因为工业企业中大多是男人文化，而且女性本身的身体素质似乎也不太适合这种工作环境。

可可便是在这样的一家公司工作。相反，她并没有被这种孤独感所左右。她年轻、漂亮，大学毕业，属于蓝领阶层。

当她进入公司工作时，她认识到，作为一个传统教育的成果，老一套的思维方式可能会给她带来一定难题。老的方式是"经理告诉你做什么，你就做什么。你不用思考，不用想的太多。你每天只需完成份内的工作就行了"。

可可认为，应当改变企业的管理层，更多地用那些"开放而且具有弹性"的人。她说"这样，你就会发现有更多的女性会停留在工业企业或制造业。"

当27岁的可可开始加入公司的管理层时，她的基础工作经验使她更理解自己的职业，更了解自己的工作。她一直以自己的工作风格引导自己的事业。

"我在企业时的工作经验，并不总是非常愉快的，但却很有价值。这使我学到了许多：了解了自己，知道自己的不足。那段经历让我明白我和其它人是如何相互影响的，让我明白自己的反应方式。那种环境要求人人反应迅速，思维敏捷。企业是很有活力的。我喜欢每天有不同的生活。这种生活一点也不单调，虽然这样的工作也很有压力。制造业发展很快，因而时间很重要。每分钟可能就会有几十万的交易。这种压力影响着人们的生活，也可能会带来矛盾。现在，我也非常喜欢自己的管理业，而且也学到了许多好的管理方式。我愿意去做一名副总，但我不认为自己适合管理整个公司。我觉得自己更适合做一个生产经理。”

三、自我领导生活

失败的女性总在事情发生后才幡然悔悟，可成功的女性总控制着事情的发生。提高自我控制能力，才能领导自己的生活，做自己生活的领航员。

成功女性的自我控制是主动的。她们总是事发前就预料到事情的结果，积极地采取行动从而有效控制事态；失败女性的自我控制却往往是被动的。她们总是很无奈地随事情的发展而采取行动，总被生活牵着鼻子走，所以处处感到受挫，感到无可奈何的悲哀。

自我控制就是能很好地支配自己，让自己的方式去主导自己的生活。

成功的女性主动担负自己行动的全部责任与后果，所以，她们有更多的活动空间。她们相信生活程序都是自己一手设计的。自我控制有选择个人自由和掌握自己命运的意义。失败的女性都相信命运，相信运气，认为自己的生活环境、自己的机遇决定了一切，个人的努力苍白无力。她们屈服于客观外在环境，沉溺于疑难和忧虑，放弃自己的主观能动性与创造性。这样的生活，当然只是失败。

害怕出现错误、害怕失败、优柔寡断的女性，很难接近她们自己的目标。因为在心理上她们已认同了自己的失败，她们无法驾驭自己的生活，领导自己的生活。

因此，不管处于什么样的位置，不管置身于什么样的环境，都不要让这些外在因素决定了自己的生活。应该鼓励自己，去发现自己的优点，去控制自己的能力。相信自己能领导好自己的生活，相信自己是个出色的舵手。

成功的女性从不放弃机会。她们有条不紊地追求着生活，向自己的目标靠近。她们坚决反对任何束缚她们的东西，挣脱羁绊，寻求独立。她们维护自己的选择，并对自己的选择承担后果。

选择权只属于自我领导的人。权利和义务的选择，是成功的关键。

成功女性的自我领导，表现在她们对自己的生活有百分之百的责任感和信任感。她们知道，自己有责任去引导自己生活的方方面面，她们总是有条不紊地安排自己的生活，按照自己意愿去享受生活。失败女性却怀疑生活，逃避生活赋予她的责任与义务。

要努力成为自己生活的领导者。自己领导自己的生活，就要了解自己所处的位置，分析自己、了解自己、控制自己。学会怎样成功地回应和适应生活中的压力，关怀自己、关怀亲人、关怀周围的同事与朋友，怀着责任感地做事，向着自己的目标奋斗；要培养自己的信心与毅力。选择自己的权利与义务。

要做一个自我领导的成功女性，最好从每天的小事做起。制定出每天的具体行动计划，不要等待机遇，而要自己去创造机遇，以完成自己的计划，从而一步一步向目标靠近。

在生活中，不要让情绪随意左右你的喜怒哀乐，应学会控制自己的情绪。在内心要有自己的标准，有自己独特的价值观念，思维方式及生活方式。

时时不忘自己的责任与目标，你才能主动去引导生活，创造生活。要积极尝试新鲜的事物，摒弃那些会对自己个性构成压抑的观点。不要怕问题、怕麻烦，应坚定必胜的信心，去努力探索实践，这样你的心理就会更加健康，而且强大。

◯现代淑女手册

自古到今,淑女似乎是大家一致赞同的对女子的评价标准。这似乎是人类历史发展中逐渐形成并慢慢积淀下来的文化,世代流传至今。窈窕淑女,君子好逑。既为文化,肯定少不了一套模式。这种模式,既自然而又刻板。说其刻板,是因为它总让人感到受约束,无法畅快行事;其自然又是因为它并不是刻意规定下来,而是人们在实践中自然而然地形成的约定俗成。

随着社会的发展,特别是现在,女性已进入企业、公司文化,成为与男人平等的一部分,这些淑女礼节已大大简化了,而且具有明显的弹性。有些甚至已被更改,与以往的标准、要求大相径庭。人们的举止更加不拘小节,生活艺术更加随意宽松。但这并不意味着我们的标准就失去了意义,没有存在的价值;并不意味着我们就可以“任其自流,为所欲为”。从某种意义上说,女性对礼仪的了解与掌握程度反映出她的文化底蕴与教养程度。

随着人们物质生活与精神生活水平的提高,人们越来越注重自己的言谈举止。要想做一名当代淑女,也应该了解了解这些必要礼仪与注意事项。

一、见面礼

所谓“见面礼”并不是说第一次见面非得送点东西，而是指久不见面所应有的礼节。

现在许多国家都将握手作为见面的礼节，也有些以拥抱、亲吻脸庞作为见面礼。中国以握手为通常礼节。在第一次见面、久别重逢、告辞或送行的时候，双方握握手，也成为见面礼或告别礼，如同古时的端茶送客一样。

但一般是男性之间相互握手人多，女士在日常生活中极少握手，特别是女士同女士之间，一般都以点点头或挥挥手代替。但在正式场合，特别是当对方伸出手的时候，一定也要相应地回礼，伸出手去。

握手的方式很多。一般是掌心向上握住对方的手。而且一定要用右手去握，即使右手拿着东西，也要将东西转移到左手，再去握住对方的手。掌心向下握，会让对方觉得傲慢轻视，应注意这种错误。握手时，顺势互搭上左手，捧住对方，则更显得热情而又谦恭。一般普通的见面，只要采取一种平等的方式，自然握住对方的手就行了。

握手的时候还应注意自己手上是否干净。有些女士喜欢带着手套。如果是一般普通会面握手时可不用除去手套，但若是在正式场合，一定要除去手上的手套，不管簿厚，以示对对方的尊敬。

握手时间的长短也是一个重要因素。关系亲近的，好久不见的，可以握手时间长一些，甚至可以边握手边拥抱。但一般场合，只需握一下即可。也不要太用力，别人脱不出手来会觉得尴尬。但也不可太随意，蜻蜓点水似的一触即离，会让人觉得你漫不经心，没有诚意。有时为了表示真诚与热情，还可以稍微晃动一下。

握手还讲究先后。一般是：长辈与晚辈之间，长辈先伸出手，晚辈可上去接住相握；男女之间，一般也是女方先伸出手后，男方可伸手相握；上级与下级之间，也应该上级伸手后，下级才握手。

在握手之前，也应观察一下对方的意向，看自己是否受对方欢迎。如果对方不愿握手，自己却已伸出手去，会让局面尴尬万分；如果对方无握手之意，那就点点头，微笑一下就行了。

二、介绍礼

在日常生活中，我们免不了会结识朋友、顾客、新同事，这时就需要别人的介绍或自我介绍。在做介绍时，也应注意一些基本的规则。

在介绍他人时，有一个先后的顺序：一般是先向年长的介绍年幼的，向女性介绍男性，向上级介绍下级，向地位高的介绍地位低的，向不熟悉的人介绍熟悉的人。为了进一步让对方了解，还可说明自己与被介绍人的关系，以增加相互的信任与了解。

在做具体介绍时，不要用手指指点点，而应礼貌地以手示意，或以头的偏向示意。当然我们现在有了名片，也省了不少的手续与口舌，但基本的介绍还是应该的。

如果没有第三者作为你的介绍人时，你也可以做自我介绍。一般先礼貌地说声“您好！”吸引别人的注意力后再开始介绍自己。自我介绍切忌不顾对方的反应而自顾自地说出一通话，好像背课文成例行公事似的。介绍时应引导对方注意自己，对自己感兴趣，然后有条理并简洁地概括一下自己。如果你想更详细地介绍自己的话，应该看对方的表情。如果对方不乐意，最好就此打住；如果对方有兴趣继续听下去，不妨多说几句，让对方更细微地了解自己。

当然，如果有名片的话就方便多了。在递名片时，也应注意自己的姿势：应把文字方向朝着对方，让对方一目了然，千万不要用手指夹着，随随便便塞给对方。应双手奉上，在送出名片时，向对方略微解释一下。如果别人也回赠，也应双手接下，仔细观看。

三、宴会礼仪

女性免不了各种应酬，各种宴会，特别是成功的女性，其社交应酬活动更多。这就避免不了宴请会客时的各种礼仪。

宴请礼仪是社交礼仪中的重要内容。宴请是一种复杂的工作，在礼仪上一定要慎重。

请客时，一定要注意宴请的对象，不要把平时积怨的人同时邀请赴宴。

宴请时，一定要注意安排好时间，尽量避开对方事务繁多的时间或一些有禁忌的日子，让对方为难。

菜应做得大家都适宜，不应仅考虑自己或少数人的需求，还应注意有的人的口味。有些不同民族、不同宗教的人，会有不同的禁忌，比如回族人忌吃猪肉，应避免特别明显的猪肉做的食物放在回族人面前。

宴会的时候，不管是以主办人的身份还是以女主人的身份，都应该站在门口迎接来宾的到来，并相应地给客人们做做介绍，并注意不冷落任何人。客人走的时候，也应相应送到门口，如果客人带着礼物来的话，临走时，最好也回赠他一份小礼物。

宴会时还应注意的一点是，切忌给对方夹菜。这是中国人的老习惯，似乎给别人夹菜是一种热情的表现。其实不然，最后的结果往往是，客人面对面前的“菜山”左右为难，不知是硬将它们塞下去，回家后再吃消食片呢，还是将它留在餐桌上供人“观赏”。

自己赴宴时也应注意时间，不可过早，也不可太晚。太早显得自己心急，让主人好笑；太晚又不恭，让主人生气。入席时，注意尊重长幼之序，不可捷足先登，随便乱坐。要等主人招呼或安排后再入席。就座时，应适当礼让一下。

入座后要注意自己的姿势。淑女不可双肩趴在席上，也不要双手托腮，看来看去，观察众人。在主要宾客还没有动筷前，最好不要贸然起筷。不要将自己的衣帽或提包随手搁在邻座。吃饭时不要卷起衣袖，随手还比比划划，用餐具指指点点他人。席前不可突然放声大笑或乱动，挪动坐椅。不要边吃边打呵欠或边吃边伸懒腰、搔头发、揉眼睛。

女士吃饭时，切忌只顾“埋头苦干”，两耳不听身外事，应适当对周围的人点点头，搭讪几句，并注意倾听他人的谈话。在吃饭时尽量不要发出“咂咂”的吮吸声。在满嘴食物时最好不要同人说笑。

当代女性也免不了祝酒。其实女性已成为交际的主要角色，很多时候，都需要女性拿起酒杯，周旋于主客之间。在听他人的祝酒时，应站立起来，手擎酒杯，面含微笑，直视着对方，专心倾听对方的祝词。但女性要特别注意饮酒适度，不可过量，以免失言失态，影响个人形象或宴会气氛，让大家觉得尴尬，自己也很丢面子。

宴席期间，不要随便离席而去。如果实在不得已，可以向主人解释清楚，表示歉意，尔后悄悄告辞离开，不要惊动太多的人。告辞时，应和相识的人握手辞别。

用餐过程中，如果有事暂时离席，不要把筷子插在碗里，而应将筷子整齐地放在餐碟旁。说话时，不要把筷子当道具，随意挥洒或敲打盘碟。

夹菜时不要用自己的筷子在菜碟里随意乱捣乱翻，寻找自己喜欢的“猎物”，还应注意避免和他人的筷子相碰。看见别人抬起筷子，就不要从别人胳膊上横穿或跨过去夹菜。太远的碟子，自己够不着，不要站起来伸起胳膊拼命去够，应礼貌请求离菜碟较近的人帮助一下，其实最好自己忍耐一下，别因一时口馋而毁了自己的形象。淑女可不是个大馋猫。

用餐时不要“海底捞月”或“遍地开花”让别人无从下手。如发现菜中有不净之物，也不要大叫大嚷，大惊小怪，要么自己悄悄地取掉，要么让服务员清理干净。

如若有鱼、虾等食物，不要将吃剩下的刺、骨头或外壳随地乱扔或随桌乱吐。如有空余的碟子，就一起放在碟内，若没有这种盛物，也要将那些剩物放在一块儿，别四处乱扔。

四、工作礼仪

女性越来越多地从事各项职业，就不能再像家庭主妇一样，随便将头一梳，素面朝天，衣着随便。在工作中，也应遵循一定的习俗和规范。懂得适当使用工作礼仪，有助于创造和谐的工作环境，也有助于提高工作效率。

首先是自己的仪表，一定要以端庄大方为标准。如果有工作装，最好着工作装。若没有，就应注意自己的整洁大方。办公室里不宜穿长靴、穿露脐装或挽着高高的头发，浑身饰物叮当响、珠光宝气地出现在同事面前。

上班应严格遵守各项规章制度：不迟到、不早退、不随意离岗、换岗。在办公室不要打私人电话或聊天。不可在办公桌上打开化妆包对着镜子涂涂抹抹。穿短裙时，切忌架起二郎腿，还晃来晃去。不要老是吃零食或嗑瓜子。

对待自己的同事要礼貌周到：进入办公室后，应主动和同事打招呼，问候一声“您好”、“早上好”。与同事相处时，应以礼相待，不要太过于随便，不拘小节，也不可太过于拘谨，让人觉得和你打交道太麻烦。

注意和同事的距离：尊重别人的隐私，该回避的地方就应该回避；尊重他人的空间感，不要随意打扰别人。对正在办事的同事，无论他在干什么，或闲或忙，都不要随意找别人聊天。也不可在一个人面前说另一个人的坏话，不要刻意地打听各种小道消息，刨根问底，窥视别人的所作所为。

不可轻易翻动同事的抽屉。同事的柜橱、办公桌及抽屉等，不能随意翻动。如果急需寻找什么东西，应和同事说清楚。找到东西后就离开，不要趁机窥探别人的秘密。不要干预朋友的私事。如果同事有家属来找，不要好奇地瞅着别人，尽量避免“旁听”。同事的电话、信件，不要随意揣摩。如果同事遇到什么困难和麻烦，应主动询问情况，提供帮助。但不要打听细节。

在办公室内接待宾客时，要本着公事公办的原则，不要随意拉家常。处理文件应随时清理，不要让文件在办公桌上堆成了山，自己还在埋头看小人书。

注意办公室内的卫生。特别是和别人一起共事时，不仅要收拾好自己的办公桌，也应不时地打扫一下整间屋子，不要把自己的东西随手乱放。

如果想和同事套近乎，千万别在办公室里进行。找个适当的时间，邀请几个同事到自己家里共进晚餐，或大家约好了一块出游，都是有效的增进感情，加强了解的方式。

由于男性在社会上比女性占有更有利的地位，在各种行业中，女性要争取到与男性平起平坐的对待和重视，并非容易之事。正因如此，有不少女性在公共场合中往往采取一种大胆主动性的待人处世方式。有的甚至放弃自己的女性特点，摆出一副强人式的形象，以为这样就能在“男人地界”中冲破种种障碍，取得工作或事业上的成功。保持淑女的形象，不要模仿男性的粗犷行为，不要以为这样可以脱俗潇洒。在男性眼中，此类粗犷行为，并不会获得他们的认可，相反会使他们轻视你，甚至遭受到他们的侮辱。保持淑女的庄重态度，会使你受到别人的尊重，加强你在他们心目中的地位。

保持诚恳及愉快的态度，对敌对者表示欣赏。温煦而热诚的态度，不仅会令人折服，而且能显示出你有足够的力量可以控制一切。

对事要严肃，千万不要以轻浮态度处之。利用“轻佻媚笑”的手段以求达到某种目的是最拙劣的策略。如果你的态度严肃，别人对你也不会轻视，对你所提出的问题或计划，也会慎重地考虑处理。

在工作上遇到别人的反对或挑剔时，要持彬彬有礼的态度。以温和、明理及开明的态度对待对手的挑战，对“异己之见”采取乐于接受的态度。在坚持自己正确立场的同时，还要让对方知道你是一个明智而大度的人。切忌疾言厉色作出反击，失去优雅大方的风度。

五、舞会礼仪

随着交际的扩大，生活方式的改变，越来越多的女性都热衷于参加各种舞会，以显示自己的迷人风姿。

不过，在舞会上也要注意自己的礼仪，做好一个淑女的形象。

首先注意外表。参加舞会时不必像工作时那样，穿得一本正经，有板有眼。应适当梳洗打扮，但也不可太过于轻佻妖艳。服饰注意搭配，以端庄为主。参加舞会也应有一个良好的精神状态，不可满脸倦容、双目迷离地参加舞会。

参加舞会时，不可暴饮暴食。毕竟这不是饭局，应多和他人交流。

在舞会上，一般都是男士邀请女士跳舞。当接受男士的邀请时，要顺便谢谢他。如果自己不想跳，也应委婉地谢绝，让别人自然地接受而不显得尴尬。在关系很好、很热心的情况下，女士也可主动邀请男士跳舞。但应注意，整个晚上不应只陪一位男士跳舞。

女士在待舞或休息时，要注意自己的姿态与形态语言。不要瘫在椅子上或趴在桌子上，也不要两腿伸的长长的，挡住别人的过往。不可将腿翘在另一张椅子上，特别是穿裙子的女士，注意自己下裙摆及坐姿。一般可稍微翘起小腿，脚背适当绷紧，脚尖向地，不要对着对方晃来晃去。肩、背、腰、腹的肌肉适当紧张一下，不要松松垮垮。

在跳舞时，与自己的舞伴之间不可贴得太近，也不可过分疏远。太近显得暧昧，太远又让对方尴尬。应保持一定的距离，以 10 到 20 厘米为宜。互相搂着或贴面式，都与舞会的文明气氛不和谐。跳舞时，女士不要乱送秋波，应坦诚大方地看着对方。跳舞过程中，不要随便和周围的人打招呼，吃东西，东张西望。更不可一曲未终便跳下舞场。

六、公共场合礼仪

女性越来越多地出现在公众场合，成为众人聚焦、点评的对象。所以此时的女性,特别是那些成功的女性,都应注意自己在公共场合的礼仪,不要破坏了自己的“淑女”形象。

要懂公共道德,讲究公共秩序。不要随手扔垃圾,随地吐痰,也不可当街骂人,在大马路上和别人大吵大闹。不要乱涂抹公共设施,随意使用公用设施。

乘坐公交要注意给老人让座;买票购物,要注意排队,讲究秩序,不可一哄而上,造成公共秩序混乱。

在公共场合不要大声喧哗、说笑,引得众人驻足观望;也不可爱凑热闹,看见人堆就往里扎。

对于公用设施,要像爱护自己的财物一样。不要乱摔公用电话,不可随意翻越防护栏,不要随意踏践草地,不要摘花圃里的花。

◯逾越人生的修炼

如果你曾参加过一些户外冒险运动，你也许知道爬陡峭的山崖、跳杆这些运动所需要的勇气。超越自我就如同一次危险的攀援，没有足够的勇气，很难胜任。但是许多女性却有这种打算，并且也实现了它。

一些成功的女性用她们职业旅途的进步为我们做了很好的例证。超越自我需要勇气，但没有恐惧又何来勇气？如果没有黑夜就不可能有白天。没有恐惧，没有担忧，我们就难以发现自己身上的勇气，挖掘自身的勇气。勇气是与恐惧相辅而生的，而且通过不断的超越，不断的进步，最终战胜恐惧。

一、职业女性十大心病

有人总结出目前职业女性十大心病，不知是否有助您了解自己。

1. 对自己认识不清。职业进展到一定阶段，很多女性对自己的认识反而模糊了。有的女性会在机会面前瞻前顾后，犹豫不决；有的会过于追求变化，而放弃有发展前途的工作。

2. 年龄恐慌症。由年龄而产生的恐慌心理在职业女性中很普遍，这主要是因为她们可能随时被老板解雇，又因年龄较大而被众多招聘信息排斥。

3. 心理疲劳。随着阅历的增长，职业女性对工作的新鲜感逐渐减少，不少人出现了莫名的疲劳感，这种来自心理的疲劳感降低了工作效率，也会削弱职业女性未来发展的竞争力。

4. 寂寞。曾有位在外企做高级管理者的女士说："我什么都有，就是没有朋友和快乐；我什么都不怕，就是怕寂寞！"尽管生活和工作繁忙而紧张，可是一旦停止忙碌，在夜深人静的时候，就会从内心涌出一股渴望，渴望将生活中的烦恼、幻想和情感向人倾诉。

5. 信心不足。事业发展不顺利的时候，很多女性怀疑自己的能力，这在很大程度上是因为她们自信心不足而过多地消耗了她们的精力和时间，减弱了她们追求成功的动力，影响了工作效率。

6. 目标游移。许多职业女性喜爱跟别人比较，总觉得自己处处不如别人。这种来自内心的干扰容易使职业女性的目标被外界所迁移。

7. 知识更新不快。信息时代需要更新更快、更系统化、理论化的知识人才，而这正是许多职业女性所欠缺的。

8. 观念跟不上。社会发展到现在，许多观念已经渐渐被摒弃，但是一些职业女性的思维方式还停留在 80 年代。

9. 薪水缺乏症。城市中大多数女性属工薪阶层拿国家的薪水过日子，因此也仅能维持中等生活。而耳濡目染着都市的物质文明和现代气息，作为工薪族的多数都市女性，时常感到薪水缺乏、囊中羞涩。

10. 紧张症。中年职业女性是社会的中坚力量，是单位的组织、业务、技术骨干，是家庭的栋梁，上有老、下有小，在社会和家庭中都处于承上启下的角色。她们承受的各种压力较大，工作、生活节奏也较快，诸多的社会心理因素常常使她们处于某种紧张状态之中。

二、勇于自我超越

1. 勇于自我超越，才会挑战自己的极限，打造新的一番天地

在了解那些成功女性自我超越历史之前，先让我们看看你对自己职业的满意度如何。如果你对自己的职业非常满意，也许就不用考虑什么“跳槽”转业之类了。如果你对自己的职业不是很满意，也许，你该考虑换换环境，超越现在的自我，寻找更合适、更满意的职业了。针对以上的情况，我们设计一些试题，可以帮助您确定自己目前的状态：

(1)你对自己的工作忧虑吗？

A、偶尔。

B、从来没有。

C、经常。

(2)度完了周末,到了星期一早晨:

A、你渴望生病,从而有借口,可以不用去上班了。

B、我愿意回到公司工作。

C、有些勉强,但还是回去工作了。

(3)你工作时看表吗?

A、不断地看。

B、不看。

C、有时候看一眼。

(4)你对自己的工作:

A、感兴趣、但有些困难。

B、厌烦。

C、不讨厌。

(5)一天快结束时,你的感觉如何?

A、为能维持生活而高兴。

B、有时有些累,但通常很充实,满足。

C、太累了,巴不得快点结束。

(6)你认为自己的工作:

A、让我感到为难,不好解决。

B、很轻松。

C、太简单了,让我感觉自己好像大材小用似的。

(7)你工作经常加班加点吗?

A、如果加班计费,那我就干。

B、从不。

C、有些时候,事务处理不多,只好多花些时间。

(8)你认为自己:

A、喜欢并尊重同事。

B、和我的同事差不多。

C、不喜欢周围的人。

(9)你用多少时间打电话或做一些与工作无关的事情?

A、极少。

B、有时。

C、经常。

(10)你想换个职业吗?

A、不太想。

B、很想。

C、不想,现在干得挺好的。

(11)你觉得自己:

A、很无能,总解决不好事情。

B、还行,大大小小事情还都能圆满地完成。

C、和其他人一样。

(12)你认为工作最需要是什么?

A、有创意。

B、镇定。

C、有特长。

(13)你觉得以下哪种情况与你最相符?

A、不想再深究工作中的事情,也不想再钻研什么其它方面的东西。

B、很想再学点有用的东西。

C、开始时还学习,后来就坚持不下去了

(14)你在办公时:

A、劲头十足。

B、一般化,和其他人一样。

C、没劲极了。

(15)你不喜欢自己的职业的哪些方面?

A、时间太死板。

B、乏味。

C、不能按自己的想法做。

(16)你经常患病吗?

A、难得一次。

B、经常。

C、不太经常。

(17)你会为了什么小事而请假吗?

A、会。

B、不会。

C、如果事务不多,可能会。

(18)你最赞成以下哪种说法?

A、工作即生活。

B、工作以谋生赚钱为目的。

C、主要是为了谋生,但若有条件,希望能做自己较喜欢的工作。

(19)你经常缺席吗?

A、从不。

B、仅仅几次。

C、经常。

(20)你认为自己的工作不受赏识吗?

A、偶尔觉得。

B、经常觉得。

C、极少这样想。

(21)如果你有一大笔钱,你会:

A、辞职,不干这鬼差事了。

B、找另外一个竭诚已久的职业。

C、继续现在的工作。

(22)你是怎样选择你目前的工作的?

A、父母决定的。

B、自己想办法找到的。

C、只有这个机会,只好选择了它。

(23)你建议自己孩子将来也干你的职业吗?

A、避免让他走上自己的路。

B、随他去,让他自己选择。

C、是的,让他继续干这一行。

(24)关于公司里的事:

A、只与办公室里的同事谈。

B、和家人或朋友谈论。

C、极少向别人提起。

(25)你会把自己的个人生活与工作分开吗?

A、严格分开。

B、没什么分别。

C、有时分开,有时不分。

计分如下:

	A	B	C
1,	5	3	1
2,	5	3	1
3,	1	5	3
4,	3	1	5
5,	3	5	1
6,	3	5	1
7,	3	1	5
8,	5	3	1
9,	5	3	1

10，5 1 3

11，1 5 3

12，5 1 3

13，1 5 3

14，5 3 1

15，3 1 5

16，5 1 3

17，1 5 3

18，5 1 3

19，5 3 1

20，3 1 5

21，1 3 5

22，1 5 3

23，1 3 5

24，3 5 1

25，1 5 3

得分及解释：

95—125 分：你几乎已和你的职业融为一体，工作成了你生活的需要。无论什么事情都无法改变你现在的职业状况，也许你对自己职业太过于满意了。其实是要警惕的。

65—94 分：你非常满意自己的职业，若不是什么大事，你是不会离开当前的位置的。

30—64 分：你对自己的职业马马虎虎，但希望能有更适宜、更好的工作。也许应该考虑改变一下状况了，超越现在的状况，找到更诱人的工作吧。

30 分以下：你已相当不满自己的职业。毫无疑问，你没有必要再待下去。趁着年轻，鼓足勇气，立即去追求自己需要的东西，超越自我，追求新生活。

2.勇于追寻自己的梦想

苏女士,42 岁,1984 年进入某公司工作。工作两年后,她毅然辞职,又回到大学校园里,修学了第二学位。直到近 30 岁的时候,她才再次出来工作。但在第二次就业后,短短 5 年时间,她便已成为一个合资企业的主管。

当问及她为什么舍弃自己的第一份职业转而回到校园、当时觉不觉得害怕或担忧时,她承认,当时也觉得有些悬,自己也不知道未来会发展到哪个方面。但当时只是固执地想追求自己喜欢的职业,即使面临风险,也在所不惜了。她无法忽略自己对工程技术的兴趣与热爱。

她说:“我原来打算上一所工程学院,但又觉得那里的气氛太吓人了。我没听说过一个女工程师或是任何工程学的女生。我觉得自己好像是唯一的一个,找不到支持与信心。于是在 18 岁那年,我离开这所学院,改上教育学,后来取得了教育学证书。这是条比较容易的路,对女性来说。”

毕业后的苏女士,在一家公司谋得两个职位,但对工程学的热爱,却越来越深厚。她开始想掉过头来,再去学工程学。在得到丈夫的支持后,她又返回了学校,学习机械工程。在那时,她还有了两个孩子。

“当时的确很艰难。自己再选择是否正确也没有把握,周围的人都劝我,孩子丈夫都有了,就这么安顿下来算了。但我不想就这样下去。我喜欢这门专业,非常希望能懂得它,运用它。幸亏我得到了丈夫的支持,否则我也难以获得现在的成绩。”

当苏女士取得自己的第二学位证书时,许多工作一下子涌现在面前任她挑选。苏小姐之所以选择了现在的公司,是因为当时公司的发展前景很广阔,而且更重要的是,公司给了她展现自己的机会,当即让她负责一个项目。“我觉得那对我来说,是最好不过的选择。因为公司从不在乎你的性别、年龄、背景、学历,只要你能做出成果来，只要你能创造效益。”而实际上，苏女士的确做的很出色，她迅速升迁，比她想象的还要快。

“我从未料到过在五年内成为一个主管。这不是我所能预测到的。一旦机会在我面前敞开了一扇大门，我会毫不犹豫地跳过去，不管需要跨过多大的鸿沟。有时我甚至会接近自己不熟悉、难以胜任的工程，但我愿意冒险试一试，我就不信自己做不到。”

“在我的职业生涯中，我会碰到很多‘第一次’这样的情况，但我从不就此放弃。超越了第一次，就不怕第二次，第三次。每一次的超越，都让我学到了不少东西；每一次的超越，都会让我更加自信，成熟；每一次的超越，都让我感受到一个全新的自我，一个更加完善的自我。”

如果人们表现不佳，那一定是有什么障碍阻挡着他们，让他们难以获得优秀的成绩。跨越这些障碍，超越自我，才会实现自己的梦想，让梦想变为现实。

若没有超越自我的勇气，苏女士也无法满足自己已久的兴趣，实现自己喜欢的职业梦想。

朱丽的职业之路经历了一番曲折。当她进入一个公司的时候，却发现这家公司已经开始走下坡路，每况愈下了。

38 岁的朱丽，有一个化学工程硕士学位，现已在公司干了 17 年。由于外部市场的变化，她的职业曾面临危机。有时候，即使个人的计划再好，再周密，也可能会碰到职业危机，这是非人力所能控制的。市场与经济的变化，可以让事情变得糟糕，对个人的职业计划产生不利的影响。当这种情况发生时，尽个人所能去控制事态的发展、寻找新的突破口非常重要。

朱丽在公司干了六年后，发现情况越来越糟糕了。生意冷清，一日不如一日。朱丽觉得自己得想想办法了。超越现状，否则她的职业将无处可发展。她需要在一个有生机的领域从事工作，这样她会做的更好，更引人注目。与其抱怨自己无法控制的外部条件，还不如算算风险值，勇敢试一试，找到更具活力的职业。

“我真觉得自己不得不改变一下了。我不断向各公司人事部门发简历，不断地面试。我向他们解释自己要离开原来职业的原因，我请他们考虑我的潜力，希望他们能试用我。我找一切我所认识、知道的经理、总裁们，请求他们的帮助。我不得不这样努力，如果自己要改变现状的话。”

“有时，在只有20分钟的接见时间内，我不得不赶快做一下自我介绍；有时甚至就说：您好。我是朱丽。你不认识我，但我相信我拥有对你的事业有价值的技术。如果可能的话，我希望您把我考虑在众多的求职者之列。我从不直接告诉别人：我希望得到某某工作。我只是说：这是我的简历，请您考虑一下。”

在朱丽的不懈努力下，她终于找到了现在手中的工作。当问及是否愿意让大家共享一下她从自己的经历中学到的东西时，她说了下面这般话：

“我只有两条建议。第一就是，告诉别人你想要什么，你想到哪儿去。高层管理者们总是如此告诫女性朋友们，让她们不要说出自己想要的东西。好像女士们也不敢如此要求似的。我一直觉得，最糟糕的情况大不了就是经理一句‘不’而已。不要怕这个‘不’字。第二条就是，该追求时就不要犹豫。不要怕改变后的事实会比现状更糟。只有超越了自我，才可能找到自己的职业契机。”

如果朱丽不及时转变自己的职业，如果她没有寻求新的可能的勇气，恐怕只有像以前那个公司一样，每况愈下了。

三、注意自我“充电”

要超越自我，就必须加强自己的实力，不断自我“充电”。

当今世界的经济，广泛称之为知识经济，也就是说，知识成为促进经济发展的主导。在知识经济中，人才占着极其重要的地位。这种状况会不断给职业生活注入新的内容和活力，要求职业女性们不断更新自己的观念。要不断地学习、“充电”。

走上岗位，并不是学习的结束，而是新的学习开始。“活到老，学到老”这句话不错，对当代的职业女性们很有启发。

如今，知识、技术的更新换代极其迅速。一个大学生所学的知识，毕业后可能就已被淘汰了，不得不重新学习。一个产品的研发，不到几个月就会被新的产品代替。一份最新调查表明，如今产品的生命周期只有 3 个月，也就是说，每 3 个月，你就不得不接受新的知识。

一个想要超越现实，追求更高目标的女性，只有不断完善自己的知识结构，不断“充电”，不断学习和掌握新技术、新知识来改进和拓展自己的职业范围，才能保证自己在激烈的竞争中，立于不败之地。

在当代科学技术日益成为经济促动力的情况下，缺少科技文化知识，就无法适应生存和发展的需要。电脑的普及、网络的开通、信息高速公路的启用使我们的生活发生了翻天覆地的变化，我们周围的世界，瞬息万变。如果不掌握新的科学文化知识，就无法跟上时代的步伐。

自我“充电”的途径很多，现在教育手段也为我们提供了许多方便：

参加职业培训和各种形式的继续教育；

借助现代化教育媒体进行自学，如网络、函授等；

聘请老师重点辅导；

参加有关资格证书和技能证书的考试，多准备几个证件，以备不测；

在工作中，向有经验的同事或上司领导请教；

虚心求教，应多听、多看、多学、多思、多问。

天高任鸟飞，海阔凭鱼跃。只要你努力，不断地挑战自我，超越自我，就能不断实现自己的目标，在成功的路上走的更远。

一些成功人士针对女性的特征提出了一些忠告：

(1)不过分修饰

“好的形象能增强人格魅力,这会对晋升产生积极的影响。”

——服装设计师基尔·桑德尔

(2)有良师

“为自己确立一个明确的努力目标是非常重要的。同时,有良师的帮助也是有益的。”

——心理学家于尔根·黑塞

(3)为面试做好充分准备

“您应该在一个工作日,站在公司的大门口观察一下,以便了解人们的穿着。”

——形象顾问玛丽·斯皮拉内

(4)成功并不需要西装革履

“妇女不一定要像男性那样着装,以显示自己的权威和职业特征。”

——设计师乔治·阿尔曼尼

(5)有风格

“如果您作为居领导地位的经理,想把企业的成绩归功于个人,这就像是一个人打着同上衣不匹配的领带出门一样不合适。”

——企业顾问格特鲁德·赫勒尔

(6)不给上司施加压力

“哪怕是一次令上司心中不快,他就可能解雇您。”

——人事顾问米夏埃尔·巴尔杜斯

(7)了解工资水平

“如果您想就自己的贡献同公司协商,您应该打听清楚一般岗位的报酬水准以及本部门在劳工市场所处的地位。”

——企业顾问西尔维·克尔科女士

(8)善于指出自己的长处

“善于指出自己的长处,但是,不要说别人的弱点。适时说出自己所起的作用，而不是拿别人做对比。”

——企业家达格·克雷默

(9)学会放弃

“当公司的要求和活动同您的计划矛盾时，您应该放弃自己的计划。”

——教练马丹·比尔拉

(10)不要怕犯错误

“晋升意味着行使权力，这就是说，有时人也会做错事。妇女应该学会承受错误。”

——制片人卡塔琳娜·特雷比奇

(11)感情细腻

“许多年轻的女企业家之所以成功，是因为她们考虑问题比男性更加全面，而且是设身处地考虑问题。”

——企业顾问苏珊娜·克里斯塔尔

(12)要求增加工资要有充分理由

“在就要求增加工资问题进行谈话前，您应该列出谈话时要说出的理由，例如您承担了哪些工作，完成得如何好。”

——人事顾问恩斯特·海尔根塔尔

(13)领导也应该做服务性的工作

“我会什么活都干。我乐意打扫卫生、为员工们冲咖啡，我不怕弄脏了自己的手。”

——设计师沃尔夫冈·约普

(14)不要试图超过老板

“不要使老板黯然失色。如果上司有优越感，那么他们就会提拔部下。”

——作家罗伯特·格林

(15)相信自己

“发扬自己的长处、相信自己、心情愉悦。”

——运动员马克·斯皮茨

(16)重视个人的生活

“我不认为,处在领导地位的人,工作就得是生活的全部。”

——电视节目主持人佩特拉·格斯特尔女士

(17)笑口常开

“不爱笑的人没有创造性,没有创造性的人就没有晋升的资本。”

——教练米歇尔·文克

(18)不要为说大话者蒙蔽

“多数男性对自己评价过高,而且这种现象到处都存在,女领导必须始终保持头脑清醒。”

——女市长克里斯塔·扎格尔

(19)自尊是重要的

“为了成功,固然需要有雄心,但是,也应该注意,不能使自己的尊严受损。”

——女厂长苏·里姆库斯

(20)听取长者的建议

“每当我无主见时,我就勇敢地听取别人的意见,尤其乐意听从年龄比我大的人和有经验的人的建议。”

——电视主持人克里斯蒂安·扎尔姆

(21)充分展示自己的能力

“只有那些积极展示自己才能的人才会成功。”

——人才开发研究员苏珊门克·科茨

(22)情绪不要太激动

“不要过于流露出激动的情绪,不能太不严肃,也不要做出动作过大的手势。”

——女教授乌苏拉·内勒斯

(23)注意养精蓄锐

“我每天都从事体育锻炼并设法多睡觉。我注意任何时候都保持良好的精神状态。”

——女演员杰西·斯托克曼

(24)培养接班人

“必须始终让员工跟上企业发展的整体水平,否则就会在提拔合适接班人的问题上失败。”

——银行家西尔维娅·塞格内特

(25)权威自然形成

“如何同员工交往是重要的,不必过多地考虑自己的权威。”

——女演员乌西·格拉斯

参考文献

1. 张浣仪《现代职业女性丛书》,中国财政经济出版社,北京,2001。
2. 葛红明《女人的格调》,中国商业出版社,北京,2002。
3. 谭琳,陈卫民《女性与家庭》,天津人民出版社,天津,2001。
4. 洳河《女人的优势:将你的优势转化成财富和幸福》,地震出版社,北京,2002。
5. 刘恩华《女人的资本:续篇:决定女人一生的十种智慧》,九州出版社,北京,2002。
6. 施奈《成功女人的谋略》,中国国际广播出版社,北京,1991。
7. (美)诺贝尔 著,吕宁恩译《一个女人的遭遇》,群众出版社,北京,1990。
8. 丁珂《夫妻的超级幽默》,地震出版社,北京,2002。
9. 浩瀚,李林娟《时尚家庭生活丛书》,青岛出版社,青岛,2001。
10. 阿浓《开心家庭启示录》,华东师范大学出版社,上海,1998。
11. 程超泽《家庭情商 :协调家庭关系的技巧》,群众出版社,北京,2002。
12.《新家庭手册》,吉林人民出版社,吉林,1983。
13. 申剑等《当代家庭理财》,当代中国出版社,北京,2002。

高中学生优秀作文选评（二）	7.00元
高中学生优秀作文选评（三）	5.60元
高中学生优秀作文选评（四）	5.20元
初中古诗文译注讲析	7.30元
初中文言文阅读训练	5.80元
高中古诗文译注讲析	7.70元
高中文言文阅读训练	8.50元
古文精选	15.50元
古文观止(精装)	26.00元
唐诗精选(大32开精装)	29.00元
唐诗精选(缩印本)	9.00元
宋词精选	21.00元
怎样写日记	5.00元
怎样读书	6.00元
怎样写应用文	6.00元
实用对联三千副	7.00元
行业对联三千副	6.50元
风景对联三千副	7.50元
巧妙对联三千副	9.00元
喜庆对联三千副	6.50元
古今灯谜三千条	5.00元
新编巧妙对联	17.00元
山水奇观	7.90元
台湾风景名胜对联大观	12.00元
字谜解析	18.00元
灯谜猜制入门	7.80元
幽默笑话200则	4.50元
幽默笑话(续集)400则	8.00元
情侣幽默笑话400则	8.00元
夫妻幽默笑话660则	12.00元
校园学子幽默笑话370则	7.00元
艺苑幽默笑话400则	7.50元
饮酒醉酒幽默笑话300则	5.50元
常用歇后语1800条	5.00元
家和万事兴——一个家庭的生命历程	8.50元
遭遇危险与逃生	9.00元
中国名寺观赏	12.50元
中国名园观赏	11.00元
中国名山观赏	9.00元
绿色生活面面观——衣食住行除污染	6.50元
学点幽默	5.50元
奇闻趣事180则	6.00元
佳联趣谈(第一集)	5.60元
佳联趣谈(第二集)	3.80元
唐诗故事90则	4.50元
宋词故事70则	4.00元
元曲故事30则	8.50元
中国京剧故事选	9.50元
谜语故事110则	5.00元
琴棋书画故事140则	8.60元
中国古代神话故事90则	5.50元
中外名人轶事320则	7.50元
旅游轶闻60则	2.70元
中外旅游珍闻170则	6.40元
中国历史名城掌故与传说	8.00元
华夏旅游要览(北方分册)	9.90元
华夏旅游要览(东南、中南分册)	10.50元

华夏旅游要览(西南分册) 9.90元
孙子兵法解说 8.00元
三十六计解说 5.60元
蒙学四篇解说 2.90元
中国历代战争故事评说(上册) 8.40元
中国历代战争故事评说(下册) 6.50元
中国科学家发明家的故事 8.00元
外国科学家发明家的故事 8.40元
中国古代思想家的故事 7.50元
中国古代文学家的故事 5.00元
中华名将 11.00元
看图读古诗(合订本) 12.50元
看图读古词(上册) 4.50元
看图读古词(中册) 4.20元
看图读古词(下册) 5.00元
看图读古词(合订本) 13.00元
看图读元曲 3.20元
看图读《水浒》(上、中、下) 共36.00元
看图读《水浒》(合订本) 30.00元
看图读《西游记》(上、中、下) 共30.00元
看图读《西游记》(合订本) 30.90元
看图读《三国演义》(一至四) 共40.00元
看图读《三国演义》(合订本) 40.00元
看图读《红楼梦》 40.00元
看图读《聊斋》(上、中、下) 共30.00元
看图读《聊斋》(合订本) 30.00元
看图读《封神演义》(上、中、下) 共30.00元
看图读《杨家将》 27.00元
看图读《说岳全传》 19.50元
看图读《包公案》 8.50元
看图读《牡丹亭》 6.00元
看图读《西厢记》 7.00元
看图读《关汉卿杂剧》 9.00元
杨家将演义(缩印本) 5.00元
喻世明言(注释本) 26.00元
警世通言(注释本) 26.00元
醒世恒言(注释本) 35.00元
说岳全传(精装) 39.00元
说岳全传(平装) 35.00元
说岳全传(缩印本) 10.00元
二十年目睹之怪现状 36.00元
历代名句详解辞典(精装) 36.00元
男孩女孩生存好帮手丛书
——远离危险 8.50元
——善待花季 7.50元
——临危自救 7.50元
——亲近生活 7.00元
人体奥秘与长寿 10.00元

以上图书由全国各地新华书店经销。凡向本社邮购图书者，另加10%邮挂费。书价如有变动，多退少补。邮购地址：北京市丰台区晓月中路29号院金盾出版社邮购部，联系人徐玉珏，邮政编码100072，电话(010)83210682，传真(010)83219217。